WISSENSCHAFTLICHE KONFERENZ DER
GESELLSCHAFT DEUTSCHER NATURFORSCHER UND ÄRZTE
IN ROTTACH-EGERN 1962

FUNKTIONELLE UND MORPHOLOGISCHE

ORGANISATION DER ZELLE

MIT 91 ABBILDUNGEN

Springer-Verlag Berlin Heidelberg GmbH

1963

© Springer-Verlag Berlin Heidelberg 1963

Ursprünglich erschienen bei Springer-Verlag OHG / Berlin · Göttingen · Heidelberg 1963

Softcover reprint of the hardcover 1st edition 1963

ISBN 978-3-540-02979-3   ISBN 978-3-642-86784-2 (eBook)
DOI 10.1007/978-3-642-86784-2

Druck der Universitätsdruckerei H. Stürtz AG, Würzburg

Einleitung des Herausgebers

Der vorliegende Band berichtet über eine Konferenz, die die Gesellschaft Deutscher Naturforscher und Ärzte Ende August 1962 in Rottach-Egern abhielt. Unter dem Titel „Funktionelle und morphologische Organisation der Zelle" sollten Morphologen, Biologen, Biochemiker, Physiologen und Pharmakologen gemeinsam über ein Gebiet diskutieren, das alle diese Disziplinen angeht. Die Gesellschaft Deutscher Naturforscher und Ärzte, die alle Fachrichtungen der Naturwissenschaften und Medizin umfaßt, schien besonders geeignet, eine solche Tagung zu organisieren und damit eine Plattform zu schaffen, auf der die Vertreter verschiedener Fachrichtungen gemeinsame Probleme diskutieren.

Im Mittelpunkt der Tagung sollte die freie Diskussion stehen. Eine lebhafte Diskussion ist erfahrungsgemäß nur im kleinen Kreise möglich; deshalb wurde die Teilnehmerzahl auf 30 beschränkt. Die einzelnen Beiträge wurden in Form von Vorabdrucken den Teilnehmern zugänglich gemacht, und auf der Tagung selbst wurde auf formelle Vorträge weitgehend verzichtet, um Zeit für die Diskussion zu gewinnen. Es wurden lediglich Zusammenfassungen gebracht, die die Diskussion einleiten sollten.

Die Diskussion war lebhaft und sehr ausgedehnt. Eine wörtliche Wiedergabe hätte diesen Band wohl auf das Dreifache seines Umfanges anschwellen lassen und wäre überdies schwer lesbar gewesen. Wir haben deshalb versucht, die wesentlichen Gedanken der Diskussion zu referieren; als Referenten hatten sich die Herren Dr. *Clever*, Dr. *Wittmann*, Dr. *Zebe*, Dr. *Klingenberg*, Dr. *Hohorst* und Dr. *Ohlenbusch* zur Verfügung gestellt. Wir hoffen, daß es uns gelungen ist, das gesprochene Wort in einem gedrängten, aber verständlichen und gut lesbaren Bericht einzufangen.

Durch die Veröffentlichung dieses Bandes, der die Beiträge und die Zusammenfassungen der Diskussion enthält, sollen die Ergebnisse auch den vielen Interessenten, die nicht am Symposion teilnehmen konnten, zugänglich gemacht werden.

Es ist dem Springer-Verlag zu danken, daß dieser Bericht erscheinen kann, ehe er veraltet ist.

München, im Februar 1963   *P. Karlson*

Inhaltsverzeichnis

Vorrede. Von *H. H. Weber* 1

I. Der Zellkern

Ultrastructure of the cell nucleus. By *Hans Ris*, Madison (USA) 3
Discussion 9
Spezielle Funktionszustände des genetischen Materials. Von *Friedrich Mechelke*, Köln 15
Einige Bemerkungen über die Regulation von Genaktivitäten in Riesenchromosomen. Von *Ulrich Clever*, Tübingen 30
Diskussion 35
Aspekte der Nucleinsäure-Biochemie. Von *Hans Georg Zachau*, Köln . . 40
Diskussion 52

II. Mitochondrien

Struktur und funktionelle Biochemie der Mitochondrien
I. Die Morphologie der Mitochondrien. Von *Wolrad Vogell*, Marburg . . 56
Diskussion 67
Struktur und funktionelle Biochemie der Mitochondrien
II. Die funktionelle Biochemie der Mitochondrien. Von *Martin Klingenberg*, Marburg 69
Diskussion 82
Enzymatic organisation of the Mitochondrion. By *David E. Green*, Madison (USA) 86
Discussion 93
Oxidative phosphorylation and its reversal. By *Lars Ernster*, Stockholm 98
Discussion 112
Observations on mitochondrial pyridine nucleotides during oxidative phosphorylation. By *Ronald W. Estabrook* and *S. Peter Nissley*, Philadelphia (USA) 119
Discussion 131

III. Korrelationen zwischen Zellkompartimenten

Hydrogen transport and transport metabolites. By *Piet Borst*, Amsterdam 137
Discussion 158
Koordination von Atmung und Glykolyse. Von *Benno Hess*, Heidelberg 163
Diskussion 185
Einige Bemerkungen über Metabolitgleichgewichte und Strukturen im cytoplasmatischen Lösungsraum. Von *Hans-Jürgen Hohorst*, Marburg 194
Diskussion 201
Structure and Functions of Lysosomes. By *Christian de Duve*, Louvain (Belgien) 209
Discussion 215
Aktiver Transport organischer Moleküle. Von *Walter Wilbrandt*, Bern 219
Diskussion 231
Einige Bemerkungen über ein spezielles Modell des Austauschtransports. Von *Klaus Heckmann*, Frankfurt 241
Diskussion 247
Allgemeine Diskussion 249
Teilnehmerverzeichnis 252

Vorrede

H. H. Weber

Meine Damen und Herren, eigentlich gehöre ich nicht zu dieser Konferenz. Denn nach den Ideen des Vorstandes der Gesellschaft Deutscher Naturforscher und Ärzte soll diese Konferenz eine Konferenz der reifen und, wo es von Vorteil für die Sache ist, auch noch der „reiferen" Jugend sein. Ich aber bin mit Abstand der Älteste dieser Versammlung und bin eigentlich hierher eingeladen als eine Art Beobachter, Vertreter und Berichterstatter des Vorstandes der Naturforscher-Gesellschaft. Und so möchte ich Sie als Vertreter des Präsidenten sehr warm und sehr herzlich begrüßen.

Für den Vorstand der Naturforscher behandelt diese Konferenz nicht nur Experimente, sondern ist selbst ein Experiment. Wir verdanken die Möglichkeit solchen Experimentes unserem langjährigen und verdienstvollen Vorstandsmitglied Herrn Professor Dr. *Haberland* von den Bayer-Werken in Leverkusen. Denn Herr *Haberland*, der vor kurzem unerwartet verstorben ist, hat für die Gesellschaft Deutscher Naturforscher und Ärzte einen erheblichen Geldbetrag besorgt zur Förderung des wissenschaftlichen Nachwuchses. Der Vorstand aber beschloß, neben anderen mehr konventionellen Förderungsmaßnahmen auch das Experiment zu machen, das hier in Rottach-Egern jetzt beginnt. Der Vorstand beschloß, eine Konferenz höchst aktiver und zukunftsreicher, d.h. nicht zu alter Forscher aus einigen wenigen, besonders wichtigen und aktuellen Forschungsgebieten zu einer mehrtägigen Diskussionssitzung zu versammeln.

Wenn ich genau sein will, beginnt das Experiment nicht in einigen Minuten, sondern hat schon begonnen; und ich möchte hinzufügen, es hat in einer sehr viel versprechenden Weise begonnen. Denn in der Wissenschaft im allgemeinen und in solchen Konferenzen erst recht hängt alles von den Persönlichkeiten der beteiligten Wissenschaftler ab. Ich habe den Eindruck, daß die Teilnehmerliste und die Liste der Themen bereits ein Erfolg ist. Für die Liste der Themen sind wir dem Präsidenten der Naturforscher-Gesellschaft, Herrn Professor *Matthes*, Heidelberg, und dem Chairman dieser Konferenz, Herrn Professor *Karlson* aus München, zu gleichen Teilen verpflichtet. Die Teilnehmer der Auswahl aber verdanken wir fast ganz Herrn Professor *Karlson.*

Weil mit der Auswahl der Mitglieder und der Themen „die Zukunft schon begonnen hat", nämlich die erfolgversprechende Zukunft unserer Konferenz, denke ich in Dankbarkeit an deren Patrone Professor *Haberland*, Professor *Matthes* und Professor *Karlson*, und gleichzeitig danke ich Ihnen allen warm und herzlich für Ihre Teilnahme. Ich wünsche Ihnen und damit auch uns viel Erfolg.

I. Der Zellkern

Ultrastructure of the cell nucleus

By

Hans Ris

With 6 Figures

I have recently summarized our work on the ultrastructure of chromosomes [*12, 13*] and shall therefore only briefly review the main points with emphasis on recent findings.

In electron micrographs of thin sections chromosomes have a granular appearance, but these apparent granules represent random sections through fibrils, and chromosomes are essentially a complex system of coiled microfibrils. The major part of chromosomes consists of fibrils about 100 A thick (Fig. 1). These fibrils have now been identified with the DNA-histone fraction of chromosomes. It appears that the 100 A thick microfibrils consist of two parallel DNA double helices which are linked together through histone. Wherever DNA is associated with histone one finds these typical 100 A fibrils. They usually look uniformly dense but a double structure is sometimes visible especially after "staining" with uranyl acetate. When the histone is removed artificially the double structure becomes even more apparent and two fibrils about 25 A thick remain. The doubleness of the 100 A fibril is also visible in spermatids of many animals where histone is replaced by protamine. Two 40 A fibrils are seen to compose the 100 A fibril. In spermatids therefore where the DNA is bound to protamine a 40 A fibril is visible as the smallest structural unit. After fertilization in the male pronucleus, this change is again reversed [*15*]. These observations are in agreement with the results of x-ray diffraction studies which have suggested that protamines are wound around the DNA molecule while the histone forms cross links between DNA molecules [*16*].

DNA must be part of the structural framework of chromosomes since unfixed chromosomes fall apart after digestion with DNase [*10*]. After fixation the 100 A fibrils remain intact even though most of the DNA is removed, but they no longer "stain" with uranyl acetate [*13*]. In addition to DNA-histone the chromosome contains a more complex protein and RNA (residual chromosome). Most of the DNA and histone can be removed from the residual chromosome by stirring in a blender in 1 M NaCl. Calf thymus nuclei contain between the *Feulgen* positive

1*

masses of 100 A fibrils a fibrous material which contains RNA and which is connected to the 100 A fibrils (Fig. 2). This material is not altered in 1 M NaCl, while the nucleohistone swells and disperses. Is this residual protein part of the backbor e of the chromosome? Isolated calf thymus

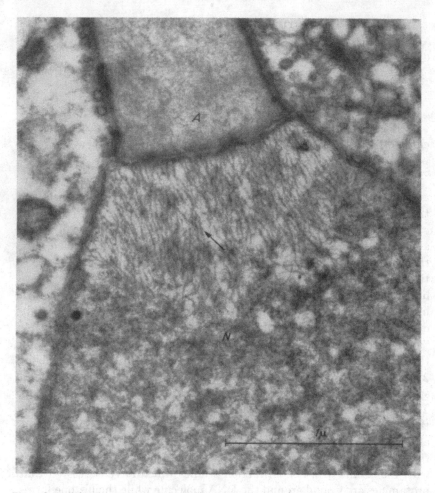

Fig. 1. Spermatid nucleus of Octopus vulgaris. Unravelling and orientation of 100 A microfibrils beginning near acrosome end of nucleus. *N* nucleus; *A* acrosome; arrow points to 100 A fibril. Fixed in buffered OsO_4, methacrylate embedding. × 60,000

chromosomes lose their structural integrity if the residual protein is removed through autolysis. The viscosity of the nucleoprotein extracted from nuclei sharply decreases if the bond between DNA and the non-histone protein is broken [1, 2]. Such observations suggest that the non-histone protein is part of the structural framework of the chromosome, though we do not know yet how it fits in. We must remember also that many sperm nuclei contain only nucleoprotamine. Since chromosomes must retain their structural continuity and integrity in the sperm nucleus the non-histone protein cannot represent a persistent

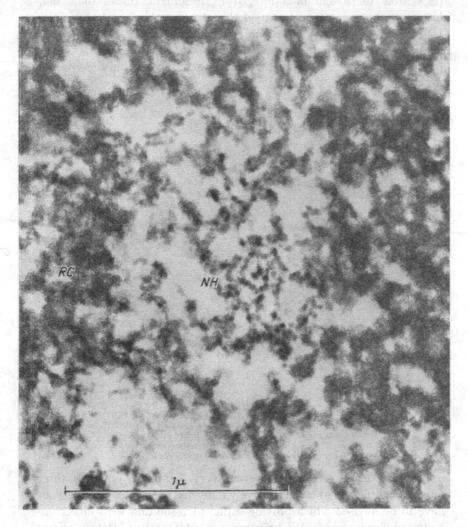

Fig. 2. Part of nucleus from calf thymocyte. *N H* Nucleohistone 100 A fibrils. *R C* residual chromosome fraction (Non-histone protein and RNA). × 60,000

structural core of chromosomes. Here we should perhaps mention the chromosome "cores" or "synaptinemal complexes" [11]. These structures do not correspond to the "residual chromosome", but are themselves composed of 100 A fibrils, therefore presumably DNA and histone. Furthermore they are found only in meiotic prophase and only in

chromosomes which pair synaptically [9]. These observations exclude
a model in which the DNA is attached like whiskers to a continuous
protein core. The DNA -histone (i. e 100 A fibrils) is part of the structure
responsible for longitudinal integrity. In somatic nuclei some non-
histone protein seem to be part of this structure also, perhaps joining
DNA-histone molecules end-to-end.

How are these components arranged to form a chromosome? This is
the most difficult problem in the electron microscope study of chromo-

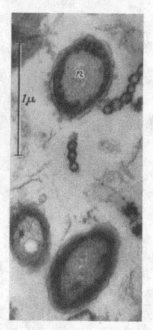 

Fig. 3   Fig. 4

Fig. 3 and 4. Unidentified bacteria from culture of Micromonas squamata. Fixed in Ryter-Kellenberger
fixative, washed Jurand's buffer (ref. [5]). Fig. 3 incubated in buffer for 3 hrs. at 37°C (control). Fig. 4
DNase 2 mg/10 ml buffer at 37°C for 3 hrs. Post-treated in uranylacetate, embedded in epon. The fine
fibrils of the nucleoplasm (n) are removed specifically by DNase

somes. The usual techniques are not very helpful to obtain a three
dimensional picture of these relatively extended structures and methods
have to be devised which provide sufficient resolution with intact un-
sectioned chromosomes. We have prepared stereoscopic electron micrographs of squashed chromosomes from meiotic prophase. These suggest
that chromosomes are multistranded bundles which in prophase of
Tradescantia may contain as many as 64 DNA double helices side by
side. This number however is most likely not the same in all organisms
and related to the DNA content per chromosome set.

The ultrastructure of the genetic material in Monera (bacteria and
blue-green algae) differs in many ways from that of true chromosomes.

No histone appears to be associated with the DNA and in the electron microscope one sees fibrils of about 25 A thickness which have been shown to represent the DNA. Even after fixation in formalin or OsO_4 the fibrils are completely removed with DNase in contrast to the chromosome microfibrils (Fig. 3, 4). (After OsO_4 fixation nucleic acid can be digested if the fixative is removed by repeated washing in buffer [5].) Both chemically and structurally the genetic system in Monera is thus much simpler than the chromosome of animal and plant cells and it is

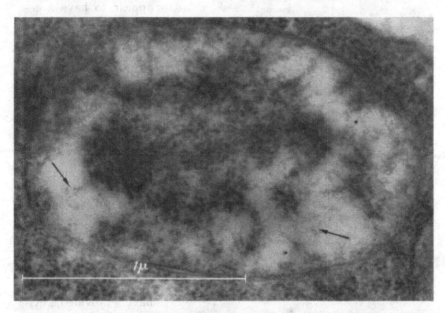

Fig. 5. Albino chloroplast of maize. Fixation: Ryter-Kellenberger, post-treated in aranyl acetate. Arrows point to the 25 A fibrils which presumably represent DNA

to be expected that chromosomes are more complex in regard to replication, recombination and physiological properties. Because of this, it would be better not to use "chromosome" for the genetic material in viruses and bacteria and I have suggested "genophore" as a general term for the structural basis of a genetic linkage group [12].

Did the complex chromosome evolve from the nucleoplasm of Monera? Are there perhaps organisms with an intermediate type of genetic system? The dinoflagellate Amphidinium elegans contains chromosome like structures which however remain clearly visible during interphase and do not show a typical coiling cycle. In the electron microscope they resemble bacterial nucleoplasm [3, 4, 6]. Not only do they consist of fibrils of about 25 A thickness but the DNA is apparently not associated with basic proteins. With cytochemical methods no protein at all can be detected in these structures [13]. We have then here a typical cell with the usual cytoplasmic organelles and yet with a non-chromosomal nuclear structure. These nuclear threads, though, differ from bacterial nucleoplasm in that the DNA fibrils are more regularly arranged to form a cylindrical structure instead of the polymorphous shapes of nucleoplasm in Monera.

In certain organisms hereditary characters are found to be transmitted also through cytoplasmic units. Some of the complex functional units or cell organelles appear to have a genetic system of their own which in part determines their properties. I have recently been looking for the possible structural basis of such genetic systems. In chloroplasts of several plants, from green algae to maize one finds areas of low density containing 25 A thick fibrils, which look very much like the nucleoplasm of Monera (Fig. 5). In Chlamydomonas we have provided evidence that these fibrils represent DNA macromolecules [*14*]. Should this material indeed represent the genetic system of chloroplasts it would suggest some

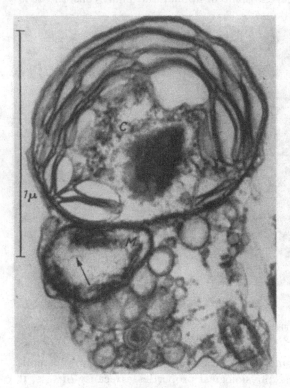

Fig. 6. Micromonas pusilla. *C* chloroplast; *M* mitochondrion. Arrows point to fine fibrils which resemble the DNA in nucleoplasm of bacteria

very interesting possibilities. First, cytoplasmic inheritance, or at least some prominent cases of it, might be based on the same kind of system as nuclear inheritance in Monera. Secondly this would provide some factual basis for the hypothesis that such cell organelles represent once free living systems which during the evolution of the higher cell were incorporated into it as complete functional units, probably via endosymbiosis [*12, 14*]. Perhaps this applies not only to chloroplasts, but also to mitochondria. Recently *Manton* described certain marine algae which possess a single mitochondrion [*7, 8*]. Just like the chloroplast, this mitochondrion constricts in two and divides during cell division. Assuming that such a regularly dividing mitochondrion might be favorable material we applied the methods which are known to preserve the nucleoplasm of Monera to these algae (Micromonas pusilla and M. squamata) and found characteristic 25 A fibrils throughout the interior of their mitochondria (Fig. 6). It still remains to be shown however that these fibrils are indeed DNA and that this mitochondrion carries genetic determiners of its own.

References

[1] *Anderson, N. G.*, and *W. D. Fisher:* Relation of the physical properties of deoxyribonucleoprotein in 1 M sodium chloride to nuclear structure. In: The Cell Nucleus, ed. *Mitchell*, pp. 195—199. New York: Academic Press 1960.

[2] *Dounce, A. L.*, and *N. K. Sarkar:* Nucleoprotein organization in cell nuclei and its relationship to chromosomal structure. In: The Cell Nucleus, ed. *Mitchell*, pp. 206—210. New York: Academic Press 1960.

[3] *Giesbrecht, P.:* Zbl. Bakt., I. Abt. Orig. **183**, 1—44 (1961).

[4] *Grell, K. G.*, and *K. E. Wohlfarth-Bottermann:* Z. Zellforschung **47**, 7—17 (1957).

[5] *Jurand, A.:* Exp. Cell Res. **25**, 80—86 (1962).

[6] *Kellenberger, E.:* The physical state of the bacterial nucleus. In: Microbial Genetics, ed. *Hayes* and *Clowes*, pp. 39—66. Cambridge: University Press 1960.

[7] *Manton, I.:* J. Mar. Biol. Ass. U.Kingd. **38**, 319—333 (1959).

[8] *Manton, I.*, and *M. Parke:* J. Mar. Biol. Ass. U.Kingd. **39**, 275—298 1960.

[9] *Meyer, G. F.:* Proc. European Regional Congr. Electronmicroscopy, Delft 1960, p. 951—954.

[10] *Mirsky, A. E.*, and *H. Ris:* J. gen. Physiol. **34**, 475—492 (1951).

[11] *Moses, M. J.:* Patterns of organization in the fine structure of chromosomes. Proc. 4th Intern. Congr. Electron Micorscopy, Berlin 1960, Bd. 2, S. 199—211.

[12] *Ris, H.:* Canad. J. Genet. Cytol. **3**, 95—120 (1961).

[13] *Ris, H.:* Interpretation of ultrastructure in the cell nucleus. In: The Interpretation of Ultrastructure, ed. *J. R. C. Harris*. London u. New York: Academic Press 1962.

[14] *Ris, H.*, and *W. Plaut:* J. cell. Biol. **13**, 383—392 (1962).

[15] *Szollosi, D.:* Electronmicroscopy and cytochemistry of spermatogenesis and fertilization in the rat and hamster. Thesis, University of Wisconsin 1961.

[16] *Wilkins, M. H. F.*, *G. Zubay* and *H. R. Wilson:* J. molec. Biol. **1**, 179—185 (1959).

Discussion

Duspiva: In Ihrem Vortrag waren vier Aspekte: zunächst ein morphologischer Aspekt, der in erster Linie uns Biologen interessieren wird, dann ein biochemischer Aspekt, der den Aufbau der genetischen Substanz betrifft, ferner ein genetischer Aspekt. Wie sollen wir uns die Vielsträngigkeit der Chromosomen vorstellen? Welche Erkenntnisse und welche Schwierigkeiten ergeben sich aus dieser Anschauung für die

Genetik? Und dann war schließlich noch ein phylogenetischer Aspekt. Aus Ihren Arbeiten und aus der Zusammenfassung, die Sie gegeben haben, geht hervor, daß der Unterschied, den wir früher zwischen Anucleobionten und Nucleobionten gemacht haben, nicht mehr zu Recht besteht. Die Tatsache, daß man nicht nur die Kerngene, sondern auch die Plasmagene morphologisch fassen kann, ist ein weiterer wichtiger Befund. Das Vorkommen von DNS in Plastiden und Mitochondrien beweisen nicht nur Ihre elektronenmikroskopischen Bilder, sondern auch die enzymatischen Versuche mit Desoxyribonuclease.

Clever: Wie verträgt sich das Bild eines vielsträngigen Chromosoms mit unseren genetischen Vorstellungen? Wie kann man sich vorstellen, daß sich bei einer Vielsträngigkeit des Chromosoms eine Mutation in allen Strängen gleichzeitig auswirkt? Man kann schließlich schon in der nächsten Generation die aufgetretene Mutation, etwa nach Bestrahlung, nachweisen.

Wie geht es bei der Rekombination zu, wie kommen die richtigen Stränge wieder zusammen? Wie erklären Sie die Taylorschen Befunde?

Ris: Wir wissen schon vom Lichtmikroskop her, daß ein Chromosom in der Anaphase ganz deutlich aus zwei, vielleicht sogar aus vier parallelen Strängen besteht, die unabhängig spiralisiert sind. In gewissen Insekten (Schildläusen) können sich diese Chromatiden oder Halbchromatiden sogar ganz trennen und unabhängig die Anaphasenbewegung durchführen, um in der Telophase dann wieder zusammenzukommen. Es müssen also vor der Duplikation wenigstens 2—4 Längseinheiten vorhanden sein, also 100 Å dicke Fibrillen. Das sind ja schon 4—8 DNS-Moleküle, parallel angeordnet. Um nun die Reproduktion des Chromosoms zu verstehen, müßte man wissen, wie diese Struktur im einzelnen verdoppelt wird und wie die einzelnen neuen und alten Stränge sich zu den Tochterchromosomen zusammenfinden. Das weiß man aber noch nicht, und solange man diesen Prozeß nicht morphologisch im einzelnen versteht, weiß man trotz der Taylorschen Autoradiographien eben nicht, wie Chromosomen sich verdoppeln. Man muß zugeben, daß es noch schwierig ist, die Taylorschen Ergebnisse und die genetischen Vorstellungen mit den morphologischen Befunden in Einklang zu bringen.

Clever: Die zweite Frage, die ich anschließen wollte, ist die nach den Chromomeren, die nach der klassischen Vorstellung auf den Chromosomen aufgereiht sind. Bei den Riesenchromosomen, über die Herr *Mechelke* gleich sprechen wird, entsprechen den Chromomeren (Querscheiben) wohl Gene — im Sinn von informatorischen Einheiten. Können Sie aus Ihren elektronenmikroskopischen Bildern etwas über den Bau der Chromomeren sagen?

Ris: Das Chromomer ist eine Schleife des Fibrillenbündels. In Abb. 13, Ref. 12 ist das schematisch dargestellt. Das Chromomer ist nichts Kontinuierliches, nichts Beständiges, es wechselt mit den Funktionszuständen. Das hängt mit der Spiralisierung zusammen. In Spermatiden und Spermien gibt es überhaupt keine Chromomeren mehr.

Karlson: Nach Ihrer Vorstellung besteht also die Chromosomenfibrille aus DNS-Abschnitten, die durch Histonbrücken verbunden sind?

Clever: Callan glaubt im Gegensatz hierzu, daß in den Lampenbürstenchromosomen tatsächlich ein einzelner Faden von Nucleinsäure durch das ganze Chromosom, einschließlich der Schleifen, hindurchgeht.

Ris: Das Lampenbürstenchromosom ist riesig lang im Lichtmikroskop — 200 mμ oder länger. Dann gibt es die Schleifen, in welchen die Fäden doppelt spiralisiert sind, das verlängert das Ganze noch; in den Chromomeren schließlich sind die Fäden noch mehr aufgewickelt. Es gibt als wenigstens drei Grade von Spiralisierung. Ich kann mir nicht vorstellen, daß das ein einziges Molekül sein soll. Die Meinung von *Callan* beruht darauf, daß er Lampenbürstenchromosome mit DNase behandelt hat und die Schleifen zerfallen. Er hat es aber nur im Lichtmikroskop beschrieben. Wenn man es im Elektronenmikroskop ansieht, sind die Bruchstücke gar nicht so klein.

Ich habe hier eine Aufnahme, die zeigt, daß die Bruchstücke der einzelnen Schleifen, jedenfalls vom molekularen Standpunkt aus, sehr groß sind. Es könnte sein, daß es in den Schleifen Abschnitte von DNA gibt, die verdaut wird, und Abschnitte von Protein, das dann die elektronenmikroskopischen sichtbaren Stücke bildet.

Clever: Es gibt aber auch Befunde von *Gall*, wonach durch die Schleife der Lampenbürstenchromosomen sich ein einziger Faden hindurchzieht.

Ris: Das sieht so aus, trifft aber nicht ganz zu. Ich habe hier eine stereoskopische Aufnahme, auf der deutlich zu sehen ist, daß nicht ein Faden, sondern ein ganzes Bündel von Fäden in der Schleife existiert, die umeinander verdrillt sind und sich dann öfter überschneiden. Im Normalbild kann das den Eindruck eines Fadens mit aufliegenden Körnchen erwecken.

Mechelke: Wenn ich mich recht erinnere, haben *Gall* und *Callan* einmal für ihre Objekte ausgerechnet, daß die DNS-Ketten der Chromosomen eines Satzes bei linearer Anordnung eine Gesamtlänge von mehreren Metern (etwa 10 m) ergeben würden. — Wenn man aber annimmt, daß das Chromosom aus Abschnitten von DNA und anderem Material (Protein) besteht, wie soll man sich dann die identische Reduplikation vorstellen? Für die DNS haben wir ein befriedigendes Modell auf molekularer Grundlage. Haben die Biochemiker auch ein Modell für die identische Verdopplung von Proteinabschnitten, ohne Mitwirkung von Nucleinsäuren?

Ris: Ich kann darauf nur eine negative Antwort geben. Wir haben nicht einmal eine Vorstellung, wie sich die DNS-Abschnitte verdoppeln. Wir haben ein Modell für das DNS-Molekül — aber das ist noch kein Chromosom. Für die Gesamtstruktur als Summe von DNS-Molekülen und möglicherweise auch Proteinen haben wir noch gar keine Vorstellung.

Heckmann: In den Kernen höherer Organismen ist stets noch ein basisches Protein mit den Nucleinsäuren vergesellschaftet, meist ein Histon. Diese negativen Polyelektrolyten finden wir bei niederen Organismen (Bakterien und Viren) nicht. Ich möchte nun fragen, ob man darin vielleicht eine gewisse Schutzfunktion erblicken kann gegen Mutationen. Ist die Mutationsrate bei höheren Organismen geringer, und könnte das auf diesen Mechanismus — der die DNS am Zerfall hindert und eine Regeneration des Gens ermöglichen könnte — zurückzuführen sein?

Duspiva: Es ist mir nicht bekannt, daß die Spontanmutationsrate bei Bakterien größer ist. Sie ist in beiden Fällen außerordentlich klein, aber Unterschiede wurden nicht sicher beobachtet. Bei der strahleninduzierten Mutation mag das anders sein.

Siebert: Vielleicht sollte man hier an die Versuche von *Mirsky* mit isolierten Thymuskernen erinnern, die auf eine solche Wechselwirkung hindeuten. Wenn man aus den Kernen DNS entfernt, dann wird die Proteinsynthese unterbunden. Durch Zusatz von anderen sauren Polyelektrolyten (nicht DNS) ließ sie sich dann wieder herstellen.

Ris: Man sollte auch daran denken, daß bei höheren Organismen das Problem der Entwicklung hinzukommt. Die einzelnen Gene müssen in ganz bestimmten Phasen zur Wirkung kommen, in anderen abgeschirmt bleiben. Vielleicht spielt hierbei das Histon eine Rolle. Bei den Bakterien ist eine solche differentielle Genwirkung weniger wichtig.

Zachau: Bei den Lampenbürstenchromosomen ist wohl als sicher anzunehmen, daß irgendwelche Proteinstücke dazwischengeschaltet sind, schon allein wegen der Länge. Für den Biochemiker wäre allerdings der Beweis erst erbracht, wenn es gelänge, nach entsprechender Verdauung Bruchstücke zu finden, die Desoxynucleotide und Aminosäuren enthalten. Im Laboratorium von *Felix* hat man nach solchen Bruchstücken gesucht, mit den damaligen Mitteln ohne Erfolg. Gibt es neuere Arbeiten hierzu?

Ris: *Dounce* hat entsprechende Versuche angestellt, aber man kann daraus keine bindenden Schlüsse ableiten.

Hoffmann-Berling: Ist es nicht wahrscheinlich, daß die Aufgabe der basischen Polyelektrolyte darin besteht, die Nucleinsäuren zu neutralisieren? Normalerweise wird Nucleinsäure durch kleine Ionen neutralisiert. Das würde aber dazu führen, daß hier gewaltige Donnaneffekte auftreten, die den Kern zum Platzen bringen könnten.

Wittmann: In den Phagen wird die DNS durch kleinmolekulare Basen, Spermidin u.a., neutralisiert, ohne daß man den Eindruck hat, daß es fest mit der DNS verbunden ist.

Hoffmann-Berling: Nach *Anderson* kann man aus Hühnererythrocyten DNS einfach durch Quellen freisetzen, ohne jede mechanische Beeinträchtigung. Es scheint so, als ob solche Lösungen ihre hohe Vicosität nicht verlieren, wenn man sie mit proteolytischen Enzymen behandelt. *Anderson* folgert daraus, daß keine Proteine die DNS-Fäden verbinden.

Ris: Wenn ein Zwischenstück existiert, sollte es gegen Proteasen empfindlich sein. Die Viscosität sollte erniedrigt sein, wenn man Proteasen hinzugibt.

Wittmann: Zur Funktion des basischen Proteins: Man hat neuerdings ein schönes Beispiel bei RNA-haltigen Viren gefunden, bei denen die Nucleinsäure von basischen Polyaminen neutralisiert wird *(Markham et al.)*. Die Menge dieser Basen hängt ab von der Struktur der Viren. Bei kugelförmigen Viren, bei denen viel Nucleinsäure im Innern auf engem Raum zusammengedrängt ist, findet man sehr viel mehr basisches Material als bei gestreckten Viren. Bei TMV wird die Nucleinsäure zum allergrößten Teil vom Strukturprotein neutralisiert, so daß nur ganz wenig Spermin enthalten ist. Meine Hypothese würde nun die sein, daß bei den Chromosomen die kurzkettigen Amine, wie Spermin, nicht mehr ausreichen, sondern daß hier langkettige basische Proteine nötig sind, um die Struktur und die Neutralisation zu gewährleisten.

Siebert: Der Zellkern steht mit dem Cytoplasma im Austausch. Ein Beweis dafür ist, daß man lange Zeit die DNA-Polymerase nicht in den Zellkernen hat finden können. Erst in jüngster Zeit hat Herr *Smellie* an Zellkernen, die wir isoliert haben, dieses Enzym nachgewiesen. Die DNA-Polymerase ist nun ein ausgesprochen lösliches Enzym. Demgegenüber gibt es andere, z.B. die ATPase, die an die Chromosomenstruktur gebunden ist. Sogar in umgefällten Nucleoproteidfraktionen verbleiben bis zu 80% der DPN-Pyrophosphorylase *(Kornberg)*. Es ist merkwürdig, daß ein dem genetischen Material verbundenes Enzym in diesen Chromosomen auffindbar ist.

Ris: Leider sehen wir diese Enzyme im Elektronenmikroskop nicht. Ein anderes Beispiel ist das Hämoglobin, das man in den Chromosomen von kernhaltigen Erythrocyten nachweisen kann. Die Chromosomen wirken wie ein Schwamm, der die Proteine des Kernsaftes enthält.

Duspiva: Das Chromosom ist eine übergeordnete Struktur in bezug auf die DNS. Mit welcher Funktion mag seine Entstehung zusammenhängen? Wahrscheinlich doch mit der mitotischen Kernteilung, die wir bei den Bakterien noch nicht finden. In diesem Zusammenhang möchte ich gerne erfahren, was man über die Kernteilung der Bakterien weiß. Liegen da schon neuere Befunde vor?

Ris: Da weiß man noch nicht, wie die Produkte der DNA-Replikation voneinander getrennt werden.

Duspiva: In diesem Zusammenhang ist interessant, daß es bei Ciliaten Kerne gibt, die hochpolyploid sind. Wenn man Euplotes im Kurzzeitversuch mit tritiummarkiertem Thymidin inkubiert, dann kann man sehen, wie eine Welle von DNA-Synthese über den hufeisenförmigen Makronucleus herüberwandert. Man bekommt dann stets nur eine radioaktive Scheibe zu sehen, die am Hufeisenkern entlangwandert.

Klingenberg: Sie hatten auf die Analogie zwischen Chloroplasten und Mitochondrien angespielt und ihre genetische Kontinuität hervorgehoben. Auch Mitochondrien können wohl DNA enthalten. Nach Untersuchungen, die wir mit *Vogell* zusammen gemacht haben, gehen die Mitochondrien in der Flugmuskelentwicklung aus Ribosomen hervor. Das würde ihre nahen Beziehungen zu Nucleinsäuren verständlich machen. Weiter deuten unsere biochemischen Untersuchungen darauf hin, daß die einmal gebildeten Mitochondrien sich noch weiter entwickeln und noch ausdifferenzieren.

Weber: Ich möchte noch fragen, ob man Vorstellungen über die Genese der Chromosomenproteine hat. Nimmt man an, daß diese Proteine auch im Kern entstehen, oder entstehen sie im Cytoplasma an den Ribosomen, wie die anderen Proteine auch? Die Frage läuft noch einmal auf das Duplikationsproblem hinaus. Mir erscheint es unwahrscheinlich, daß ein so kompliziertes Gebilde, wie ein Chromosom, sich nach dem gleichen Prinzip redupliziert wie ein Nucleinsäuremolekül. Kann man nicht annehmen, daß die Eiweißkörper der Chromosomen im Cytoplasma gebildet werden wie die anderen Eiweißkörper auch und wieder in den Kern zurückwandern?

Ris: Im Kern ist die Proteinsynthese nachgewiesen, und manche Autoren behaupten, auch Ribosomen aus Kernen isoliert zu haben. Wir können also annehmen, daß manche Proteine im Zellkern selber synthetisiert werden, vielleicht nach dem gleichen Prinzip, wie das auch im Cytoplasma geschieht.

Spezielle Funktionszustände des genetischen Materials

Von

Friedrich Mechelke

Mit 10 Abbildungen

Infolge identischer Reduplikation und äqualer Verteilung des genetischen Materials wird in der Regel jede somatische Zelle eines Organismus mit denselben Potenzen für die Kontrolle ihres Stoffwechsels ausgerüstet. Dennoch erzielen diese Zellen im Verlauf der Ontogenese zahllose verschiedene Differenzierungsleistungen. Zur Erklärung des Gegensatzes zwischen genetischer Uniformität und leistungsmäßiger Mannigfaltigkeit der Zellen eines Organismus erweist sich die Hypothese einer differentiellen Genaktivität in einer Reihe von Fällen als besonders tragfähig. Diese Hypothese geht von der fundamentalen Tatsache aus, daß das genetische Material einer Zelle nicht als funktionelle Einheit organisiert ist, sonders sich aus einer Vielzahl verschiedener Gene mit jeweils spezifischen Potenzen zusammensetzt. Von den vielen Genen sollen in einer spezialisierten Zelle nur einige eine gesteigerte Aktivität bezüglich der Realisation ihrer Potenzen entfalten, während die übrigen Gene weniger oder gar nicht aktiv werden. Unter dieser Voraussetzung könnte zu einem großen Teil die Mannigfaltigkeit der Differenzierungsleistungen in einem Organismus durch örtliche, zeitliche und kombinatorische Variation der spezifischen Aktivität der Gene erklärt werden.

Eine solche differentielle Genaktivität würde die allgemeine Funktion des genetischen Materials, die sich vor allem in Form des Replikationsprozesses an jedem Gen in der Zelle vollzieht, durch besondere Funktionszustände bestimmter Gene in bestimmten Zellen zu gewissen Zeitpunkten der Ontogenese wesentlich ergänzen.

Argumente für die Existenz besonderer Funktionszustände des genetischen Materials bietet das „Puffing"-Phänomen an Riesenchromosomen von Dipteren, ein Phänomen, das bereits viele Jahrzehnte bekannt war, als 1952 *Beermann* [1, 2] und *Bauer* [3] erstmals seine eminente Bedeutung für Genetik und Entwicklungsphysiologie darlegten und somit eines der beziehungsreichsten Grenzgebiete der Cytologie erschlossen. An einer Reihe instruktiver Beispiele aus diesem relativ jungen Arbeitsgebiet soll versucht werden, morphologische, genetische und chemische Befunde unter dem Gesichtspunkt ihrer physiologischen Bedeutung als spezielle Funktionszustände des genetischen Materials zu

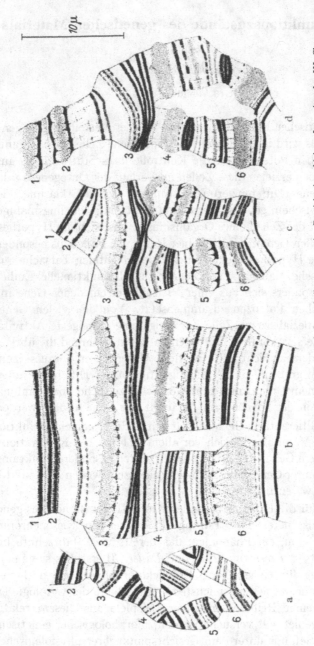

Abb. 1a—d. Gewebespezifische Modifikation einzelner Querscheiben und Querscheibengruppen im Bereich einer kleinen Inversion des III. Chromosoms von Chironomus tentans. Aus dem gleichen Tier, a im Mitteldarm, b in der Speicheldrüse, c in den Malpighi-Gefäßen, d im Rectum. Homologe Querscheibengruppen sind durch gleiche Ziffern gekennzeichnet. Bei *1* und *2* ist im Rectum ein Puff ausgebildet, bei *3* ein kleiner Puff in der Speicheldrüse und in den Malpighi-Gefäßen. Bei *4* sind die Querscheiben in den Malpighi-Gefäßen diffus und im Rectum zu einem Puff ausgebildet, entsprechend umgekehrt verhalten sich die Querscheiben bei *5*. Bei *6* ist in der Speicheldrüse und im Rectum ein Puff vorhanden, in den Malpighi-Gefäßen nur eine diffuse Ausbildung der Querscheiben. (Nach *Beermann* [71])

demonstrieren[1]. Dabei darf wohl in diesem Kreis die morphologische Organisation polytäner Riesenchromosomen, wie sie vornehmlich durch

---

[1] Einen Gesamtüberblick mit ausführlicher Diskussion der Methodik und Problematik hat *Beermann* [*20*] 1961 gegeben.

Arbeiten *Bauers* [4—7] geklärt worden ist, in ihren Grundzügen als bekannt vorausgesetzt oder gegebenenfalls nachträglich in der Diskussion erörtert werden.

In polytänen Riesenchromosomen — als geläufigstes Beispiel seien die Speicheldrüsenchromosomen von Drosophila genannt — ist das genetische Material, die DNS, nicht gleichmäßig verteilt, sondern in vielen querscheibenförmigen Segmenten mit relativ hohem DNS-Gehalt konzentriert. Quantitative Unterschiede im DNS-Gehalt dieser Querscheiben und Querscheibengruppen verleihen dem Chromosom ein spektrumartiges Muster, das charakteristisch für das jeweilige Chromosom und betreffende Individuum ist. Höchstwahrscheinlich bestehen zwischen verschiedenen Querscheiben auch qualitative Unterschiede der in ihnen lokalisierten DNS, jedoch fehlen zur Zeit noch Methoden, um diese Unterschiede chemisch zu erfassen. Auf indirekten Wegen lassen sich aber über die Wirkung der Gene solche Qualitätsunterschiede nachweisen. Dabei haben cytogenetische Untersuchungen ergeben, daß annähernd eine Querscheibe oder in gewissen Fällen ein Chromosomenabschnitt mit mehreren benachbarten Querscheiben als Ort, Locus, eines bestimmten Gens anzusprechen ist. Demzufolge repräsentiert das Querscheibenmuster die Reihenfolge der in dem Chromosom gelegenen Gene und läßt so unmittelbar ein genetisches Grundphänomen, die lineare Anordnung der Gene in einer Koppelungsgruppe, morphologisch zum Ausdruck kommen. Die lineare Anordnung der Gene ist in ihrer Gesamtheit für einen Organismus charakteristisch und bleibt, sofern nicht Mutationen eintreten, über alle Zellteilungen hinweg infolge identischer Reduplikation und äqualer Verteilung des genetischen Materials konstant.

Bei einem Vergleich der Riesenchromosomen aus verschiedenen Organen ein und derselben Chironomus-Larve konnte *Beermann* [1] feststellen, daß das charakteristische Querscheibenmuster hinsichtlich seiner Reihenfolge zwar, wie erwartet, konstant ist, daß aber einzelne Querscheiben in ihrer Struktur modifiziert sein können, indem sie in einem Organ kompakt, in einem anderen dagegen diffus oder aufgepufft in Erscheinung treten (Abb. 1). In gewissen Fällen kann dieses ,,Puffing" so weit gehen, daß der laterale Zusammenhalt der Fibrillen des polytänen Chromosoms überwunden wird, die Fibrillen sich fächerförmig spreizen und schließlich einen Ringwulst um die Längsachse des Chromosoms entstehen lassen [1, 7] (Abb. 2a). Solche extrem großen Puffs werden als ,,Balbiani-Ringe" bezeichnet — nach dem Zoologen *Balbiani*, der 1881 derartige Strukturen noch ohne Kenntnis ihrer Bedeutung beschrieben hatte.

Wesentlich für die funktionelle Interpretation dieser morphologischen Befunde ist, daß Puffs und Balbiani-Ringe reversible Strukturmodifi-

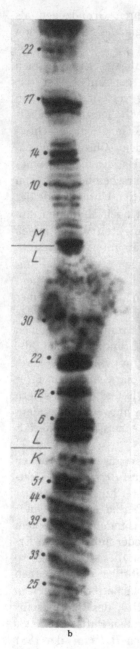

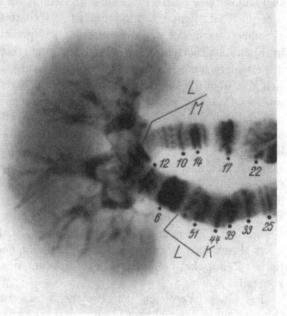

kationen sind und daß ihre Ausbildung spezifisch für bestimmte Querscheiben in bestimmten Zelltypen und Entwicklungsstadien erfolgt [*1, 2, 8—10*]. Damit ergeben sich erste Hinweise, daß Puffs und Balbiani-Ringe spezielle Funktionsstrukturen des genetischen Materials darstellen, die im Sinne einer differentiellen Genaktivität gedeutet werden können. Als Beispiel

Abb. 2 a u. b. a Balbiani-Ring BR_3 maximal entfaltet im Hauptlappen einer larvalen Speicheldrüse von Acricotopus lucidus; b homologer Chromosomenabschnitt aus dem Hauptlappen einer jungen Puppe mit eingeschrumpftem BR_3; Vergrößerung etwa 5000 : 1 (Original)

für die zell- und stadienspezifische Ausbildung extremer Strukturmodifikationen seien die Verhältnisse für einige Balbiani-Ringe in der Speicheldrüse der Chironomide Acricotopus lucidus Staeger angeführt.

Die Speicheldrüse von Acricotopus lucidus ist in Haupt-, Neben- und Vorderlappen differenziert (Abb. 3) [*8*]. Chemisch [*11, 12*] zeichnen sich Haupt- und Nebenlappen dadurch aus, daß in ihren Sekreten Oxyprolin nachweisbar ist, das im Sekret des Vorderlappens nicht vorkommt. Einen weiteren lappenspezifischen Unterschied, der außerdem noch stadienspezifisch ist, zeigen die Zellen des Vorderlappens, die beim Übergang vom 4. Larven- zum Vorpuppenstadium ein gelbes, zuweilen auch braunes, karotinoidhaltiges Sekret bilden.

Diese morphologische und physiologische Differenzierung der Speicheldrüse findet eine Parallele in der Aktivität bestimmter Loci der

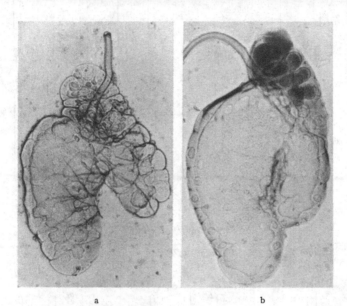

a   b

Abb. 3a u. b. Speicheldrüse von Acricotopus lucidus, a im 4. Larvenstadium, b im Vorpuppenstadium. Der Vorderlappen liegt nach oben, der Hauptlappen nach links und der Nebenlappen nach rechts. Vergrößerung 75 : 1. (Nach *Mechelke* [8])

Chromosomen. So ist jeder Drüsenlappen und jedes der beiden untersuchten Entwicklungsstadien durch eine bestimmte Kombination aktiver Loci charakterisiert, was allein schon durch die zu großen Balbiani-Ringen entfalteten Loci demonstriert wird und wozu noch mehrere zu kleineren Puffs ausgebildete Loci beitragen.

Alle Zellen der Speicheldrüse enthalten in ihren Kernen drei Chromosomen (Abb. 4). Jedes Chromosom hat submedian einen heterochromatischen Abschnitt, der wahrscheinlich die Zentromer-Region darstellt. Die Identifizierung der Chromosomen wird erleichtert durch eine heterocygote Inversion im kurzen Arm des I. Chromosoms und durch den einzigen Nucleolus, der im III. Chromosom median gelegen ist. Während die Loci 1 und 2 im Vorderlappen nicht aktiviert sind, bilden sie im Neben- und Hauptlappen unabhängig vom Entwicklungsstadium die Balbiani-Ringe BR_1 und BR_2. Spezifisch für den Nebenlappen ist ein

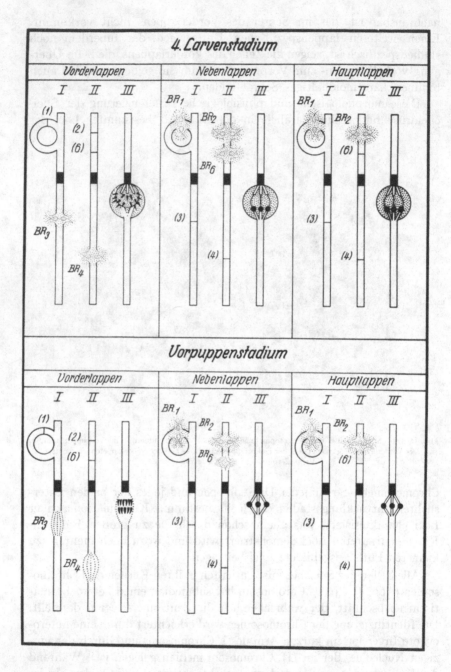

Abb. 4. Spezifität der Ausbildung von Balbiani-Ringen in verschiedenen Lappen und Entwicklungsstadien der Speicheldrüse von Acricotopus lucidus (Original)

weiterer Balbiani-Ring, BR_6, dessen Locus in den anderen Drüsenlappen inaktiv bleibt.   Beim Übergang zum Vorpuppenstadium wird die Ober-

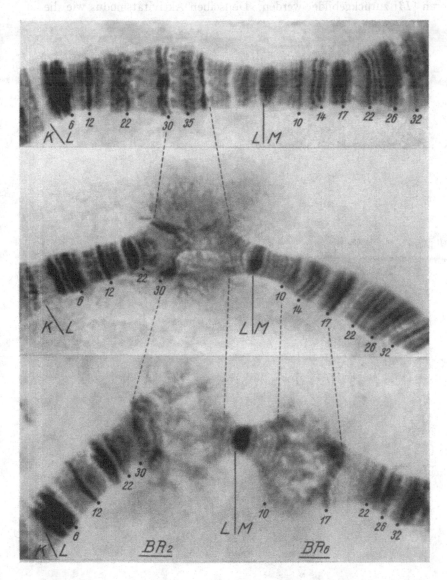

Abb. 5. Homologe Chromosomenabschnitte aus verschiedenen Lappen der Speicheldrüse von Acricotopus lucidus im 4. Larvenstadium: aus dem Vorderlappen (oben), aus dem Hauptlappen (Mitte) und aus dem Nebenlappen (unten). Vergrößerung etwa 5000 : 1 (Original)

flächenentfaltung des BR_6 verringert, während BR_1 und BR_2 unverändert bleiben. Noch deutlicher ist die stadienspezifische Rückbildung bei den Balbiani-Ringen BR_3 und BR_4. Beide sind spezifisch für den Vorderlappen, wo sie im 4. Larvenstadium voll entfaltet sind und dann bis zum späten Vorpuppenstadium unter dem Einfluß innersekretorischer Faktoren [13] zurückgebildet werden. Denselben Aktivitätsmodus wie die

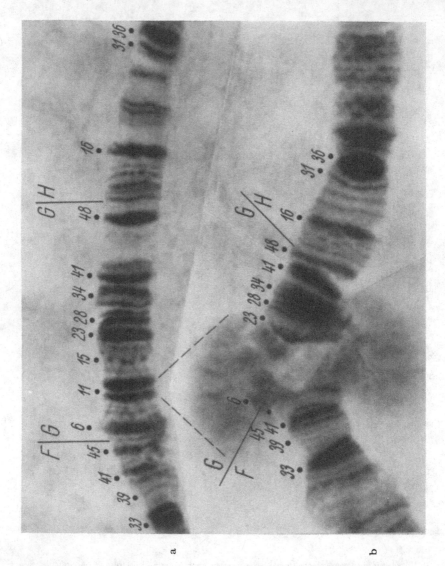

a   b

Balbiani-Ringe BR_3 und BR_4 hat eine balbianiringartige Strukturmodifikation in unmittelbarer Nachbarschaft des Nucleoles, deren besondere Form hier nicht weiter erörtert zu werden braucht.

Der Nucleolus selbst ist in allen Drüsenlappen gleich ausgebildet, und ebenso vollzieht sich sein Abbau während des späten Vorpuppenstadiums, so daß in jungen Puppen nur die geringe Anschwellung eines heterochromatischen Querscheibenkomplexes und einer daran anschließenden Zwischenscheibe (interband) den Ort seiner vorausgegangenen

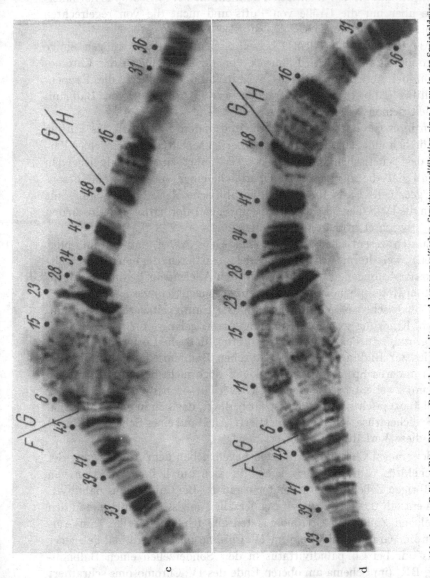

Abb. 6a—d. Balbiani-Ring BR₃ als Beispiel der stadien- und lappenspezifischen Strukturmodifikation eines Locus in der Speicheldrüse von Acricotopus lucidus. Vier homologe Chronosomenabschnitte: Im Hauptlappen (a) bleibt die Querscheibengruppe bei G 11 während des 4. Larven- und anschließenden Vorpuppenstadiums normal strukturiert. Derselbe Locus ist im Vorderlappen während des 4. Larvenstadiums (b) zu einem typischen Balbiani-Ring entfaltet, der unter dem Einfluß innersekretorischer Faktoren im Verlauf des Vorpuppenstadiums zurückgebildet wird (c: junge Vorpuppe, d: alte Vorpuppe). Vergrößerung etwa 4000 : 1 (Original)

Existenz markiert [8]. Zu Beginn des Puppenstadiums schrumpfen schließlich auch die Balbiani-Ringe BR₁ und BR₂ ein (Abb. 2b), die noch während des gesamten Vorpuppenstadiums ihre Aktivität beibehalten hatten.

Erwähnt sei noch, daß während der Entwicklung zur Vorpuppe nicht nur vorhandene Strukturmodifikationen bestehen bleiben oder zurückgebildet werden, sondern daß auch bisher nicht aktivierte Loci neue Strukturmodifikationen entfalten können, die bei Acricotopus normalerweise aber nur die Größe von Puffs und nicht die von regelrechten Balbiani-Ringen erreichen.

Als Ergänzung zu dem Übersichtsschema (Abb. 4) mögen einige Mikrophotogramme einen Eindruck von der Morphologie der Chromosomen bei Acricotopus lucidus vermitteln und zugleich die Lappenspezifität (Abb. 5) und die Stadienspezifität (Abb. 6) von Balbiani-Ringen demonstrieren.

In ihrer Gesamtheit zeigen diese und andere Fälle, daß das Puffing eine örtlich und zeitlich bestimmte Oberflächenentfaltung einzelner Partien des genetischen Materials ist. Das führt zu dem naheliegenden Schluß, daß die so vergrößerte Oberfläche eines Gen-Locus eine besonders geeignete Basis für gewisse katalytische Reaktionen abgibt, mit denen die DNS dieses Locus ihre spezifischen Informationsgehalte an den Zellstoffwechsel primär übermittelt.

Zu den wesentlichen Kriterien eines Gens gehört, daß von ihm mindestens zwei alternative Formen, Allele, existieren, die einen Merkmalsgegensatz bedingen. Die beiden von dem Allelenpaar bedingten Eigenschaften treten phänotypisch in Kreuzungsnachkommenschaften gemäß den Mendelschen Regeln mit bestimmten Häufigkeitsverhältnissen auf. Durch Kreuzung zweier Chironomus-Arten gelang es *Beermann* [14], den grundsätzlichen Nachweis zu führen, daß ein Locus, der in einer Species zur Bildung eines zellspezifischen Balbiani-Ringes befähigt ist, in der anderen Species diese Fähigkeit jedoch nicht besitzt, sich wie ein Gen mit zwei entsprechenden Allelen verhält, wobei dieses Allelenpaar ein phänotypisches Eigenschaftspaar bedingt, das sich in einem Merkmal der Speicheldrüse sichtbar manifestiert. An Hand eines Schemas (Abb. 7) seien diese Verhältnisse näher erläutert:

Bei einigen Chironomiden-Arten liegen neben dem Ausführgang der Speicheldrüse 4—6 „Sonderzellen", die sich durch ihre Funktion von den übrigen Zellen der Drüse unterscheiden. Bei Chironomus pallidivittatus enthält das Sekret dieser Sonderzellen gewisse Granula, die in den homologen Zellen bei Chironomus tentans fehlen. Parallel zum Auftreten der Granula bildet ein im IV. Chromosom subterminal gelegener Locus nur bei Ch. pallidivittatus in den Sonderzellen einen Balbiani-Ring, BR_4 (im Schema am oberen Ende des IV. Chromosoms schraffiert gekennzeichnet), nicht aber bei Ch. tentans, wo dieser Locus auch in den Sonderzellen dieselbe gewöhnliche Querscheibenstruktur wie in den übrigen Zellen der Drüse aufweist. Neben dem BR_4 liegen im IV. Chromosom noch drei andere Balbiani-Ringe, BR_1, BR_2 und BR_3, die bei beiden Species in allen Zellen der Speicheldrüse ausgebildet sind. Lediglich die Reihenfolge von BR_1 und BR_2 ist infolge einer Inversion im IV. Chromosom zwischen Ch. tentans und Ch. pallidivittatus vertauscht; einen Einfluß auf die Ausbildung der Balbiani-Ringe hat diese Inversion nicht. Im Bastard können sich infolge der Inversion die beiden homo-

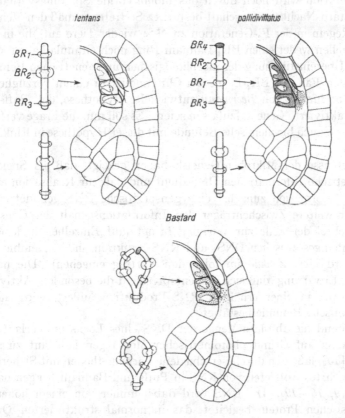

Abb. 7. Das Verhalten des BR_4-Locus in der Speicheldrüse von Chironomus tentans und Ch. pallidivittatus sowie in der Speicheldrüse des Bastards beider Species. Die Sonderzellen sind durch die eingezeichneten Sekreträume gekennzeichnet. Erklärungen im Text. (Nach *Beermann* [14, 20])

logen Partner des IV. Chromosoms, von denen der eine von Ch. tentans, der andere von Ch. pallidivittatus stammt, nur teilweise, in der Region des BR_3, paaren. Wesentlich ist jedoch, daß die Heterozygotie des Bastards außerdem durch das Verhalten des BR_4-Locus in den Sonderzellen dokumentiert wird. So ist hier im IV. Chromosom der von Ch. pallidivittatus stammende Locus wieder als Balbiani-Ring entfaltet, während der homologe, von Ch. tentans stammende Locus dazu nicht befähigt ist. Diese funktionelle Heterozygotie des BR_4-Locus im Bastard manifestiert sich in einem intermediären Phänotypus hinsichtlich des

Merkmals der Granulabildung. Die Sonderzellen des Bastards enthalten
zwar Granula, aber in deutlich geringerer Konzentration als bei Ch. pallidivittatus. Damit ist die funktionelle Heterozygotie des BR_4-Locus ein
sichtbarer Ausdruck für den Unterschied zweier Allele eines Gens, das
die Granulabildung in den Sonderzellen bewirkt bzw. unterbindet. Diese
Interpretation wird noch durch das monohybride Spaltungsverhältnis
der Bastard-Nachkommenschaft bestärkt. So treten gemäß den Mendelschen Regeln in der F_2-Generation zu 25 % wieder Tiere auf, die in den
Sonderzellen weder einen BR_4-Balbiani-Ring noch Granula haben.

Die Übereinstimmung der morphologischen und genetischen Befunde
macht den Fall des BR_4-Locus bei Chironomus zu einem vorzüglichen
Argument für die von *Beermann* entwickelte Hypothese, daß Puffs als
speziell aktivierte Gene aufzufassen seien. Es soll nun die Frage verfolgt
werden, ob auch biochemische Befunde mit dieser Hypothese in Einklang
stehen.

Ergebnisse der Mikroben-Genetik haben gezeigt, daß als Speicher
für genetische Informationen DNS dient und daß zur Realisation einer
solchen Information zunächst eine genspezifische RNS gebildet wird,
die über weitere Zwischenträger den Informationsgehalt des Gens im
Stoffwechsel der Zelle zur Wirkung bringt (auf Einzelheiten des Zu-
sammenhanges zwischen DNS- und RNS-Funktion und Proteinbiosynthese wird Herr *Zachau* im folgenden Vortrag eingehen). Die nahe-
liegende Erwartung, daß sich dementsprechend die besondere Aktivität
eines Locus in einer erhöhten RNS-Produktion äußert, wird durch
cytochemische Befunde bestätigt.

Während die absolute Menge der DNS eines Locus im Verlauf der
Puffbildung auf Grund photometrischer Messungen konstant zu sein
scheint [15], läßt sich durch verschiedene Färbemethoden mit Sicherheit
ein vermehrtes Auftreten von RNS in Puffs und Balbiani-Ringen nachweisen [9, 16—19]. Die RNS wird dabei immer von einem höheren,
nichtbasischen Protein begleitet, das in normal strukturierten Querscheiben nicht oder nur in geringerer Menge vorkommt und an dessen
Stelle dort überwiegend Histon zu finden ist.

Besonders eine von *Pelling* [17] ausgearbeitete metachromatische
Färbung mit Toluidinblau gestattet die sichere Unterscheidung der im
Sinne einer RNS-Produktion aktiven und inaktiven Loci. Danach er-
scheinen die RNS-reichen Loci purpurrot, während die inaktiven Loci
durch die hellblaue Färbung ihrer DNS markiert sind. Puffs und
Balbiani-Ringe zeichnen sich dabei stets als Orte einer besonders hohen
Konzentration von RNS aus.

Mit Hilfe der autoradiographischen Technik lassen sich diese Ergebnisse bestätigen und darüber hinaus noch weiter präzisieren [20]. Dabei
macht man sich z. B. den Umstand zunutze, daß das Nucleosid Uridin

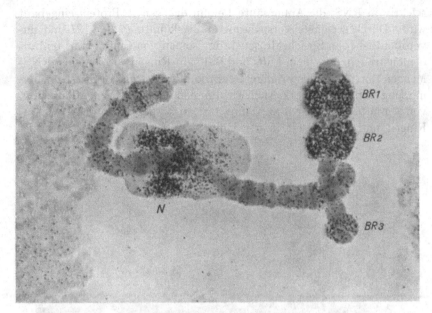

Abb. 8. Markierung der RNS-Syntheseorte durch Einbau von radioaktivem Uridin nach 30 min Inkubationszeit. Speicheldrüse von Chironomus tentans, IV. Chromosom mit den Balbiani-Ringen BR_1, BR_2 und BR_3 und III. Chromosom mit dem Nucleolus N. Das tritiummarkierte Uridin ist vornehmlich in die Balbiani-Ringe und den Nucleolus eingebaut worden, dagegen nicht ins Cytoplasma. Autoradiographie, Vergrößerung etwa 700 : 1. (Nach einem Original von *Pelling* aus *Beermann* [20])

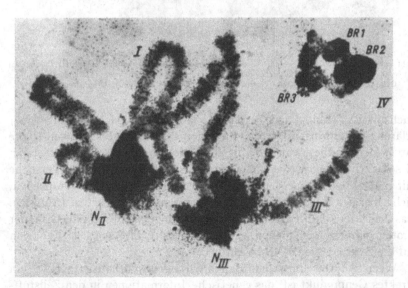

Abb. 9. Die vier Chromosomen eines Zellkerns aus der Speicheldrüse von Chironomus tentans nach relativ kurzer, nicht mehr als zweistündiger Inkubation mit tritium-markiertem Uridin. Intensiver Einbau des Uridins in die Nucleoli des II. und III. Chromosoms (N_{II} und N_{III}) sowie in die Balbiani-Ringe BR_1, BR_2 und BR_3 des IV. Chromosoms. Außerdem sind einige Puffs deutlich markiert. Autoradiographie, Vergrößerung etwa 500 : 1. (Nach einem Original von *Pelling* aus *Beermann* [20])

selektiv in RNS, die Aminosäure Leucin dagegen in Protein eingebaut
wird. Durch geeignete Versuchsanstellung konnte *Pelling* [*21* und un-
veröffentlicht] an Speicheldrüsenchromosomen von Chironomus tentans
demonstrieren, daß die in Puffs und Balbiani-Ringen vorhandenen RNS-
Mengen dort direkt als primäre Genprodukte entstehen. So ist bei Be-
nutzung von tritiummarkiertem Uridin nach kurzen Inkubationszeiten
von 5 min bis 2 Std die β-Strahlung fast ausschließlich in den Balbiani-
Ringen und Puffs sowie in der Umgebung des Nucleolusorganisators

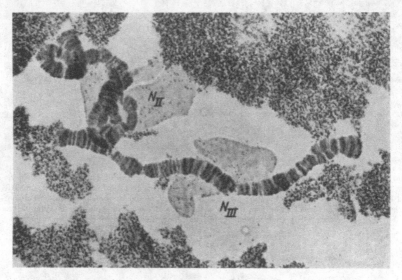

Abb. 10. Markierung der Protein-Syntheseorte durch Einbau von radioaktivem Leucin nach relativ kurzer,
nicht mehr als zweistündiger Inkubation. Speicheldrüse von Chironomus tentans, II. und III. Chromosom
mit je einem Nucleolus. Keine Markierung der Chromosomen und Nucleoli, dagegen starke Markierung des
Cytoplasmas. Autoradiographie, Vergrößerung etwa 500 : 1. (Nach einem Original von *Pelling*
aus *Beermann* [*20*])

nachzuweisen (Abb. 8 und 9). Ebenso läßt sich die wichtige Frage einer
Klärung näherbringen, ob die Funktion der Puffs und Balbiani-Ringe
nur in der Synthese von RNS besteht oder ob auch Proteine direkt an
diesen aktiven Gen-Orten entstehen. Auskunft darüber geben Versuche
mit radioaktivem Leucin, nach dessen Einwirkung nur das Cytoplasma,
nicht aber der Zellkern mit seinen Chromosomen markiert ist (Abb. 10).
Das bedeutet, daß Puffs und Balbiani-Ringe nicht primär Orte der
Proteinsynthese sein können, sondern daß sich ihre spezielle Funktion
auf die Synthese von RNS beschränkt.

Wenn die von Puffs und Balbiani-Ringen synthetisierte RNS ein
direktes Genprodukt ist, das genetische Informationen in den Zellstoffwechsel übermittelt, so müßten entsprechend der Spezifität der Gene
auch chemische Unterschiede zwischen der von verschiedenen Loci pro-
duzierten RNS bestehen. Erste Ergebnisse zur Klärung dieser Frage

haben *Edström* und *Beermann* erzielt [22]. Auf Grund einer von *Edström* entwickelten Methodik ist es möglich, die Anteile der verschiedenen Basen in der RNS mikroelektrophoretisch zu bestimmen. Um verschiedene RNS-Herkünfte analysieren zu können, wurden durch subtile Präparation des Hauptlappens der Speicheldrüse von Chironomus tentans nicht nur Cytoplasma, Nucleoli und ganze Chromosomen isoliert und gesammelt, sondern das IV. Chromosom noch so in drei Teile zerlegt, daß jeder einen der Balbiani-Ringe BR_1, BR_2 und BR_3 (vgl. Abb. 7) enthielt. Die Analyse der RNS in den so gewonnenen Fraktionen ergab unter anderem, daß nicht allein gesicherte Unterschiede zwischen der cytoplasmatischen, der nucleolaren und der chromosomalen RNS bestehen, sondern daß sich auch die drei Segmente des IV. Chromosoms bezüglich der Zusammensetzung der in ihnen enthaltenen RNS unterscheiden. Diese Befunde bestätigen die Erwartung, daß von aktivierten Loci eine jeweils spezifische RNS produziert wird.

Damit ergibt sich aus der Übereinstimmung und Ergänzung cytomorphologischer, genetischer und biochemischer Befunde eine konkrete Vorstellung von der Funktion des genetischen Materials bei der Realisation seiner Informationsgehalte.

Die Frage, durch welche Faktoren diese besonderen Funktionszustände des genetischen Materials ausgelöst und reguliert werden, umreißt bereits ein weiteres Problem von allgemeiner biologischer Bedeutung.

Literatur

[1] *Beermann, W.:* Chromosoma (Berl.) **5**, 139 (1952).

[2] *Beermann, W.:* Z. Naturforsch. **7**b, 237 (1952).

[3] *Bauer, H.:* Zool. Anz., Suppl. **17**, 252 (1953).

[4] *Bauer, H.:* Z. Zellforsch. **23**, 280 (1935).

[5] *Bauer, H.:* Naturwissenschaften **26**, 77 (1938).

[6] *Bauer, H.:* Zool. Anz., Suppl. **17**, 275 (1953).

[7] *Bauer, H.,* u. *W. Beermann:* Chromosoma (Berl.) **4**, 630 (1952).

[8] *Mechelke, F.:* Chromosoma (Berl.) **5**, 511 (1953).

[9] *Breuer, M. E.,* u. *C. Pavan:* Chromosoma (Berl.) **7**, 371 (1955).

[10] *Becker, H. J.:* Chromosoma (Berl.) **10**, 654 (1959).

[11] *Baudisch, W.:* Naturwissenschaften **47**, 498 (1960).

[12] *Baudisch, W.:* Naturwissenschaften **48**, 56 (1961).

[13] *Panitz, R.:* Naturwissenschaften **47**, 383 (1960).

[14] *Beermann, W.:* Chromosoma (Berl.) **12**, 1 (1961).

[15] *Rudkin, G. T.:* Genetics **40**, 593 (1955).

[16] *Beermann, W.:* Developmental cytology, p. 83. New York: Ronald Press 1959.

[17] *Pelling, C.:* Nature (Lond.) **184**, 655 (1959).

[18] *Clever, U.,* and *P. Karlson:* Exp. Cell Res. **20**, 623 (1960).

[19] *Clever, U.:* Chromosoma (Berl.) **12**, 607 (1961).

[20] *Beermann, W.:* Zool. Anz., Suppl. **25**, 44 (1962).

[21] *Pelling, C.:* Tritium in the physical and biological sciences, vol. 2, p. 327. Wien: International Atomic Energy Agency 1962.

[22] *Edström, J. E.,* and *W. Beermann:* J. Cell Biol. **14**, 371 (1962).

Einige Bemerkungen über die Regulation
von Genaktivitäten in Riesenchromosomen

Von

Ulrich Clever

Mit 4 Abbildungen

Wie Herr *Mechelke* ausführte, dürfen wir heute mit großer Sicherheit die Puffs in den Riesenchromosomen der Dipteren als morphologische Anzeichen für Genaktivitäten ansehen. Aus den Befunden am Puffmuster folgt daher, daß die Genaktivitätsmuster gewebe- und stadienspezifisch sind. Damit stellt sich die Frage nach den Faktoren, die diese Gewebe- und Stadienspezifität des Genaktivitätsmusters realisieren und die das Aktivitätsverhalten der einzelnen Loci kontrollieren. Ähnlich der Unterscheidbarkeit von Gewebe- und Stadienspezifität der Aktivitätsmuster lassen sich einzelne Genaktivitäten, die im Zusammenhang mit dem Grund- oder Funktionsstoffwechsel eines Gewebes stehen, von solchen unterscheiden, die im Zusammenhang mit Entwicklungsleistungen stehen. Der Einfachheit halber wollen wir hier beide Gruppen getrennt besprechen, obwohl die Zuordnung eines Puffs manchmal willkürlich erscheint und in jedem Fall erst nach einer genauen Einzelanalyse möglich ist. Wir beginnen mit dem Teil der Gene, dessen Aktivität offenbar nicht im Zusammenhang mit Entwicklungsprozessen steht [3, 4].

Das Muster der Loci, die entwicklungsunspezifisch aktiv sind, ist gewebespezifisch. Die Puffmuster der gleichen Organe verschiedener Tiere, also die Aktivitätsmuster in einem gegebenen Augenblick, unterscheiden sich aber gewöhnlich auch dann sehr stark, wenn die untersuchten Tiere etwa im gleichen Entwicklungszustand sind. Es läßt sich jedoch zeigen, daß den unterschiedlichen aktuellen Aktivitätsmustern ein allen Tieren gemeinsames Muster potentiell aktiver Loci zugrunde liegt. Die Unterschiede zwischen den einzelnen Tieren kommen dadurch zustande, daß an vielen Loci nur mehr oder weniger kurzfristig Puffs auftreten, die danach wieder, und zwar ebenfalls vorübergehend, rückgebildet werden. Solche Neubildungen, Rückbildungen und Größenveränderungen von Puffs zeigen Aktivitätsveränderungen der betreffenden Loci an. Die jeweilige Aktivität der einzelnen Loci wird von Außenfaktoren, wie Ernährung oder Temperatur, und inneren Faktoren, wie dem Eintritt in Phasen der Entwicklungsruhe, beeinflußt, und zwar

reagiert dabei jeder Locus in einer für ihn charakteristischen Weise. Das
Aktivitätsverhalten dieser Gene steht also jedenfalls im Zusammenhang
mit dem Gesamtstoffwechsel der Tiere und ist nicht den einzelnen Loci,
etwa auf Grund einer frühen gewebespezifischen Determination, imma-
nent. Der Befund bedeutet daher, daß der Aktivitätsgrad aller Loci der
ständigen Kontrolle durch Plasmafaktoren unterliegt. Bei den Genen
mit entwicklungsunspezifischer Aktivität kennen wir diese Faktoren im
einzelnen noch nicht; etwas mehr wissen wir jedoch über die Kontrolle
solcher Genaktivitäten, die spezifisch für bestimmte Entwicklungs-
phasen sind.

Entwicklungsprozesse setzen bei den Insekten mit dem Beginn der
Häutung zum nächsten Larvenstadium ein, vor allem mit dem Beginn

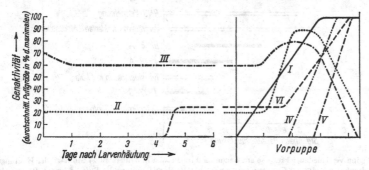

Abb. 1. Schema der Verhaltensweisen einiger Puffs während des letzten Larvenstadiums von *Chironomus
tentans*. Die Kurven geben die durchschnittlichen Puffgrößen bei Larven verschiedenen Alters an, sie beziehen
sich auf folgende Puffs: I I-18-C, II IV-2-B, III I-19-A, IV I-1-A, V II-14-A, VI I-13-B. (Nach *Clever* [4])

der Puppenhäutung. In ihrem Verlaufe kommt es bei *Chironomus tentans*
zu zwei gegenläufigen Veränderungen des Puffmusters [4]: einer all-
mählichen Verminderung der Aktivität der meisten entwicklungsunspezifisch aktiven Gene und einer Aktivierung vorher inaktiver Loci
(Abb. 1). Daß ganz allgemein auch die Aktivität solcher Gene, die speziell in bestimmten Häutungen einen Puff bilden, unter der Kontrolle
von Plasmafaktoren steht, zeigen sehr schön Untersuchungen von
Becker [1] an *Drosophila*. Hier tritt ein bestimmter Puff nur während
der Pupariumsbildung auf, dagegen nicht wieder in der folgenden eigentlichen Puppenhäutung. Läßt man die Speicheldrüse jedoch nach Trans-
plantation in eine jüngere Larve ein zweites Mal die Pupariumsbildung
durchlaufen, so wird auch der spezifische, normalerweise in dieser Drüse
nicht mehr auftretende Puff wieder gebildet. Ein anderes Beispiel geben
Untersuchungen an *Chironomus tentans*, in denen sich zeigte, daß Loci
mit streng vorpuppenspezifischer Aktivität selbst in alten Vorpuppen
wieder inaktiv werden, sobald die Entwicklungsprozesse abnormer-
weise zum Stillstand kommen [3].

Ein für das Entwicklungsverhalten der Zellen entscheidender und in seiner physiologischen Bedeutung weitgehend bekannter Faktor des inneren Milieus der Insekten ist das Häutungshormon der Prothoraxdrüsen, das Ecdyson. Durch Injektion des Hormons läßt sich experimentell eine Häutung induzieren. Nach einer solchen Häutungsinduktion lassen sich die zeitlichen Beziehungen der Aktivitätsveränderungen von Genen zum Häutungsgeschehen besonders gut prüfen [2]. Abb. 2 zeigt die Sequenz von Puffbildungen in den ersten 24 Std nach der Injektion. Eingefügt sind die Anfänge verschiedener Prozesse im Plasma, die

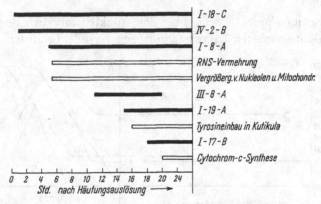

Abb. 2. Beginn verschiedener Prozesse am Genom und im Plasma in den ersten 24 Std nach der Häutungseinleitung durch das Ecdyson. Genaktivierungen (rechts die Bezeichnungen des Puffs) schwarz, Prozesse im Plasma hell. Zusammengestellt nach den Angaben mehrerer Autoren. (Nach *Clever* [6])

von verschiedenen Untersuchern an mehreren Objekten gefunden wurden; die grundsätzliche Gleichheit der Häutungsregulation bei allen Insekten scheint einen vorsichtigen Zeitvergleich jedenfalls der unmittelbar nach der Häutungsinduktion einsetzenden Prozesse zu rechtfertigen. Die frühesten der bisher bekannten Effekte des Hormons sind, wie der Abbildung zu entnehmen ist, Aktivitätserhöhungen eines oder weniger Gene.

Die Reaktion des als erstem aktivierten Locus, I-18-C, hat spätestens 30 min nach der Injektion begonnen, vielleicht bereits nach 15 min. 2 Std nach der Injektion ist die Vergrößerung des Puffs abgeschlossen. In unseren früheren Versuchen mit relativ hohen Hormondosen waren die induzierten Puffs im Durchschnitt etwas größer nach Injektion höherer als nach Injektion niedrigerer Dosen (Abb. 3). Diese Abhängigkeit der Puffgröße von der Ecdysonkonzentration ist noch deutlicher bei Larven, die nach längerem Abstand von der Injektion fixiert wurden. Das injizierte Ecdyson wird nämlich wieder eliminiert, und zwar um so schneller, je weniger injiziert worden war. Ganz entsprechend diesem Rückgang der Ecdysonkonzentration wird auch der Puff I-18-C wieder rückgebildet, wiederum um so schneller, je weniger Hormon injiziert worden war (Abb. 3).

Ein zweiter Locus, IV-2-B, wird im Experiment nur wenig, höchstens 30 min, später aktiv als der Locus I-18-C. Die durchschnittliche Größe des induzierten Puffs war zwar in unseren früheren Versuchen bei allen damals verwendeten Dosen gleich, die Rückbildung des Puffs erfolgt aber in ähnlicher Abhängigkeit von der Ecdysondosis wie die des Puffs

I-18-C. Auch die Aktivität dieses Gens schien nach diesen Ergebnissen also von der Ecdysonkonzentration beeinflußt zu werden. Zwischen dem Verhalten der beiden Loci I-18-C und IV-2-B nach experimentell induzierter Häutung und dem in der normalen Puppenhäutung besteht nun ein auffälliger Unterschied. Zwar ist auch hier die Aktivierung des Locus I-18-C wieder das erste erkennbare Zeichen dafür,

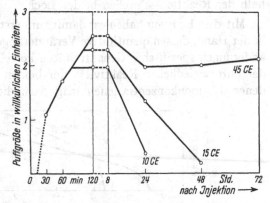

Abb. 3. Größenveränderungen des Puffs I-18-C der Speicheldrüsenchromosomen von *C. tentans* nach Injektion von 10, 15 und 45 *Calliphora*-Einheiten (CE) Ecdyson. Der punktierte Anfangsteil der Kurve, dessen genauer Verlauf unbekannt ist, soll andeuten, daß vor der Injektion kein Puff vorhanden war; der Schnittpunkt mit der Abszisse wurde willkürlich gewählt.
(Nach *Clever* [6])

daß die Häutung begonnen hat, die Aktivierung des Gens IV-2-B folgt ihr je doch frühestens 1—2 Tage später. Dann vergrößert sich der Puff IV-2-B allerdings schnell und erreicht früher als der Puff I-18-C sein Maximalgröße (Abb. 1).

Die Erklärung für das Verhalten der beiden Puffs in der normalen Häutung und für die Unterschiede zur experimentell induzierten Häutung lieferten jetzt Untersuchungen über die Dosisabhängigkeit der beiden Genreaktivitäten [5]. Während nämlich Puff I-18-C bereits mit einer Dosis von $2 \times 10^{-6}\,\mu g$ Ecdyson induziert wird, tritt Puff IV-2-B erst bei einer Dosis von $2 \times 10^{-5} - 2 \times 10^{-4}\,\mu g$ auf. Die Reaktionsschwelle des Gens I-18-C liegt also um etwas mehr als eine Zehnerpotenz unter der des Gens IV-2-B. Der Puff IV-2-B erreicht aber bereits bei einer niedrigeren Hormondosis, nämlich bei $2 \times 10^{-3}\,\mu g$, seine Maximalgröße, die der Puff I-18-C erst bei einer Dosis von $2 \times 10^{-2} - 2 \times 10^{-1}\,\mu g$ Ecdyson erreicht. Trägt man die Puffgrößen in Abhängigkeit von der Ecdysonkonzentration auf, so erhält man für die beiden Puffs Kurven (Abb. 4), die in ihren Beziehungen zueinander sehr ähnlich wie die ihres

Verhaltens in der Normalentwicklung sind (Abb. 1, Kurven I und II). Wir schließen hieraus, daß das Aktivitätsverhalten der Gene I-18-C und IV-2-B in der Normalentwicklung durch einen allmählich ansteigenden Ecdysontiter kontrolliert wird und das verzögerte Aktivwerden des Gens IV-2-B darauf beruht, daß die Hormonkonzentration zunächst unter der Reaktionsschwelle dieses Gens liegt. Im Experiment ist dagegen die Konzentration in jedem Fall unmittelbar nach der Injektion am höchsten, und zwar lag sie in unseren früheren Versuchen weit oberhalb der Reaktionsschwellen beider Loci.

Mit dem Ecdyson haben wir damit zum erstenmal einen Plasmafaktor in der Hand, dessen quantitative Veränderungen mit quantitativen Veränderungen spezifischer Genaktivitäten korreliert sind. Die Bedeutung der unterschiedlichen Reaktivität der beiden Loci gegenüber verschiedenen Hormonkonzentrationen mag darin liegen, daß erst durch ihr

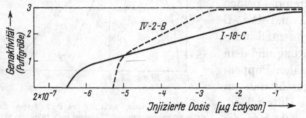

Abb. 4. Abhängigkeit der Größe der induzierten Puffs I-18-C und IV-2-B in den Speicheldrüsenchromosomen von *C. tentans* von der Menge injizierten Ecdysons

Zusammenwirken — bzw. ein Zusammenwirken der Prozesse, an denen sie beteiligt sind — das Verhalten der Speicheldrüsenzellen in spezifischer Weise dem jeweiligen Hormontiter angepaßt wird. Für die Frage nach dem Mechanismus der Kontrolle von Genaktivitäten ist hier natürlich die nach den konkreten Beziehungen zwischen dem Hormon und den Aktivitätsveränderungen der beiden Loci besonders wichtig. Es läßt sich z. Zt. nicht ausschließen, daß das Ecdyson primär uns noch unbekannte plasmatische Stoffwechselprozesse beeinflußt und daß es erst in ihrem Verlaufe zu den von uns beobachteten Genaktivierungen kommt. Unsere bisherigen Beobachtungen stehen aber auch mit der Hypothese [2, 4, 7] in Einklang, daß die Beeinflussung spezifischer Genaktivitäten der primäre Effekt des Hormons sei. Den Mechanismus einer solchen Wirkung des Hormons könnte man sich entsprechend der eines Effektorstoffes in dem von *Jacob* und *Monod* [8] entwickelten Modell der Regulation der Proteinsynthese bei Bakterien vorstellen. Jedenfalls scheinen jetzt auch die Untersuchungen an Riesenchromosomen Ansatzpunkte für ein tieferes Eindringen in das Problem der Regulation von Genaktivitäten zu liefern.

Literatur

Hier sind nur die Arbeiten zitiert, auf die ausführlicher Bezug genommen oder denen Abbildungen entnommen wurden. Wegen der weiteren Literatur vgl. den Artikel von *Mechelke* und die hier zitierten Arbeiten.

[1] *Becker, H. J.:* Verh. dtsch. zool. Ges. 92—101 (1961).
[2] *Clever, U.:* Chromosoma (Berl.) **12**, 606—675 (1961).
[3] — J. Insect. Physiol. **8**, 357—376 (1962).
[4] — Chromosoma (Berl.) **13**, 385—436 (1962).
[5] — Gen. comp. Endocr. (im Druck) und Developm. Biol. (im Druck).
[6] — Umschau **62**, 70—73 (1962).
[7] —, u. *P. Karlson:* Exp. Cell Res. **20**, 623—626 (1960).
[8] *Jacob, F.,* and *J. Monod:* J. molec. Biol. **3**, 318—356 (1961).

Diskussion

Karlson: Vielleicht darf ich zu den schönen Ausführungen von Herrn *Clever* noch sagen, daß wir hier den Anschluß an die Biochemie gewinnen. Wir haben zeigen können, daß die Wirkung des Ecdysons auf den Tyrosinstoffwechsel sehr wahrscheinlich in einer Enzyminduktion besteht, d. h. unter der Wirkung von Ecdyson werden neue Proteinmoleküle synthetisiert. Nimmt man diesen Befund zusammen mit der Beobachtung, daß in den Puffs RNS — wahrscheinlich doch messenger-RNS — gebildet wird, das für die Proteinsynthese nötig ist, dann schließt sich das Ganze zu einem kompletten Bild der Hormonwirkung durch Beeinflussung bestimmter Gene. Es ist zwar richtig, daß wir die Auslösung von Puffs an *Chironomus* beobachtet haben, während unsere Arbeiten über den Tyrosinstoffwechsel bei *Calliphora* durchgeführt wurden. Der Puff, der bei *Chironomus* ausgelöst wird, ist sicher nicht an der Beeinflussung des Tyrosinstoffwechsels beteiligt, aber wir können zumindest als Arbeitshypothese diese Befunde zusammenfügen, und es bleibt abzuwarten, ob es sich nicht vielleicht auch für andere Hormone, besonders Steroidhormone, bestätigen wird, daß diese Hormone durch Genbeeinflussung wirken.

Ris: Herr *Mechelke* hat gesagt, daß sich die DNS-Menge in Puffs nicht ändert; es gibt Ausnahmen davon. Wie erklären Sie sich diese Fälle, bei denen teils die DNS vorübergehend vermehrt wird oder bei dem sie vermehrt wird und dann in höherer Konzentration erhalten bleibt?

Mechelke: Man könnte es damit erklären, daß die DNS-Reduplikation nicht im ganzen Chromosom gleichzeitig erfolgt, sondern zunächst in einigen Abschnitten vorweggenommen wird. Oder man könnte annehmen, daß es eine metabolische DNS gibt, die ähnliche Aufgaben wie eine lokal gebildete hat. Befunde über eine exzessive DNS-Vermehrung einzelner Chromosomenarten, die diese Hypothese stützen würden, z.B. die von *Stich* und *Naylor*, sind aber meines Erachtens dringend der Nachprüfung bedürftig.

Wittmann: Wie groß ist die Anzahl der puffbildenden Querscheiben, gemessen an der Anzahl Querscheiben, die es überhaupt gibt?

Mechelke: Prüft man die Anzahl der in einem längeren Zeitabschnitt puffbildenden Querscheiben, dann findet man bei *Acricotopus*, daß etwa $^1/_3$ oder sogar $^1/_2$ aller Querscheiben irgendwann einmal in der Speicheldrüse einen Puff bildet. Die Anzahl der in dieser Form aktiven Loci erscheint dafür, daß es sich nur um ein einziges Organ handelt, sehr hoch. Wahrscheinlich ist es so, daß für das Gewebe spezifisch nicht der einzelne aktive Locus ist, sondern das gesamte Spektrum der aktiven Loci. Neben Loci, die ständig aktiv sind und die am allgemeinen Grundstoffwechsel beteiligt sein mögen, wird es andere geben, die streng gewebespezifisch sind, wie in den Speicheldrüsen etwa die Balbianiringe. Man kann das als die koordinative Operation des genetischen Materials bezeichnen und sie der zeitlichen und örtlichen gegenüberstellen.

Duspiva: Es sollte für gewisse Grundfunktionen im Stoffwechsel der Zellen Puffs geben, die in allen Zellen übereinstimmen. Diese Puffs brauchten nicht einmal besonders groß zu sein. Außerdem sollte es zellspezifische, besonders große puffs geben, in denen die jeweils zellspezifischen Enzyme produziert werden.

Mechelke: Bei *Acricotopus* läßt sich die Untersuchung nur an den verschiedenen Lappen der Speicheldrüsen durchführen. Befunde, die wir hier erheben können, bestätigen die Existenz dieser Gruppen von Puffs.

Clever: Bei *Ch. tentans* ist der Vergleich mehrerer Gewebe möglich. Es ist dort wirklich so, wie Prof. *Duspiva* vermutet, daß nämlich die größere Anzahl aller Puffs in allen Geweben auftritt, während einige wenige, wie die Balbianiringe, also besonders große Funktionsstrukturen, im strengen Sinne zellspezifisch zu sein scheinen.

Heckmann: Gibt es Puffs in den Geschlechtszellen?

Mechelke: Darüber können wir nichts aussagen, weil wir Puffs nur in polytänen Chromosomen beobachten können. Ob es vergleichbare Strukturveränderungen in normalen Interphasen-Chromosomen gibt, darüber weiß man nichts. Bei pflanzlichen Objekten gibt es aber immerhin Chromosomen, die in ihrem Bau zwischen normalen Chromosomen und polytänen Riesenchromosomen stehen, und bei diesen Chromosomen gibt es ebenfalls puffartige Strukturmodifikationen. Allgemein können wir sagen, daß für eine physiologische Aktivität der Chromosomen eine Vergrößerung der Oberflächen erforderlich zu sein scheint. So sind z.B. während der normalen Mitose die Chromosomen in den Phasen der eigentlichen Verteilung des genetischen Materials kompakt, in den dazwischenliegenden Interphasen, wo die genetischen Informationen im Zellstoffwechsel realisiert werden, werden die Chromosomen allgemein wieder entspiralisiert und entfalten somit eine große Oberfläche.

Wilbrandt: An welchen Chromosomen kann man das Puffingphänomen nachweisen? Ich habe eigentlich das Gefühl, daß, wenn es überhaupt an allen Chromosomen vergleichbare Phänomene gibt, sie sich auch nachweisen lassen müßten, unabhängig von der Dicke der Chromosomen.

Mechelke: Die Möglichkeit, lokale Strukturmodifikationen erkennen zu können, ist bei der Lichtmikroskopie auf die Riesenchromosomen beschränkt, weil es sich hier um Chromosomenbündel handelt, in denen viele Tausende Einzelchromosomen vereinigt sind. Auch in anderen polyploiden Kernen sind zwar die homologen Chromosomen vielfach vorhanden, die einzelnen Chromosomen liegen jedoch gesondert, und Funktionsstrukturen sind daher nicht erkennbar. Wenn man eine diploide Zelle endomitotisch polyploidisieren und zusätzlich die Chromosomen zu somatischer Paarung veranlassen könnte, dann sollten sich in diesen Chromosomen auch Puffs nachweisen lassen.

Clever: Es gibt jedenfalls auch bei kleineren Riesenchromosomen und auch bei normalen Chromosomen durchaus vergleichbare Funktionsstrukturen, wie bei den hochpolytänen Speicheldrüsenchromosomen. So hat *Bier* in den oligotänen Fibrillen der Nährzellkerne von *Calliphora* puffartige Bildungen gefunden. *Gall* und *Callen* vergleichen die Schleifenbildung an den Chromomeren der Lampenbürstenchromosomen der Amphibien mit den Schleifen der Balbianiringe, und *Beermann* und *Meyer* schließlich fanden in den Spermatocyten von *Drosophila* den Schleifen der Lampenbürstenchromosomen vergleichbare Funktionsstrukturen des Y-Chromosoms. Die Aktivität des genetischen Materials scheint also durchaus allgemein mit solchen Veränderungen der Chromosomenstruktur verbunden zu sein. Wir können sie allerdings im allgemeinen, da uns ein entsprechendes Referenzsystem, wie wir es aus dem regelmäßigen Querscheibenmuster der Riesenchromosomen konstruieren können, fehlt, nicht lokalisieren und auf einen bestimmten genetischen Locus beziehen.

Heckmann: Sind die Ecdysonversuche so durchgeführt, daß das Hormon injiziert worden ist, oder kann man auch in vitro Effekte erzielen?

Mechelke: Bei *Acricotopus* lassen sich bei in vitro gehaltenen Speicheldrüsen die Balbianiringe BR 3 und BR 4 durch Zugabe einer Vorpuppen-Ringdrüse von Calliphora zum Schließen bringen. Damit müssen wir uns vorläufig begnügen, solange wir keine lebenden Chromosomen isolieren können.

Karlson: Das ist nicht richtig. Wir haben jetzt eine Methode entwickelt, um aus Speicheldrüsen die Chromosomen zu isolieren, und zwar durch Zentrifugation in einem hypertonischen Medium. Die Chromosomen sind morphologisch intakt, und wir versuchen jetzt gerade, ob sie auch noch biochemisch intakt sind. Wir hoffen, daß diese Chromosomen noch RNS synthetisieren können, und vielleicht gelingt es sogar, durch

Zugabe von Ecdyson bestimmte Puffs hervorzurufen. Diese Versuche
sind aber erst begonnen.

Siebert: Läßt sich das puffing in Beziehung setzen zu irgendeinem
Typ von Genen, wie den Operator- oder den Regulatorgenen? Eine
Induktion muß nicht immer ein positives Vorzeichen tragen. Sie könnte
ja auch in der Unterdrückung eines bestimmten Prozesses bestehen.

Clever: Hinweise darauf, daß bei der Häutungsauslösung primär
Stoffwechselprozesse blockiert werden, haben wir nicht. Wir haben in
den Riesenchromosomen keine Anhaltspunkte für eine Unterscheidungs-
möglichkeit von Regulatorgenen und informatorischen Genen. Es
könnte noch sehr wohl sein, daß in der operativen Einheit eines Puffs
informatorische mit regulatorischen Cistrons vereinigt sind.

Wilbrandt: Wäre es möglich, daß das puffing etwas zu tun hat mit der
Ansammlung basischer Eiweiße, daß die Schutzfunktion, von der wir
heute morgen gehört haben, in irgendeiner Weise gestört wäre und das
puffing eine Donnanquellung wäre?

Weber: Könnte man in den Puffs mit entsprechenden Färbungen
auch basische Histonen nachweisen, oder auf welche Eiweiße weisen Ihre
Färbungen hin?

Clever: Wenn man mit der Alfertschen Methode mit Lichtgrün bei
p_H 8 färbt, um Histone nachzuweisen, dann ist ein Puff ebenso wie nach
der Feulgen-Reaktion weniger stark gefärbt, als wenn in der gleichen
Region kein Puff gebildet ist. Wir haben es hier mit einer entsprechenden
Verdünnung des Histons zu tun, wie wir sie bei der DNS finden. Durch
unsere Färbung weisen wir höhere Proteine nach, die wir aber nicht
näher charakterisieren können. Woher das Protein kommt und welche
Bedeutung es hat, wissen wir nicht.

Karlson: Ich habe mir immer vorgestellt, daß es sich um Enzym-
proteine handelt, die dann in der Matrize der DNS RNS synthetisieren,
also um RNS-Polymerasen. Das Ecdyson muß also bewirken, daß das
Eiweiß an dieser Stelle angesammelt wird. In welcher Weise es derart
mit der Gesamtstruktur des Chromosoms reagiert, wissen wir vorläufig
nicht.

Duspiva: Steht das puffing-Phänomen zur Frage der Differenzierung
in irgendeiner Beziehung? Eine Schwierigkeit liegt darin, daß die Puffbildungen reversibel sind, während es sich bei der Differenzierung um
einen irreversiblen Vorgang handelt. Eine ausdifferenzierte Zelle behält
ihren Differenzierungszustand selbst in der Gewebekultur lange Zeit
zumindest teilweise bei.

Mechelke: Man darf nicht das puffing eines einzelnen Locus betrachten, sondern man muß den ganzen Fahrplan der Puffbildung in einer
Zelle zur Differenzierung in Beziehung setzen. Wahrscheinlich wird es

nicht möglich sein, den ganzen Fahrplan, der am Beginn des 4. Larven-stadiums z.B. mit einem Puff 1 beginnt und beim Eintritt der Vor-puppenphase mit Puff 30 endet, umzukehren. Der einzelne Puff ist zeit-lich in seiner Funktion begrenzt und schaltet dann ab, wenn der nächste Puff auftritt. Der Aktivitätsfahrplan aller Gene ist meiner Meinung nach das Entscheidende beim Differenzierungsprozeß.

Clever: Der größte Teil der Puffs in den Speicheldrüsenzellen reprä-sentiert Gene, die am Grund- oder Funktionsstoffwechsel der Zellen beteiligt sind. Die Aktivität dieser Loci, soweit sie nicht in allen Zellen des Tieres aktiv sind, ist sicher ein Ausdruck für den Differenzierungs-zustand einer Zelle. Außerdem gibt es aber Puffs, die nur im Zusammen-hang mit bestimmten Entwicklungsprozessen auftreten, die Aktivität dieser Loci steht offenbar im Zusammenhang mit den Prozessen der Um-differenzierung der Zellen. Die Existenz der Puffs in den Riesenchromo-somen gibt uns damit gerade die Möglichkeit zu untersuchen, in welchem Zusammenhang Genaktivitäten und Genaktivierungen mit Entwick-lungsprozessen stehen.

Aspekte der Nucleinsäure-Biochemie

Von

Hans Georg Zachau

Mit 14 Abbildungen

Die Literatur über die Biochemie der Nucleinsäuren befindet sich in einer Phase logarithmischen Wachstums. Originalarbeiten, Übersichtsartikel und Bücher [*1*] über alle Aspekte der Nucleinsäureforschung sind in letzter Zeit erschienen. Im Rahmen dieses Symposions dürfte es kaum sinnvoll sein, ein Teilgebiet im einzelnen zu erörtern. Ich glaube der Absicht der Veranstalter des Symposions am ehesten zu dienen, wenn ich über aktuelle Probleme aus verschiedenen Gebieten der Nucleinsäure-Biochemie spreche und im Zusammenhang damit auf eigene Arbeiten eingehe, die sich mit der Transfer-RNA befassen.

A. Kornberg und sein Arbeitskreis haben sich in den letzten Jahren weiter bemüht, die Einzelheiten des Mechanismus der *DNA-Biosynthese* [*2*] aufzuklären. Einen wesentlichen Fortschritt brachte die Analyse der Dinucleotid-Häufigkeiten in der DNA, die sog. „nearest neighbor analysis" [*3*]. Bei der in vitro-DNA-Synthese wurde jeweils eines der vier Desoxynucleosid-triphosphate im Phosphat radioaktiv markiert; die neu synthetisierte DNA wurde dann mit einer Desoxyribonuclease und einer Phosphodiesterase zu den 3'-Desoxynucleotiden gespalten. Das radioaktive Phosphat erschien dabei an der 3'-Hydroxylgruppe desjenigen Nucleosids, das dem ursprünglich radioaktiven Nucleotid benachbart war. Auf diese Weise ließ sich die Häufigkeit der 16 möglichen nächsten Nachbarn der vier Nucleotide ermitteln und die Häufigkeit errechnen, in der bestimmte Nucleotidpaare auftreten. Bei mehreren Desoxyribonucleinsäuren aus Viren, Bakterien und tierischen Organismen sind die Muster der Dinucleotidhäufigkeiten charakteristisch voneinander verschieden, und sie unterscheiden sich auch von dem bei statistischer Verteilung der Nucleotide in der DNA zu erwartenden Muster. Bei der in vitro-DNA-Synthese wird das Dinucleotidmuster — und demnach wahrscheinlich die Sequenz — des Starter-DNA-Moleküls genau kopiert. Aus der Häufigkeit, in der komplementäre Dinucleotide auftreten, läßt sich ableiten, daß die beiden Stränge der DNA-Doppelspirale — wie vom Watson-Crick-Modell gefordert — entgegengesetzte Polarität besitzen. — Mit der Methode der Dinucleotidmuster wurde u. a. auch wahrscheinlich gemacht, daß bei der Substitution von Thymin durch Bromuracil in der DNA keine größeren Änderungen der Nucleotidsequenz stattfinden [*4*].

Nach wie vor offen ist die Frage, wie die neue DNA-Kette am Starter-DNA-Molekül gebildet wird. Für die Wirkung der DNA-Polymerase aus Kalbsthymus und aus phageninfizierten Colizellen scheint die Starter-DNA einsträngig vorliegen zu müssen, während die Polymerase aus normalen Colizellen auch native zweisträngige DNA als Starter benutzen kann. Unter bestimmten Bedingungen der in vitro-DNA-Synthese kann man eine Kettenverlängerung der Starter-DNA durch die Nucleotide des Substrats erhalten [2, 5]. Ferner weiß man aus Versuchen, bei denen Polymere aus Desoxyadenosin- und Thymidinphosphat (dAT) als Starter für die Polymerisation von Desoxyadenosin- und Desoxybromuridin-triphosphat (dA und dBU) benutzt werden, daß zunächst „hybride" Doppelstränge aus Starter-DNA (dAT) und neugebildeter DNA (dAdBU) entstehen und dann Doppelstränge, die nur neugebildete DNA enthalten [5]. Falls die Kettenverlängerung der Beginn der DNA-Synthese ist, muß man annehmen, daß die sich neubildende Kette umbiegt, um dann an der bestehenden Kette entlang zu wachsen. Der Bogen („loop") der Nucleotidkette müßte dann später gespalten werden, wozu man — nicht ganz im Ernst — eine spezielle „loopase" postulieren kann. — Es sei auch darauf hingewiesen, daß ein Kettenwachstum bisher nur in einer Richtung, nämlich vom freien 3'-Hydroxylende aus, nachgewiesen ist; das klassische Bild der identischen Reduplikation der DNA-Doppelspirale würde — bei entgegengesetzter Polarität der DNA-Stränge in der Spirale (s. oben) — ein Wachsen der einen Kette vom 5'-Ende aus erfordern.

Die in vitro erzeugte DNA ist nach allen physikalischen und chemischen Kriterien mit der als Starter verwendeten natürlichen DNA identisch. Allerdings ist es noch nicht gelungen, DNA mit biologischer Aktivität in vitro zu synthetisieren; setzt man transformierende DNA als Starter in die Polymerisation ein, so ist die neugebildete DNA im Transformationstest nicht aktiv. Das ist möglicherweise auf die Desoxyribonuclease-Aktivität der Polymerase zurückzuführen. Diese Aktivität war auch in den letzten Versuchen zur Reinigung der Polymerase nicht zu entfernen [6]. Sie wurde als eine Exonuclease-Aktivität charakterisiert [7]. Nach Überwindung technischer Schwierigkeiten dürfte die in vitro-Synthese biologisch aktiver DNA durchaus möglich sein.

Neue Aspekte in die DNA-Biochemie gebracht haben jüngste Untersuchungen der einsträngigen DNA (Kettenlänge 5000 Nucleotide) des Phagen φX 174 [8]. Abbauversuche mit Exo- und Endonucleasen sowie Sedimentationsstudien haben sehr wahrscheinlich gemacht, daß die biologisch aktive DNA dieses Phagen in einer Ringstruktur vorliegt, die unter Verlust der biologischen Aktivität in eine offene Kettenstruktur übergehen kann.

In den letzten Jahren sind die *Zusammenhänge zwischen DNA-Funktion, RNA-Funktion und Proteinbiosynthese* (Abb. 1—3) ihrer Klärung einen großen Schritt näher gekommen [9]. Die ersten Schritte der

Proteinbiosynthese — die Aktivierung der Aminosäuren und ihre Anheftung an die aminosäurespezifischen Transfer-Ribonucleinsäuren —
verlaufen im Cytoplasma der Zellen. Die Aufreihung und Verknüpfung
der Aminosäuren zu Polypeptiden und Proteinen erfolgt dann struktur-
gebunden an den Ribosomen. Aminosäureeinbau in Protein ist zwar auch
in Mitochondrien und Zellkernen nachgewiesen worden, doch scheint die
Hauptmenge der Proteine der Zelle an den Ribosomen gebildet zu werden. Die Ribosomen enthalten im Lebergewebe etwa 80%, in Bakterien-

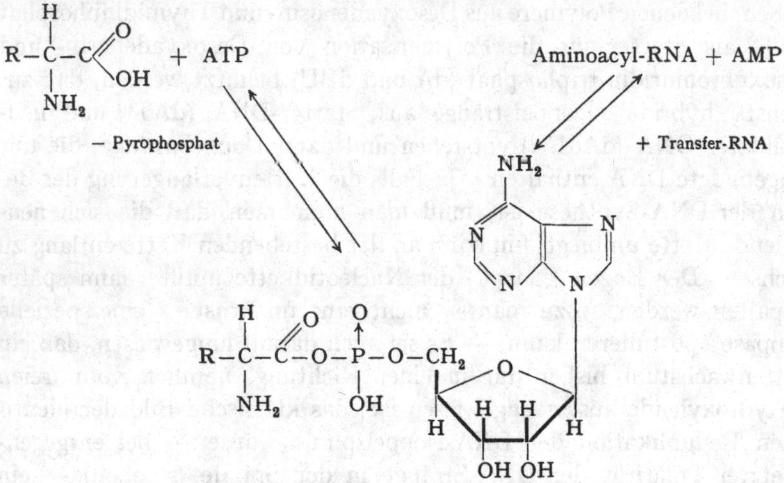

Aminosäure + ATP + Transfer-RNA $\rightleftharpoons$ Aminoacyl-RNA + AMP + Pyrophosphat
$$K = 1$$
Abb. 1. Die ersten Schritte der Proteinbiosynthese

zellen sogar etwa 90% der RNA der Zellen. Die Struktur der Ribosomen
und ihrer Bestandteile ist eingehend untersucht worden. Auch einige
Hinweise auf die Biosynthese der beiden Hauptkomponenten, RNA und
Protein, konnten erhalten werden [10]. Das Studium des Einflusses
von Chloramphenicol auf die Bildung der ribosomalen und der Transfer-
RNA hat zu der Hypothese geführt, daß die Regulation der RNA-Synthese durch die Konzentration an freien Aminosäuren bewirkt wird;
es wurde vorgeschlagen, daß die Transfer-RNA als Repressor der RNA-
Synthese fungiert und das Aminosäure-AMP-anhydrid als ihr Induk-
tor [11]. Neuere Versuche [11a] lassen zumindest an der Allgemein-
gültigkeit einer solchen Theorie zweifeln.

Trotz vieler Bemühungen ist es immer noch weitgehend ungeklärt,
welche Rolle die ribosomale RNA und das ribosomale Protein in der
Proteinbiosynthese spielen.

In das Zentrum des Interesses ist in den letzten Jahren die messenger-
RNA oder Informations-RNA getreten, eine RNA-Fraktion, die vielleicht
nur 1—5% der Gesamt-RNA der Zelle ausmacht. Sie ist zunächst
in phageninfizierten Bakterien, später auch in normal wachsenden

Bakterien gefunden worden. Ihre Existenz konnte auch bei einigen höheren Organismen wahrscheinlich gemacht werden. Die wesentliche Besonderheit der messenger-RNA ist die Basenzusammensetzung, die der Basenzusammensetzung der DNA entspricht. Es ist anzunehmen, daß die messenger-RNA an der DNA gebildet wird, möglicherweise nach einem Mechanismus, der dem Mechanismus der DNA-Vermehrung ähnlich ist. Die messenger-RNA heftet sich dann an die Ribosomen an, und zwar

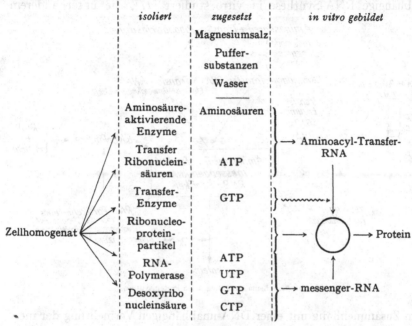

Abb. 2. Proteinbiosynthese in vitro

vor allem an die in der Proteinsynthese „aktiven" 70 S-Ribosomen [12]. Kürzlich konnte wahrscheinlich gemacht werden, daß die Proteinsynthese in Aggregaten aus einem Molekül messenger-RNA und mehreren Ribosomen vonstatten geht [12a–c].

Parallel zu den Untersuchungen über die messenger-RNA liefen in den letzten Jahren die Arbeiten über eine DNA-abhängige in vitro-RNA-Synthese. Auch hier scheinen zumindest Bruchstücke einer Replika der zugegebenen DNA erzeugt zu werden. Diese in vitro erzeugte RNA stimuliert die in vitro-Proteinsynthese an den Ribosomen [13]. Es sieht daher so aus, als ob in vitro eine messenger-RNA-Synthese stattgefunden hat. Auch die hochmolekulare TMV-RNA scheint im E. coli-Proteinsynthese-System als messenger-RNA fungieren zu können und die Bildung eines Proteins zu bewirken, das dem TMV-Protein ähnlich ist [14]. Die Ansätze zur Entzifferung des Nucleinsäurecodes [9d] für die Proteinsynthese mit Hilfe der mit Polynucleotidphosphorylase erzeugten Polynucleotide sind durch zahlreiche Veröffentlichungen in wissenschaft-

lichen Zeitschriften und in der Tagespresse zu bekannt, als daß ich hier
darauf einzugehen brauchte. — Der Befund, daß der Code degeneriert
ist, steht im Zusammenhang mit der Tatsache, daß es für einige Aminosäuren mehr als eine Transfer-RNA gibt [*15*].

Die DNA greift anscheinend nicht nur in die Synthese der messenger-RNA, sondern auch in die der ribosomalen RNA [*15a*] und der
Transfer-RNA [*12b, 15b, 16*] ein. In letzter Zeit wurde auch eine RNA-
abhängige RNA-Synthese in vitro studiert [*17*], die unter anderem

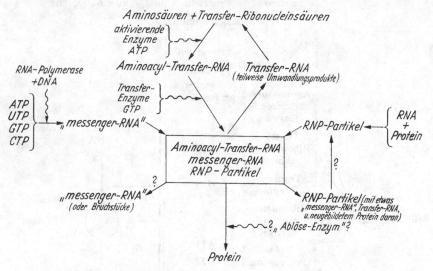

Abb. 3. Schema der biologischen Proteinsynthese

im Zusammenhang mit einer DNA-unabhängigen Vermehrung der mes-
senger-RNA-Matrize und in Verbindung mit der Vermehrung der RNA-
Viren interessant ist.

Die zur Zeit plausibelste Deutung der Versuche ist, daß die messenger-
RNA eine Replika der in der DNA gespeicherten genetischen Information
darstellt und daß sie an den Ribosomen als Matrize der Proteinbiosynthese wirkt. Die Aminosäuren gelangen als Aminoacyl-Transfer-Ribo-
nucleinsäuren an die Ribosomen. In dem Komplex Ribosom/messenger-
RNA/Aminoacyl-Transfer-RNA, der in Abb. 3 als Rechteck symbolisiert
ist, wird Protein gebildet. Für den Mechanismus der Aufreihung und
Verknüpfung der Aminosäuren in diesem Komplex gibt es bisher nur
eine Hypothese, die Adaptorhypothese, deren Gültigkeit allerdings in
letzter Zeit recht wahrscheinlich gemacht werden konnte [*18*]. Eine der
möglichen schematischen Darstellungen dieser Hypothese, in der aus
Gründen der Übersichtlichkeit statt des erwähnten Komplexes nur ein
Ribosom gezeichnet wurde, ist in Abb. 4 gegeben. Die Transfer-Ribonucleinsäuren müßten Nucleotidsequenzen besitzen, die zu den Amino-

säurecode-Sequenzen der messenger-RNA komplementär sind. Durch Anheftung der Aminoacyl-Ribonucleinsäuren an die messenger-RNA mit Hilfe der komplementären Sequenzen könnten die Aminosäuren in die von der Nucleotidsequenz bestimmte Reihenfolge gebracht werden. Eine Verknüpfung der energiereich und reaktionsfähig [19] gebundenen Aminosäuren zum Protein wäre dann leicht vorstellbar. Die Transfer-RNA-Moleküle scheinen nach röntgenographischen Untersuchungen [20] in

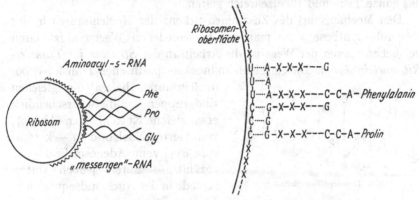

Abb. 4. Eine der möglichen schematischen Darstellungen der Adaptorhypothese

sich zu Doppelspiralen gewunden zu sein; das Umbiegen der Ketten ist im Modell in einer Sequenz von drei Nucleotiden möglich, und man könnte daran denken, daß diese Sequenz der für die Anheftung an die messenger-RNA verantwortliche Matrizenerkennungsteil ist.

In Abb. 5 sind einige der erwähnten Tatsachen und Hypothesen zusammengefaßt zu einem Schema der Wirkung eines Strukturgens, eines

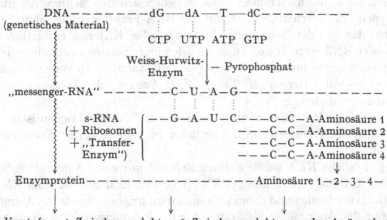

Abb. 5. Schema der Wirkung eines Strukturgens

Gens, das die Bildung eines bestimmten Enzymproteins steuert. Um der schematischen Vereinfachung willen wurden in der Abbildung einige grundsätzliche und mehrere Detailfragen nicht berücksichtigt. — Die heutigen Vorstellungen über die Zusammenhänge zwischen DNA-Funktion, RNA-Funktion und Proteinbiosynthese beruhen weitgehend auf Versuchen an bakteriellen Systemen. Versuche an Systemen aus höheren Organismen werden zeigen, wieweit diese Vorstellungen universell für das ganze Tier- und Pflanzenreich gelten.

Den Mechanismus des Zusammenwirkens der Nucleinsäuren in der Proteinbiosynthese kann man auf verschiedenen Wegen aufzuklären versuchen. Einer der Wege ist die Arbeit an der *Struktur der Transfer-Ribonucleinsäuren*. Die einzelnen aminosäurespezifischen Transfer-Ribonucleinsäuren haben die gleichen Endgruppen und wahrscheinlich etwa gleiche Kettenlängen (Abb. 6); vom vierten Nucleotid an — ketteneinwärts vom Adenosin-Ende aus gezählt — treten jedoch Unterschiede in der Nucleotidsequenz auf.

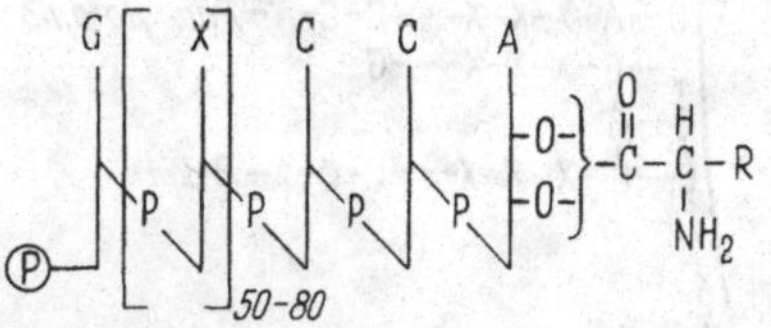

Abb. 6. Transfer-Ribonucleinsäure

Einige Sequenzen von Transfer-Ribonucleinsäuren konnten bereits an der gesamten löslichen RNA, dem Gemisch der Transfer-Ribonucleinsäuren, bestimmt werden [*21*]. Für eingehende Strukturuntersuchungen allerdings ist eine Fraktionierung der löslichen RNA und die Isolierung einzelner Transfer-Ribonucleinsäuren wünschenswert. Die Schwierigkeit der Fraktionierung liegt an der großen Ähnlichkeit der Komponenten des Gemischs. Die Zahl der Komponenten ist größer als 20, da es zumindest für einige der 20 Aminosäuren mehr als eine Transfer-RNA zu geben scheint. Mehrere Arbeitsgruppen [*22*] beschäftigen sich mit der RNA-Fraktionierung, ohne daß bisher das Ziel der Gewinnung einer nach allen Kriterien einheitlichen Transfer-RNA erreicht worden ist. An den im folgenden zu erwähnenden Untersuchungen unserer Arbeitsgruppe [*23*] waren — zu verschiedenen Zeiten — die Herren *M. Tada*, *W. B. Lawson*, *M. Schweiger* und *F. Melchers* beteiligt.

Nach vier Methoden wurden aus löslicher RNA Fraktionen isoliert, die einzelne Transfer-Ribonucleinsäuren in angereicherter Form enthalten.

1. Lösliche RNA wurde enzymatisch mit nur einer Aminosäure beladen. Um die eine Aminoacyl-RNA von dem Rest der löslichen RNA stärker verschieden und damit abtrennbar zu machen, wurde die Aminogruppe der Aminosäure als Starter für die Polymerisation des Leuchsschen Anhydrids von ε-Carbobenzoxylysin benutzt (Abb. 7). Durch Hochspannungselektrophorese in einem Sephadex-G-50-Block ließ sich

die polymerhaltige Aminoacyl-RNA von der Hauptmenge der löslichen RNA weitgehend abtrennen. Doch bereitet die Trennung in präparativem Maßstab Schwierigkeiten. Außerdem sind von der löslichen RNA bisher undefinierte ninhydrinpositive Substanzen nur schwierig abzutrennen, die ebenfalls als Starter der Polymerisation wirken und damit die nachfolgende Trennung erschweren.

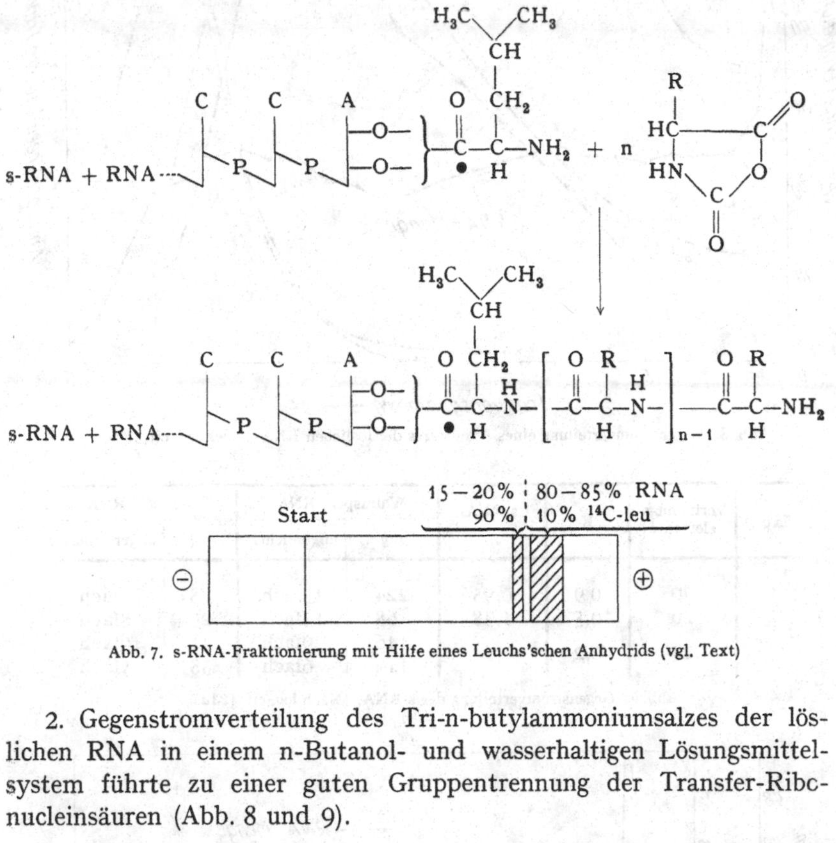

Abb. 7. s-RNA-Fraktionierung mit Hilfe eines Leuchs'schen Anhydrids (vgl. Text)

2. Gegenstromverteilung des Tri-n-butylammoniumsalzes der löslichen RNA in einem n-Butanol- und wasserhaltigen Lösungsmittelsystem führte zu einer guten Gruppentrennung der Transfer-Ribonucleinsäuren (Abb. 8 und 9).

3. Das gleiche RNA-Alkylammoniumsalz wurde in eine Verteilungschromatographie an Cellulose-Säulen eingesetzt; die Unterphase des Lösungsmittelsystems der Gegenstromverteilung diente dabei als stationäre Phase und die Oberphase als mobile Phase (Abb. 10).

4. In löslicher RNA, die mit einer Aminosäure beladen war, wurden die aminosäurefreien Transfer-Ribonucleinsäuren mit Perjodsäure zu Dialdehyden oxidiert [22a] und durch Bindung an ein Polyacrylsäurehydrazidharz (Lewatit) entfernt (Abb. 11). Da die oxidierte RNA vom Harz nicht vollständig als Hydrazon zurückgehalten wird, erhält man keine reine, sondern nur eine angereicherte Aminoacyl-RNA (Abb. 12).

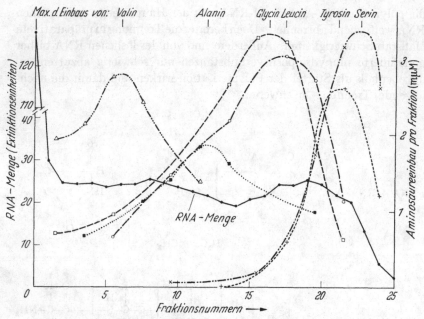

Abb. 8. Gegenstromverteilung eines Aminsalzes der löslichen RNA. (Nach loc. cit. [23a])

Expt.	Verteilungs-elemente	K	s-RNA (g)	Valinspez. RNA		Serinspez. RNA	
				mg	angereichert	mg	angereichert
1	20	0,9	0,95	224	13fach	8	8fach
2	20	0,5	1,38	68	13fach	29	8fach
3	24	0,2	1,11	146	9fach	41	10fach
				112	6fach	38	5fach

Abb. 9. Gegenstromverteilung der s-RNA. (Nach loc. cit. [23a])

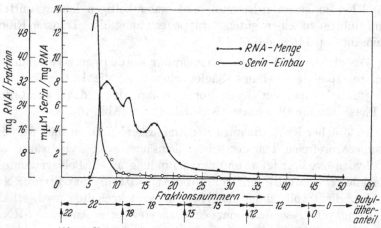

Abb. 10. Verteilungschromatographie der löslichen RNA. (Vgl. Text)

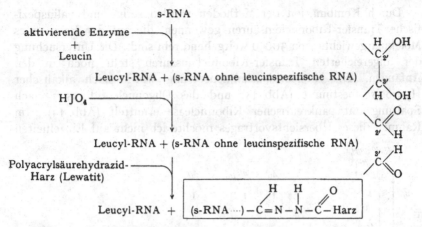

Abb. 11. Schema der Fraktionierung der löslichen RNA durch HJO_4-Oxydation und Behandlung mit einem hydrazidgruppenhaltigen Harz

Expt.	RNA	Anreicherung (mμMol Aminosäure/mg RNA)	Ausbeute an angereicherter RNA %
1	[14C] Leucyl-RNA	1,3 → 9,1 (7,0fach)	16,5
2	[14C] Valyl-RNA	0,5 → 4,2 (8,4fach)	12
3	[14C] Seryl-RNA	1,4 → 9,1 (6,5fach)	9
4	]14C] Valyl-RNA	4,7 → 23,3 (4,9fach)	15
5	[14C] Seryl-RNA	5,5 → 27,2 (4,9fach)	8
6	[14C] Seryl-RNA	13,2 → 34,4 (2,6fach)	10

Abb. 12. s-RNA-Fraktionierung mit einem Hydrazidharz. (Nach loc. cit. [23a])

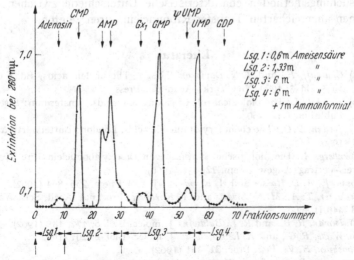

Abb. 13. Chromatographie der Nucleotide an Dowex 1 × 8. (Vgl. Text)

Durch Kombination der Methoden wurden serin- und valinspezifische Transfer-Ribonucleinsäuren gewonnen, die auf der Basis eines Molekulargewichts von 30000 weitgehend rein sind. Die Untersuchung der angereicherten Transfer-Ribonucleinsäuren steht noch in den Anfängen. Die Nucleotidzusammensetzung wurde nach alkalischer Hydrolyse bestimmt (Abb. 13) und das Oligonucleotidmuster nach Spaltung mit pankreatischer Ribonuclease ermittelt (Abb. 14). Im Rahmen dieses Übersichtsvortrages möchte ich nicht auf Einzelheiten

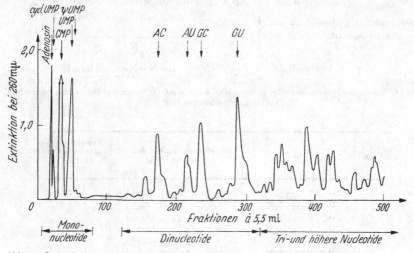

Abb. 14. Säulenchromatographie enzymatischer Spaltprodukte aus löslicher RNA. (Vgl. Text)

eingehen, sondern nur erwähnen, daß sowohl diese beiden als auch andere Untersuchungsmethoden charakteristische Unterschiede zwischen den einzelnen angereicherten Transfer-Ribonucleinsäuren zeigten.

Literatur

[1] (a) *Chargaff, E.,* and *J. N. Davidson* (Hrsg.): The nucleic acids, Bd. 1 u. 2, 1955, Bd. 3, 1960. New York: Academic Press.
(b) *Brachet, J.:* The biological role of ribonucleic acids. Amsterdam: Elsevier Publishing Co. 1960.
(c) *Jordan, D. O.:* The chemistry of nucleic acids. London: Butterworth & Co. 1960.
[2] *Kornberg, A.:* Die biologische Synthese von Desoxyribonucleinsäure, Nobelpreis-Vortrag. Angew. Chem. **72,** 231 (1960).
[3] *Josse, J., A. D. Kaiser* and *A. Kornberg:* J. biol. Chem. **236,** 864 (1962).
[4] *Trautner, T. A., M. N. Swartz* and *A. Kornberg:* Proc. nat. Acad. Sci. (Wash.) **48,** 449 (1962).
[5] (a) *Inman, R. B.,* and *R. L. Baldwin:* J. molec. Biol. **5,** 172, 185 (1962).
(b) *Wake, R. G.,* and *R. L. Baldwin:* J. molec. Biol. **5,** 201 (1962).
[6] *Aposhian, H. V.:* Fed. Proc. **21,** 381 (1962).
[7] *Lehman, I. R.:* Fed. Proc. **21,** 378 (1962).

[8] *Fiers, W.*, and *R. L. Sinsheimer:* J. molec. Biol. **5**, 408, 420, 424 (1962).
[9] (a) In Fed. Proc. **21**, (1962), Vorträge von *E. Volkin* (S. 112), *S. B. Weiss* (S. 120) u. *F. Lipmann* (S. 127).
 (b) In Cold Spr. Harb. Symp. quant. Biol. **26** (1961). Vorträge von *S. Spiegelman* (S. 75), *J. Hurwitz* (S. 91), *S. Brenner* (S. 101), *F. Gros* (S. 111).
 (c) *Wittmann, H. G.:* Naturwissenschaften **48**, 729 (1961).
 (d) *Martin, R. G., J. H. Matthaei, O. W. Jones* and *M. W. Nirenberg:* Biochem. biophys. Res. Commun. **6**, 410 (1762) und frühere Arbeiten; *Speyer, J. F., P. Lengyel, C. Basilio* and *S. Ochoa:* Proc. nat. Acad. Sci. (Wash.) **48**, 441 (1962) und frühere Arbeiten. *Crick, F. H. C.:* The recent excitement in the coding problem. Progress in Nucleic Acid Research (im Druck). New York: Academic Press.
[10] *Britten, R. J., B. J. McCarthy* and *R. B. Roberts:* Biophys. J. **2**, 83 (1962) und frühere Arbeiten.
[11] (a) *Kurland, C. G.*, and *O. Maaløe:* J. molec. Biol. **4**, 193 (1962).
 (b) *Neidhardt, F. C.:* Biochem. biophys. Res. Commun. **7**, 361 (1962).
[12] *Risebrough, R. W., A. Tissières* and *J. D. Watson:* Proc. nat. Acad. (Wash.) Sci. **48**, 430 (1962).
[12] (a) *Gierer, A.:* J. molec. Biol. (im Druck).
 (b) *Gros, F.:* Vortrag Köln, Dezember 1962.
 (c) *Watson, J. D.:* Vortrag Köln, Dezember 1962.
[13] *Wood, W. B.*, and *P. Berg:* Proc. nat. Acad. Sci. (Wash.) **48**, 94 (1962). — *Zillig, W.:* Vortrag in Köln März 1962.
[14] *Tsugita, A., H. Fraenkel-Conrat, M. W. Nirenberg* and *J. H. Matthaei:* Proc. nat. Acad. Sci. (Wash.) **48**, 846 (1962).
[15] *Weisblum, B., S. Benzer* and *R. W. Holley:* Proc. nat. Acad. Sci. (Wash.) **48**, 1449 (1962).
 (a) *Yankofsky, S. A.*, and *S. Spiegelman:* Proc. nat. Acad. Sci. (Wash.) **48**, 1069 (1962).
 (b) *Reich, E., R. M. Franklin, A. J. Shatkin* and *E. L. Tatum:* Proc. nat. Acad. Sci. (Wash.) **48**, 1238 (1962).
[16] *Hartmann, G.*, and *U. Coy:* Biochim. biophys. Acta (Amst.) **51**, 205 (1961).
[17] *Nakamoto, T.*, and *S. B. Weiss:* Proc. nat. Acad. Sci. (Wash.) **48**, 880, (1962); dort frühere Literatur.
[18] *Chapeville, F., F. Lipmann, G. von Ehrenstein, B. Weisblum, W. J. Ray* and *S. Benzer:* Proc. nat. Acad. Sci. (Wash.) **48**, 1086 (1962).
[19] z. B. *Zachau, H. G.:* Chem. Ber. **93**, 1822 (1960), *Zachau, H. G.*, u. *W. Karau:* Chem. Ber. **93**, 1830 (1960).
[20] *Spencer, M., W. Fuller, M. H. F. Wilkins* and *G. L. Brown:* Nature (Lond.) **194**, 1014 (1962).
[21] *Lagerkvist, U.*, and *P. Berg:* J. molec. Biol. **5**, 139 (1962). — *Berg, P.*, and *U. Lagerkvist:* J. molec. Biol. **5**, 159 (1962).
[22] Vgl. z. B. (a) *Stephenson, M. L.*, and *P. C. Zamecnik:* Biochem. biophys. Res. Commun. **7**, 291 (1952); (b) *Holley, R. W., J. Apgar, B. P. Doctor, J. Farrow, M. A. Marini* and *S. H. Merril:* J. biol. Chem. **236**, 200 (1961).
[23] (a) *Zachau, H. G., M. Tada, W. B. Lawson* and *M. Schweiger:* Biochim. biophys. Acta (Amst.) **53**, 221 (1961).
 (b) *Tada, M., M. Schweiger* and *H. G. Zachau:* Hoppe-Seylers Z. physiol. Chem. **328**, 85 (1962).
 (c) *Staehelin, M., M. Schweiger* and *H. G. Zachau:* Biochim. biophys. Acta (Amst.) (im Druck).

Diskussion

Wittmann: Meines Erachtens geht aus den Versuchen von *Sinsheimer* (J. molec. Biol. l.c. [8]) nicht hervor, daß der Ring sich mit Kovalenzbindung schließt, es bleibt vielmehr die Möglichkeit offen, daß die beiden Enden des DNA-Fadens sich überlappen. Dies würde die großen Schwierigkeiten vermeiden, die bei der Replikation der DNA als Ring auftreten. Ein für die Replikation notwendiges Öffnen des Ringes wäre leichter verständlich, wenn die sich überlappenden Enden des Ringes nicht durch Kovalenzbindungen verbunden wären.

Hoffmann-Berling: *Hershey* nimmt ebenfalls eine Überlappung des ringförmigen Chromosoms für den eine doppelsträngige DNA enthaltenden Bakteriophagen T 2 an und erklärt so das Auftreten von Heterozygoten. — Darf ich hier gleich folgende Frage anschließen: Wenn ein DNA-Doppelstrang im Kornberg-System durch Kettenverlängerung vermehrt wird, so müßte das neugebildete Kettenstück einsträngig sein, da *in vitro* ein Wachstum nur am $3'$-Ende gefunden worden ist. Ist dies richtig?

Zachau: *Kornberg* vermutet eher [2], daß in der „begrenzten" DNA-Biosynthese zweisträngige DNA-Moleküle, in denen ein Strang kürzer ist als der andere, „repariert" werden, indem der kürzere Strang durch Anhängen einiger Nucleotide verlängert wird.

Karlson: Man hat immer die Schwierigkeit gehabt beim Watson-Crick-Modell, das Auseinandergehen des Doppelfadens zu erklären. Wenn die Fäden sich trennen, bestehen für die Duplikation keine Schwierigkeiten mehr. Nun hat aber *Doty* gezeigt, daß durch Erwärmung von DNA Einzelstränge erhalten werden, die wieder zu Doppelsträngen reaggregieren können. Hierbei besteht modellmäßig die gleiche Schwierigkeit. Da die Trennung hier aber experimentell nachgewiesen ist, könnte man annehmen, daß in der Zelle die Aufspaltung in Einzelstränge erfolgt. Gibt es irgendwelche Hinweise dafür, daß dies der Fall ist?

Zachau: Im Doty-Experiment, das die beiden Fäden auseinanderbringt, muß man recht hoch erwärmen. Sicher wird auch in der Zelle das Gleichgewicht ganz auf der Seite des Doppelstrangs liegen. Ein vollständiges Auseinandergehen der Stränge vor Beginn der Neusynthese erscheint daher nicht wahrscheinlich.

Hess: Zu den Zeitverhältnissen möchte ich folgendes bemerken: Man benötigt für die Lösung der Wasserstoffbrückenbindungen eines Moleküls von 1000 Nucleotidpaaren etwa 10^{-9} sec.

Siebert: Das klassische Modell der DNA-Replikation ist gebaut wie ein Y. Was passiert, wenn man auch von unten entspiralisiert, so daß man zu einem Doppel-Y kommt? Dann könnten die beiden Kettenmoleküle von beiden Seiten gegenläufig wachsen, weil zwei $3'$-Enden freiliegen.

Zachau: Dieses Doppel-Y ist durchaus eine Möglichkeit, die zu diskutieren ist.

Siebert: Eine Frage zur Transfer-RNA. Bei der Behandlung mit Perjodat muß auch das an der s-RNA gebundene Serin oxydiert werden.

Zachau: Wir oxydieren im sauren Bereich (pH 3,4—4,0); dann ist das Serin durch Protonierung der Aminogruppe weitgehend gegen die Oxydation geschützt. Wie in der Abb. 12 erwähnt, bekommen wir bei Oxydation von nicht vorfraktionierter, serinbeladener RNA eine 6,5fache Anreicherung der spezifischen Aktivität. Ein Teil des Serins wird allerdings — nach den mäßigen Ausbeuten an angereicherter Seryl-RNA zu schließen — wahrscheinlich oxydiert.

Karlson: Hat man schon irgendwelche Überlegungen hinsichtlich der seltenen Basen angestellt, wie sind diese verteilt, enthält ein Molekül Transfer-RNA stets alle seltenen Basen oder nur einige? Treten ferner die seltenen Basen gehäuft an der Stelle auf, an der die Matrizenerkennungsregion ist? Kann man sich gewissermaßen vorstellen, daß die Matrizenerkennungsregion durch die seltenen Nucleotide gegen die anderen Teile des Moleküls abgegrenzt wird?

Zachau: Da mehrere der seltenen Nucleotide in Mengen unter 1 % der in RNA enthaltenen Nucleotide vorkommen, haben sicher nicht alle Transfer-Ribonucleinsäuren je ein Molekül aller seltenen Nucleotide. — Wir haben Dinucleotide gefunden, deren beide Bestandteile seltene Nucleotide sind. *T. Nihei* und *G. L. Cantoni* [Biochim. biophys. Acta (Amst.) **61**, 463 (1962)] haben kürzlich wahrscheinlich gemacht, daß vergleichsweise mehr seltene Nucleotide in dem mittleren Drittel der s-RNA-Kette vorkommen als in den äußeren Dritteln.

Siebert: Kann man sicher sein, daß die methylierten Basen nicht am Codeerkennungsteil sitzen?

Zachau: Die Fähigkeit, Wasserstoffbrücken auszubilden, ist zwar bei einigen seltenen Nucleotiden eingeschränkt, aber nicht aufgehoben, so daß es nicht ausgeschlossen ist, daß sie an einer Adaptorfunktion mitwirken. Ob sie wirklich mitwirken, ist nicht bekannt.

Ris: Weiß man, wieviel Nucleotide bei der Transfer-RNA ungepaart heraushängen? Ferner: Welche Funktion hat das CCA-Ende?

Zachau: Beide Frage lassen sich bis heute nur mit Hypothesen beantworten.

Hasselbach: Können Sie noch etwas sagen über die Reaktionsfähigkeit der Aminoacyl-RNA und die Bedeutung des Riboseteils für diese Reaktionsfähigkeit?

Zachau: Als Modellsubstanzen haben Herr *Karau* und ich Aminosäureester von cyclischen Alkoholen und Diolen sowie von Nucleosiden und Nucleotiden hergestellt. Aus der Kinetik der Verseifung und der Reaktion mit Hydroxylamin wurde geschlossen, daß die wesentlichen, für die hohe Reaktionsfähigkeit verantwortlichen Strukturelemente der Ringsauerstoff der Ribose und die der Esterbindung benachbarte, cisständige Hydroxylgruppe sind. Nachgewiesen wurde auch ein Einfluß der Nucleinbase und der Phosphatgruppe auf die Esterbindung zwischen Aminosäure und Ribose.

Ris: Weiß man etwas darüber, wo diese Transfer-RNA synthetisiert wird, im Kern oder im Plasma, und woher bezieht sie ihre Spezifität?

Zachau: Nach den erwähnten Versuchen [*12b*, *15b*, *16*] scheint ein Einfluß der DNA auf die Transfer-RNA-Synthese zu bestehen. Damit dürfte die Frage nach der Lokalisation und der Spezifitätsprägung beantwortet sein.

Siebert: Vielleicht darf ich ganz kurz eigene Versuche erwähnen, die den genetischen Mechanismus betreffen. Aus Zellkernen läßt sich eine chromosomal gebundene „Adenosintriphosphatase A" von der Adenosintriphosphatase B abtrennen. Dieses Enzym steigt in seiner Aktivität bei Leberregeneration und verändert dabei auch seine relativen Aktivitäten gegenüber 5′-Ribonucleosid- und Desoxyribonucleosid-triphosphaten. Durch drei Reinigungsschritte erhält man aus „Adenosintriphosphatase A" eine bis zu 1000fach gereinigte Guanosintriphosphatase (spez. Aktivität über 23 μM/min $\times$ mg Protein^{-1}), während die bis zu 300fach gereinigte Adenosintriphosphatase-Aktivität mit der Aktivität gegenüber CTP, UTP und ITP verbunden bleibt. Guanosintriphosphatase ist sicher nicht mit Nucleosid-diphosphokinase verunreinigt, da ADP ohne Effekt ist, außer GTP kein anderes Triphosphat gespalten wird (dGTP noch nicht untersucht) und ATP die GTP-Spaltung hemmt. Im Chromosomenanteil des Zellkerns ist demnach eine GTPase verankert, die spezifisch eine Vorstufe der DNA- bzw. mRNA-Biosynthese hydrolysiert. Eine physiologische Funktion dieses Enzyms könnte in der Kontrolle solcher Biosynthesen liegen und entspräche dann vielleicht dem Mechanismus der Genwirkung.

Martius: Werden bei der DNA-abhängigen RNA-Synthese beide DNA-Stränge benutzt oder nur einer? Tragen demnach beide Stränge genetische Information?

Zachau: Die erste Frage ist zu bejahen: Die Basenzusammensetzung der neugebildeten RNA ist — bis auf die Ersetzung von Thymin durch Uracil — gleich der der zugegebenen DNA; das beweist zwar noch nicht, spricht aber dafür, daß beide Stränge repliziert werden. Eindeutig sind die Versuche von *Chamberlin* und *Berg* [Proc. nat. Acad. Sci. (Wash.) (1962)] mit DNA des Phagen φX 174: Mit einsträngiger DNA wird eine RNA von komplementärer Nucleotidzusammensetzung erhalten, mit zweisträngiger DNA dagegen eine RNA mit analoger Zusammensetzung. Damit ist aber nicht gesagt, daß beide DNA-Stränge und die ihnen analogen RNA-Stränge in die Proteinsynthese eingreifen und in diesem Sinne genetische Information tragen. Die 2. Frage ist demnach noch nicht zu beantworten.

Ohlenbusch: Ist es nötig, daß die Tripletts gegeneinander abgegrenzt sind? Welche Vorstellungen hat man heute im einzelnen über die Informationsübertragung zwischen Nucleinsäuren und Protein?

Wittmann: Zur Frage der Abgrenzung der Kodierungseinheiten möchte ich auf die von *Crick et al.* [Proc. nat. Acad. Sci. (Wash.) **43**, 416 (1957)] entwickelte Hypothese des kommafreien Codes hinweisen; sie ist inzwischen von neueren Vorstellungen [*Crick et al.*, Nature (Lond.) **192**, 1224 (1961)] abgelöst worden. — Die in jüngster Zeit von verschiedenen Arbeitsgruppen erzielten Ergebnisse über den genetischen Code, d. h. der Gesetzmäßigkeiten, nach denen eine Nucleotidsequenz in eine bestimmte Aminosäuresequenz übertragen wird, haben bereits zu einer teilweisen Entschlüsselung des genetischen Codes geführt. Es sind vor allem zwei allgemeine Prinzipien des Codes, die aufgeklärt wurden: Der Code ist *degeneriert* und *nicht überlappend.* Für eine Degeneration gibt das folgende Argumente: 1. Die Versuche mit synthetischen Polynucleotiden im zellfreien System. [*Matthaei et al.*, Proc. nat. Acad. (Wash.) Sci. **48**, 666 (1962); *Speyer* et al. ibid. **48**, 441 (1962)]. 2. Die Untersuchungen an chemisch-induzierten Mutanten des Tabakmosaikvirus [*Wittmann*, Naturwissenschaften **48**, 729 (1961)]. 3. Die genetischen Versuche an der rII-Region des Bakteriophagen T 4 [*Crick et al.*, Nature (Lond.) **192**, 1224 (1961)]. 4. Der Befund, daß es mehrere Arten von sRNA für eine bestimmte Aminosäure gibt [*Weisblum et al.*, Proc. nat. Acad. Sci. (Wash.) **48**, 1449 (1962); *Sueoka*, ibid. **48**, 1454 (1962)]. Das Hauptargument dafür, daß der Code nicht überlappend ist, stammt aus Untersuchungen an chemisch induzierten Mutanten des Tabakmosaikvirus [*Wittmann*, Naturwissenschaften **48**, 729 (1961); Z. Vererb.-Lehre **93**, 491 (1962); *Tsugita* u. *Fraenkel-Conrat*, J. molec. Biol. **4**, 73 (1962)]. Wie die Proteinsequenzanalysen an TMV-Mutanten ergeben haben, wird nämlich als Folge der Änderung *eines* Nucleotids immer nur eine und nie mehrere benachbarte Aminosäuren im Protein der Mutanten ausgetauscht, wie bei einem überlappenden Code zu erwarten gewesen wäre. Auf Grund der erwähnten experimentellen Resultate ist von verschiedener Seite [*Woese*, Nature (Lond.) **194**, 1114 (1962); *Quastler* u. *Zubay*, J. theor. Biol. (im Druck); *Jukes*, Biophys. biochem. Res. Commun. **7**, 497 (1962); *Roberts*, Proc. nat. Acad. (Wash.) **48**, 1245 (1962)] versucht worden, die Gesetzmäßigkeiten, nach denen der Code degeneriert ist, vorherzusagen. Für die endgültige Lösung dieses Problems reichen die bisher bekannten experimentellen Fakten jedoch nicht aus.

II. Mitochondrien

Struktur und funktionelle Biochemie der Mitochondrien
I. Die Morphologie der Mitochondrien

Von

Wolrad Vogell

Mit 8 Abbildungen

Über die Morphologie der Mitochondrien liegen zahlreiche elektronen-mikroskopische Befunde vor: Eine normalerweise geschlossene, äußere Hüllmembran, die je nach Präparationsmethode doppelt konturiert dargestellt wird, umgibt die Zellorganelle (Abb. 1a). Eine zweite, innere Membran liegt in relativ gleichmäßigem Abstand der Hüllmembran an und zeigt in Form von Cristae oder Tubuli mehr oder weniger zahlreiche Einstülpungen in den elektronenmikroskopisch homogen erscheinenden Innenraum, der als mitochondriale Matrix bezeichnet wird. Strukturell lassen sich somit mindestens zwei getrennte mitochondriale Räume unterscheiden, der Innenraum, der im Falle der Mitochondrien vom Cristae-Typ ein System von kommunizierenden Kammern darstellt, und der Raum zwischen Hüllmembran und Innenmembran, der sich in die Cristae und Tubuli fortsetzt und ebenfalls in allgemeiner Kommunikation steht. In beiden Räumen kann es zu Veränderungen und Transformationen kommen.

Die von zahlreichen Autoren in verschiedenen Pflanzen- und Tierzellen beschriebenen Mitochondrien stimmen hinsichtlich dieses prinzipiellen Aufbaus praktisch überein, bezüglich Größe, Form und Komplexheit der Innenstruktur bestehen dagegen erhebliche Unterschiede. Hierbei ist im allgemeinen die organspezifische (und damit funktionsspezifische) Variabilität auffälliger als die speziesspezifische. Während eine exakte Beziehung zwischen Mitochondrienstruktur und Mitochondrienfunktion zum gegenwärtigen Zeitpunkt schwer herstellbar ist, weil unsere Kenntnise über die intramitochondriale Lokalisation der chemischen Bestandteile außerordentlich lückenhaft sind, erscheint ein Vergleich zwischen Mitochondrienstruktur und Stoffwechselfunktion in verschiedenen Zellen und Geweben möglich und um so erfolgversprechender, je weiter man in die Extreme kommt. Anhand einiger Abbildungen von verschiedenen Muskeln, Leber und Niere soll im folgenden der Variabilitätsbereich bezüglich Größe, Form und Innenstruktur der Mitochondrien aufgezeigt werden, wobei dem Verhältnis von innerer Membranfläche zu mitochondrialer Matrix besondere Beachtung geschenkt wird. Gleich-

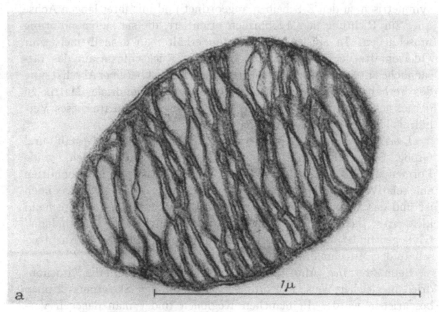

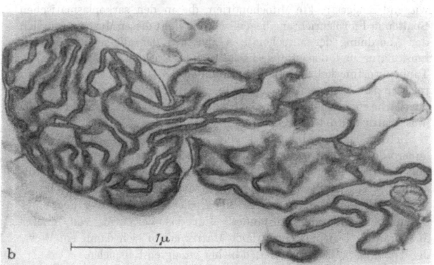

Abb. 1a u. b. Mitochondrien aus Rattenherzmuskel isoliert. a Präparation unter aeroben Bedingungen. Vergr. 70000fach. b Präparation unter anaeroben Bedingungen. Vergr. 50000fach

zeitig wird auf einige topographische Beziehungen zwischen Mitochondrien und anderen Strukturen in den Zellen und Geweben hingewiesen.

In der *Skeletmuskulatur* (Abb. 2) liegen die Mitochondrien, wenn man von der unmittelbaren Nachbarschaft der Zellkerne absieht, fast ausschließlich im Bereich der I-Bänder. Sie sind vorwiegend paarweise, symmetrisch zu den Z-Scheiben angeordnet und mit ihrer langen Achse quer zur Richtung der Myofibrillen orientiert, die sie halbmondförmig umschließen. In Muskellängsschnitten erhält man deshalb meist nur Querschnitte der Mitochondrien, die keine Rückschlüsse auf das tätsächliche Mitochondrienvolumen erlauben. Dies ist bei einer Abschätzung des Verhältnisses von Cristaeoberfläche zu mitochondrialer Matrix zu berücksichtigen. Unter den angeführten Beispielen dürfte dieses Verhältnis hier den kleinsten Wert haben.

Lebermitochondrien (Abb. 3) zeigen unterschiedliche Gestalt und Größe. Gelegentlich findet man sehr lang gestreckte Organellen, ovoide Formen sind aber in der Überzahl. Gemeinsam ist den Mitochondrien eine relative Armut an Cristae, so daß der Volumenanteil der Matrix hoch ist und das Verhältnis von innerer Oberfläche zu Matrix entsprechend klein ist. Das mit einer „Bleifärbung" nachweisbare „gebundene" Glykogen findet man fast ausschließlich in der unmittelbaren Nachbarschaft der Mitochondrien.

Beim *Zwerchfell* (Abb. 4) sind in einem Teil der Fasern die Mitochondrien in gleicher Weise angeordnet, wie es für den Skeletmuskel oben beschrieben wurde. In manchen Regionen findet man dagegen vorwiegend langgestreckte Mitochondrien, die in den sarkoplasmatischen Spalten in Fibrillenrichtung liegen. Damit steht dieser Muskel bezüglich der Anordnung der Mitochondrien zwischen der allgemeinen Skeletmuskulatur und den stoffwechselaktiveren Muskeln, wie Herzmuskel, Taubenbrustmuskel und Insektenflugmuskel. Die Mitochondrien sind reich an parallel angeordneten Cristae, so daß das Verhältnis von Cristaeoberfläche zu mitochondrialer Matrix deutlich größer'ist als in der Skeletmuskulatur und in der Leber.

In den Tubulus-Hauptstückzellen der *Nierenrinde* (Abb. 5) liegen außerordentlich langgestreckte Mitochondrien zwischen den als Doppellamellen ausgebildeten Einfaltungen der basalen Zellmembran. Die zahlreichen, streng parallel zueinander liegenden Cristea erwecken im Schnittbild den Eindruck einer regelmäßigen, dichten Bänderung und eines differenzierten Ordnungszustandes. Für das Verhältnis von innerer Membranfläche zu mitochondrialer Matrix ergibt sich damit ein Wert, der eindeutig größer ist als in den bisher gezeigten Beispielen.

In den *Herzmuskelzellen* der Wirbeltiere (Abb. 6) liegen die zahlreichen großen Mitochondrien in beinahe lückenlosen Kolonnen in den interfibrillären Räumen. Jede Myofibrille ist praktisch auf allen Seiten von Mitochondrien umgeben, deren Innenstruktur komplexer ist als in den bisher beschriebenen Fällen. Die Cristae sind geknäult und verzweigen

Abb. 2. Skeletmuskel (roter Kaninchenmuskel, M. soleus). Vergr. 30000fach

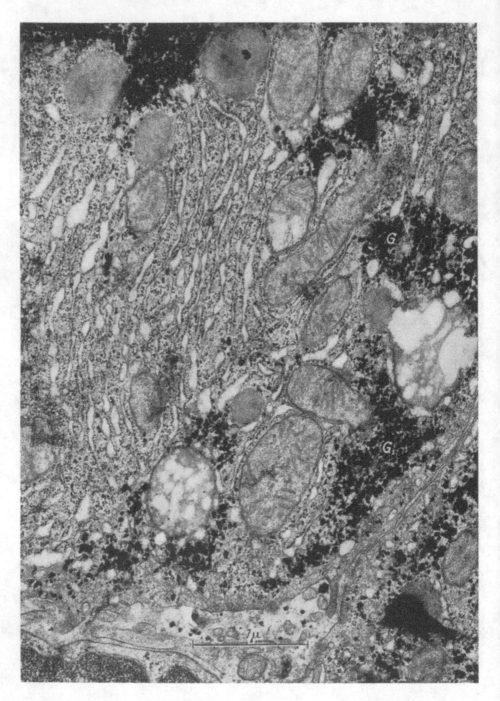

Abb. 3. Leber (Ratte). Mit Bleihydroxid kontrastiert. *G* Glykogen. Vergr. 30000fach

Abb. 4. Zwerchfell (Ratte). Vergr. 30000fach

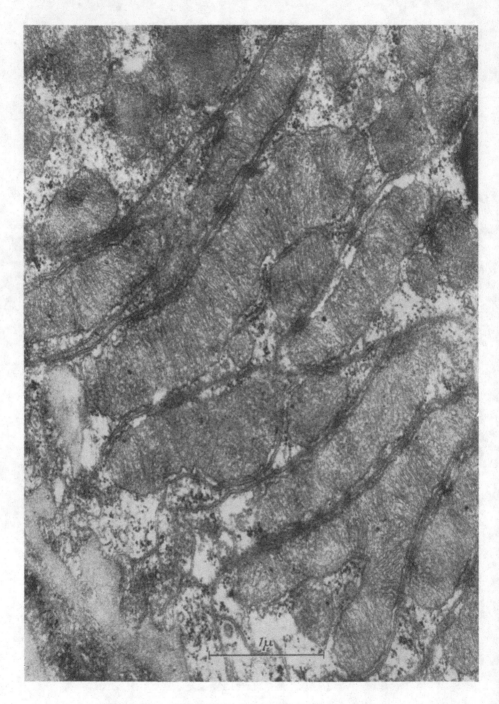

Abb. 5. Nierenepithelzelle (Ratte, Tubulushauptstück). Vergr. 30000fach

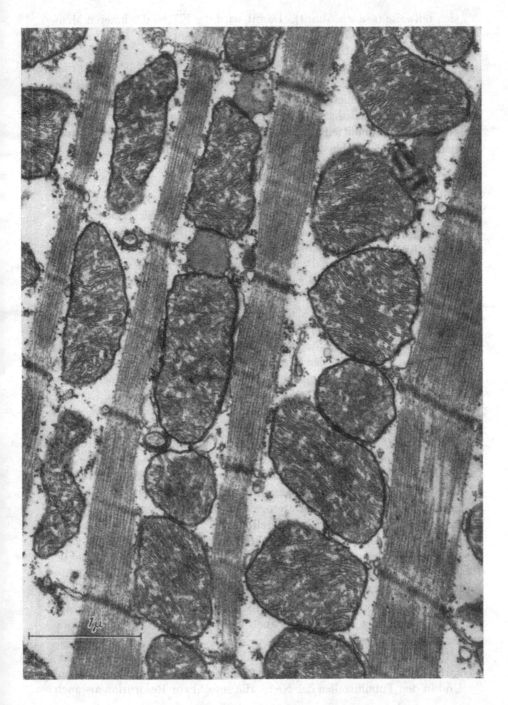

Abb. 6. Herzmuskel (Ratte). Vergr. 30000fach

sich teilweise (s. auch Abb. 1). Damit wird die Fläche der inneren Membranen besonders groß, während der Volumenanteil der Matrix größer erscheint als im Fall der Nierenmitochondrien.

Zwischen den Myofibrillen des *Taubenbrustmuskels* (Abb. 7) sieht man ganze Komplexe großer Mitochondrien, die sich unmittelbar berühren. Auffällig ist die außerordentlich dichte Packung paralleler Cristae, die den Volumenanteil der mitochondrialen Matrix auf ein Minimum beschränkt. In unmittelbarer Nachbarschaft der Mitochondrien finden sich zahlreiche Tropfen von lipoidhaltigem Material.

Der *Heuschreckenflugmuskel* (Abb. 8) zeigt den für eine ,,schnellperiodische" Muskulatur charakteristischen Aufbau. Die großen, länglichen Mitochondrien liegen in kontinuierlichen Säulen zwischen den Myofibrillen. Ihre Innenstruktur weist ähnlich den Herzmuskelmitochondrien zahlreiche geknäuelte und gewundene Doppelmembranen auf. Daneben finden sich außerdem Anschnitte von Tubuli, wie sie auch in den Mitochondrien von Protozoen sowie bei Vertebraten in steroidproduzierenden Drüsen (Nebennierenrinde) beobachtet wurden. Hierdurch wird eine außerordentliche Vergrößerung der inneren Membranfläche erreicht. Bezüglich des Wertes für das Verhältnis von innerer Membranfläche zu mitochondrialer Matrix steht dieser Mitochondrientyp wahrscheinlich an der Spitze aller erwähnten Beispiele. Das gleiche gilt für die absolute Größe der Mitochondrien. Besonderes Interesse beansprucht noch die enge räumliche Beziehung zwischen den Mitochondrien und den interfibrillären Tracheolen, die einen unmittelbaren Kontakt zwischen sauerstofftransportierendem System und oxydativem enzymatischem Apparat herstellt.

Die angeführten Beispiele lassen vermuten, daß es neben der Größe der Mitochondrien und ihrem Volumenanteil am Gesamtgewebe vor allem die Organisation der mitochondrialen Innenstruktur ist, die in Korrelation zur Stoffwechselspezifität zu setzen ist. Die nachstehend angeführten biochemischen Daten zeigen, daß eine derartige Beziehung wenigstens im Qualitativen herstellbar ist. Betrachtet man darüber hinaus die Anordnung der Gesamtheit der Mitochondrien in der Zelle bzw. im Gewebe, so ergeben sich auch hier einige interessante Aspekte.

Vom Skeletmuskel ist bekannt, daß der überwiegende Anteil des Glykogens, die Adeninnucleotide und das Kalium im I-Band lokalisiert sind. Gerade hier liegen aber die Mitochondrien. Erst, wenn die Anzahl der Mitochondrien wächst, wird auch der interfibrilläre Raum in Höhe des A-Bandes besetzt.

In der Leber findet man nach Bleikontrastierung das nun nachweisbare Depot-Glykogen in auffälliger Nachbarschaft der Mitochondrien. Und in den Tubuluszellen der Niere, die sowohl zur Resorption als auch

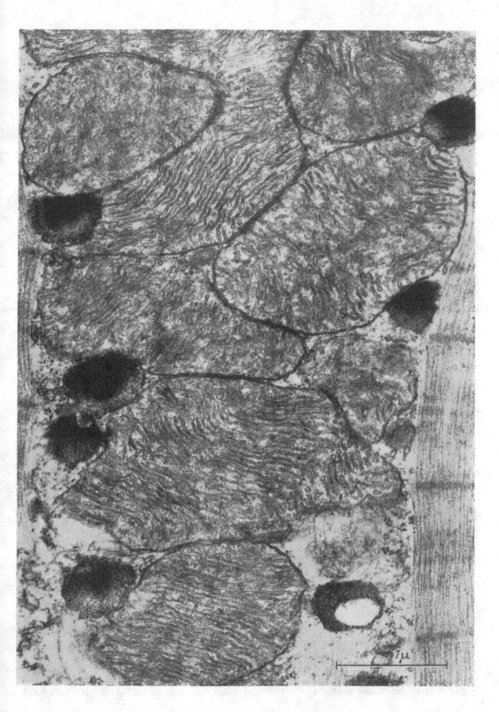

Abb. 7. Taubenbrustmuskel. Vergr. 30000fach

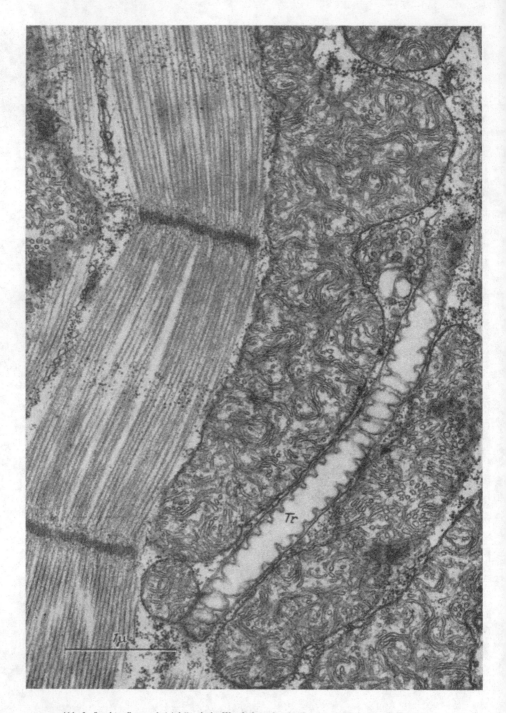

Abb. 8. Insektenflugmuskel (afrikanische Wanderheuschrecke, Locusta migratoria). *Tr* Tracheole.
Vergr. 30000fach

zur Sekretion bestimmter Stoffe entgegen vorhandenen Konzentrationsgradienten befähigt sind, zeigt sich eine enge räumliche Beziehung zu den
cytoplasmatischen Membranen, was vermuten läßt, daß die Mitochondrien an einem Stofftransport durch diese cytoplasmatischen Membranen
beteiligt sind.

Diskussion

Ris: Your figure of the mitochondrion under anaerobic conditions
shows clearly an outer torn membrane. Would you comment on this.
Are such changes in mitochondrial structure reversible?

Vogell: Der direkte Anlaß zum Zerreißen der äußeren Membran ist
unklar. Solche Veränderungen sind möglicherweise reversibel. Dies ist
jedoch noch nicht näher untersucht. Die Veränderungen der Innenstruktur bei zerstörter Außenmembran sind bei isolierten Mitochondrien
möglicherweise mit dem Fehlen des durch die Außenmembran bedingten Formfaktors zu erklären.

Ris: Swelling in mitochondria can occur in the space between outer
and inner membrane, in the matrix and in the intra-cristae space. Very
different appearances can thus be produced. Do you know what space
is swollen in your isolated heart mitochondria?

Vogell: Aus Vergleichen der Innenstruktur der Mitochondrien in situ
und an isolierten Präparaten möchte ich annehmen, daß der in isolierten
Präparaten leer (geschwollen?) erscheinende Raum der Matrix zuzuordnen ist.

Mechelke: Im Verlauf der Zellteilung vollziehen die Mitochondrien
einen Formwechsel, der höchstwahrscheinlich mit einem Funktions-
wechsel in genetischer und physiologischer Hinsicht verbunden ist. Diesen Formwechsel zeigt beispielsweise der Film von *Kurt Michel* über die
Spermatogenese einer Heuschrecke. Ich möchte nun gern fragen, ob es
parallel zu diesem äußeren Formwechsel auch eine Veränderung der
Innenstruktur der Mitochondrien in den verschiedenen Phasen der Zellteilung gibt.

Vogell: Elektronenmikroskopisch lassen sich im allgemeinen keine
Anhaltspunkte für definierte Veränderungen der Innenstruktur in Abhängigkeit von einem äußeren Formwechsel feststellen. Im Fall der
Spermatogenese kommt es dagegen parallel zu dem tiefgreifenden äußeren Formenwandel auch zu einer Veränderung der Innenstruktur.

Hohorst: Sind die Mitochondrien innerhalb der verschiedenen Gewebe
einheitlich, oder liegen verschiedene Mitochondrientypen nebeneinander
vor und, wenn ja, in welchen Relationen etwa?

Vogell: Die Variationsbreite der Mitochondrien innerhalb desselben Gewebes ist im allgemeinen geringer als die Unterschiede in der Mitochondrienstruktur verschiedener Gewebe. Sehr einheitliche Mitochondrien findet man in hochspezialisierten Muskeln wie Herz und Insektenflugmuskeln. Eine relativ große Variationsbreite bezüglich der Mitochondrienform liegt nach unseren Befunden in der Leber vor. Die Variationsbreite in situ dürfte in den meisten Fällen geringer sein als die typischen Unterschiede der Mitochondrien verschiedener Organe.

Struktur und funktionelle Biochemie der Mitochondrien

II. Die funktionelle Biochemie der Mitochondrien

Von

Martin Klingenberg

Mit 2 Abbildungen

Die Funktion der Mitochondrien im Zellstoffwechsel besteht nach allgemeiner Auffassung vor allem darin, die Verbrennungsenergie der Substrate in eine einheitliche Energieform ATP umzuwandeln. Dabei ist anzunehmen, daß der gleiche Energieträger ATP in verschiedenen Zellen für die besonderen Zelleistungen benötigt wird: z.B. in der Leber für Syntheseleistung, in der Niere für aktive Sekretion und am augenfälligsten im Muskel für mechanische Arbeit. Mit der Gleichförmigkeit des Hauptproduktes der Mitochondrien, ATP, geht eine weitgehende Gleichförmigkeit des von den Mitochondrien verarbeiteten Substratmusters und damit des Enzymapparates für die Transformation der Verbrennungsenergie parallel. Dem steht eine prinzipielle Einheitlichkeit der Hauptmerkmale der Mitochondrienstruktur gegenüber. Daher ist die verbreitete Auffassung verständlich, die Mitochondrien verschiedener Organe seien in ihrer Funktion grundsätzlich gleichartig.

Die genauere, vergleichende Untersuchung zeigt jedoch eine deutliche Differenzierung der Mitochondrien verschiedener Organe. Dieses wird bereits bei einer quantitativen Betrachtung der Mitochondrienstruktur deutlich, wie im vorausgehenden Beitrag gezeigt wurde. Dem wird in den folgenden Ausführungen die biochemische Differenzierung gegenübergestellt. Als Basis dieser Differenzierung ist die Ausrüstung der Mitochondrien mit Enzymen und Coenzymen zu betrachten. Sie bilden auch beim gegenwärtigen Stand der vergleichenden Untersuchungen das wichtigste Ergebnis. Die Analyse dieser Befunde führt dazu, bei den Mitochondrien zwischen der allgemeinen Funktion der oxydativen Energietransformation und der speziellen, auf das besondere Organ eingestellten Funktion zu unterscheiden.

Beziehung zwischen Mitochondrien- und Cytochromgehalt der Organe

Zunächst ist nach dem Mitochondriengehalt der verschiedenen Gewebe zu fragen. Dieser kann nicht nur morphologisch, sondern auch biochemisch auf Grund des Organgehaltes typischer mitochondrialer

Enzyme bestimmt werden. Es kann angenommen werden, daß die Atmungskette und damit die zugehörigen Cytochrome ausschließlich in den Mitochondrien lokalisiert sind. Der Cytochromgehalt der Organe kann daher als ein Maßstab für die Mitochondrienkonzentration angesehen werden. Unter diesem Gesichtspunkt wurde der Cytochromgehalt verschiedener Gewebe ermittelt. Die Messung erfolgte direkt an Gesamthomogenaten durch Registrierung der Absorptionsänderungen zwischen dem vollständig oxydierten und reduzierten Zustand [20]. In der Tabelle 1 sind die so erhaltenen Ergebnisse für eine Reihe von Organen

Tabelle 1. *Cytochromgehalte von Organen* [20, 2]

Organ	Cyt. a	Cyt. $(c + c_1)$	Cyt. $(c + c_1)$
	10^{-3} μMol/g fr.		Cyt. a
Thoraxmuskel, Locusta	45	72	1,6
Herzmuskel, Taube	42	60	1,4
Brustmuskel, Taube	41	56	1,4
Herzmuskel, Ratte	35	50	1,4
Herzmuskel, Maus.	34	51	1,5
Nierenrinde, Ratte	24	44	1,8
Leber, Ratte.	19	20	1,1
Herzmuskel, Hund	18	27	1,4
Herzmuskel, Rind	17	23	1,4
Skeletmuskel, Ratte	9,5	11,5	1,2
Hirn, Ratte	9,5	11,5	1,2
Hirn, graue Substanz, Affe	8,5	9,5	1,1
Hirn, weiße Substanz, Affe	7	6	0,9
Roter Muskel, Kaninchen	7,5	9,5	1,3
Nebennieren, Kalb	4	4	1,0
Weißer Muskel, Kaninchen	1,1	1,2	1,1

in der Reihenfolge der Cytochromkonzentration zusammengestellt. Hierbei sind die auf Grund der elektronenmikroskopischen Aufnahmen oben besprochenen Gewebe durch Schrägdruck hervorgehoben.

Es zeigt sich, daß die aus der morphologischen Betrachtung der Organe abgeleitete Reihenfolge der Mitochondriendichte auch in allen Fällen beim Cytochromgehalt zutrifft. An der Spitze stehen die Muskeln mit großer Arbeitsleistung, denen dann andere Organe mit großer osmotischer bzw. synthetischer Leistung wie die Niere und die Leber folgen. Im Skeletmuskel ist der Cytochromgehalt erheblich geringer, was wiederum mit dem aus der elektronmikroskopischen Aufnahme ersichtlichen geringeren Mitochondriengehalt übereinstimmt. Ein extrem niedriger Cytochromgehalt findet sich im weißen Muskel.

Cytochromgehalt und Atmungskapazität von Organen

Es darf angenommen werden, daß fast die gesamte Sauerstoffaufnahme der Organe durch die Cytochrome der Atmungskette katalysiert wird. Die Konzentration der Cytochrome muß daher als das geeignete Maß für die Atmungskapazität eines Gewebes gelten. Um diese Feststellung zu verifizieren, haben wir in der Tabelle 2 die Sauerstoffaufnahme verschiedener Organe dem Cytochromgehalt gegenübergestellt. Dabei wurden Maximalwerte der Atmung berücksichtigt, wie sie bei maximaler Leistung in situ oder in perfundierten Organen gefunden wurden.

Tabelle 2. *Maximale Atmung und Cytochrom-Turnover intakter Organe*

Organ	Literatur	Sauerstoffaufnahme μAtom O/g · h	Cytochrom a turnover 10^3/h
Flugmuskel, Schistocerca . .	[14a]	5000—10000	220—440[1]
Herz, Hund	[1]	1600	180
Leber, Ratte	[19]	600	64
Hirn, Mensch	[15]	175	50[2]

[1] Cytochromgehalt von Locusta migratoria.
[2] Cytochromgehalt von Affen.

Die großen Unterschiede der auf das Gewebsgewicht bezogenen Atmungswerte werden, bezogen auf den Cytochromgehalt („Cytochrom-Turnover" = Wechselzahl der Wertigkeit des Hämin-Eisens), viel geringer. Der maximale Cytochrom-Turnover wird im Insektenflugmuskel erreicht. Dieses deutet darauf hin, daß in den anderen Organen, Herz, Leber oder Hirn, die bisher ermittelten Atmungsdaten nicht die maximale Atmungskapazität dieser Organe widerspiegeln. Offenbar sind hier noch nicht die geeigneten Bedingungen gefunden worden, um die maximale Atmung der Organe mit den Atmungswerten an isolierten Mitochondrien zu vergleichen.

Cytochromgehalt der Mitochondrien

Die morphologischen Untersuchungen haben uns gezeigt, daß Unterschiede im inneren Aufbau der Mitochondrien, insbesondere hinsichtlich der Dichte der Cristae, bestehen. Um hier eine Beziehung zu der Funktion der Mitochondrien herzustellen, haben wir in der Tabelle 3 den Cytochromgehalt isolierter Mitochondrien zusammengestellt. Als Bezugsgröße dient der Proteingehalt. Auf dieser Basis betragen die Unterschiede im Cytochromgehalt zwischen verschiedenen Mitochondrien in den Extremen das 2—3fache. An der Spitze stehen die Mitochondrien der Muskeln mit hoher Arbeitsleistung und am unteren Ende der Skala Mitochondrien von Leber, Nebennierenrinde oder Hirn. In der gleichen Reihenfolge nimmt, wie oben dargelegt wurde, die Dichte der inneren Membranen in den Mitochondrien ab. Für den Vergleich zwischen Herz- und Lebermitochondrien war das bereits früher von *Palade* [16] beobachtet worden.

Dieses legt nahe, daß die Cytochrome und damit die Atmungskette an den Oberflächen der Cristea lokalisiert sind.

Für Flugmuskelmitochondrien läßt sich aus den abgeschätzten Molekulargewichten der Cytochrome berechnen, daß die Cytochrome a, c, c_1 und b bereits etwa 10% des Mitochondrienprotein ausmachen. Da die Spezialisierung dieser Mitochondrien auf die oxydative Energiebildung besonders weit, unter Umständen auf das mögliche Maximum getrieben ist, läßt sich vermuten, daß der übrige Proteinanteil vor allem

Tabelle 3. *Cytochromgehalte isolierter Mitochondrien* [12, 20, 2]

Organ	Cyt. a	Cyt. $(c + c_1)$	$\dfrac{\text{Cyt. } (c + c_1)}{\text{Cyt. a}}$
	μMol/g Prot.		
Thoraxmuskel, Locusta	0,53	0,75	1,4
Herzmuskel, Taube	0,50	0,55	1,1
Brustmuskel, Taube	0,47	0,58	1,2
Herzmuskel, Ratte	0,42	0,45	1,1
Nierenrinde, Ratte	0,27	0,45	1,7
Zwerchfell, Kalb	0,29	0,26	0,9
Skeletmuskel, Ratte	0,23	0,31	1,3
Leber, Ratte	0,24	0,27	1,1
Nebennierenrinde, Kalb	0,22	0,24	1,1
Hirn, graue Substanz, Affe	0,20	0,33	1,6
Hepatom Ascites, Ratte	0,14	0,43	3,1
Hirn, Ratte	—	0,16	—

aus Enzymen der Wasserstoff- und Phosphatübertragung besteht. Damit geht der morphologische Befund einher, daß die Mitochondrien des Flugmuskels nur noch einen verschwindend geringen Matrixraum haben und die Doppelmembranen dicht aneinander liegen. Dagegen enthalten die Lebermitochondrien weniger Doppelmembranen und daher mehr Matrix. Hier beträgt der Cytochromanteil am Protein weniger als die Hälfte des Cytochromanteils der Flugmuskelmitochondrien.

Der Ubichinon- und Pyridinnucleotidgehalt der Mitochondrien

Ubichinon (Coenzym Q) darf ebenfalls als eine der Komponenten der Atmungskette angesehen werden [5]. Eine Zusammenstellung des Ubichinongehaltes verschiedener Mitochondrien, wie er an Extrakten bestimmt wurde, gibt die Tabelle 4 wieder [21]. Der Ubichinongehalt, bezogen auf Protein, schwankt zwischen 2,0 und 5,0 μM und damit um den gleichen Faktor wie der Cytochromgehalt. Die Mitochondrien enthalten um etwa eine Größenordnung mehr Ubichinon als Cytochrom a. Der Quotient Ubichinon/Cytochrom a zeigt dabei zwischen verschiedenen Organen Unterschiede im Bereich zwischen 7,5 und 13. Wie im folgenden gezeigt wird, hat Ubichinon diesen hohen Gehaltsquotienten zu den

Cytochromen gemeinsam mit dem DPN. Wir werden hierauf unten bei der Diskussion der Zusammensetzung der Atmungskette zurückkommen.

Weitere wichtige, an den Redoxreaktionen der Mitochondrien beteiligte Komponenten sind die Pyridinnucleotide. Der Gehalt der Mitochondrien verschiedener Organe an Pyridinnucleotiden kann in Extrakten durch enzymatische Analyse verhältnismäßig genau bestimmt werden. Eine Zusammenstellung des Gehaltes der Mitochondrien an TPN und DPN ist in der Tabelle 5 wiedergegeben. Der DPN-Gehalt, bezogen auf Proteinbasis, ist ungefähr ebenso hoch wie der Ubichinongehalt. Zwischen den verschiedenen Mitochondrien bestehen nur geringe Unterschiede. Auf 1 Molekül Cytochrom a kommen etwa 10 Moleküle

Tabelle 4.
Ubichinongehalt isolierter Mitochondrien

Organ	Ubichinon μMol/g Prot.	Ubichinon / Cytochrom a
Herzmuskel, Ratte . .	5,0	10,5
Brustmuskel, Taube .	4,9	11
Skeletmuskel, Ratte .	3,7	13
Flugmuskel, Locusta .	3,0	7,5
Niere, Ratte	2,0	7,5
Leber, Ratte	1,9	10,5

DPN. Große Unterschiede finden sich dagegen im TPN-Gehalt. Lebermitochondrien enthalten z. B. 16mal soviel TPN wie Flugmuskelmitochondrien. Diese Unterschiede werden noch ausgeprägter, wenn der TPN-Gehalt auf den Cytochrom a-Gehalt bezogen wird.

Tabelle 5. *Pyridinnucleotidgehalt von isolierten Mitochondrien*

Organ	TPN μMol / g Prot.	TPN Cyt. a	DPN μMol / g Prot.	DPN Cyt. a	TPN DPN
Leber, Ratte	4,8	20	3,2	13	1,50
Nebennierenrinde, Kalb .	2,8	13	5,5	25	0,51
Zwerchfell, Kalb . . .	1,3	4,5	4,8	16	0,27
Brust, Taube	1,2	2,5	6,5	14	0,18
Herz, Ratte	1,1	2,6	4,5	11	0,24
Niere, Ratte	0.9	3,3	4,5	17	0,20
Skeletmuskel, Ratte . .	0,8	3,5	5,1	22	0,16
Hirn, Ratte	0,4	2,0	2,0	16	0,20
Thoraxmuskel, Locusta .	0,3	0,6	4,2	8	0,07

Der Pyridinnucleotidgehalt gibt eine interessante Möglichkeit, die Mitochondrienfunktion in die Anteile der oxydativen Energieerzeugung und der Syntheseleistung aufzuteilen. DPN ist vor allem als Coenzym der abbauenden Stoffwechselwege, TPN dagegen als Coenzym der synthetisierenden Wege anzusehen. Der Quotient TPN/DPN kann als Maßstab der Kapazität für Syntheseleistungen definiert werden. Das Maximum der Syntheseleistung haben demnach die Lebermitochondrien, ein

Minimum die Flugmuskelmitochondrien. Der Vergleich der Innenstruktur dieser Mitochondrien zeigt, wie bereits bemerkt wurde, daß das
Innere der Flugmuskelmitochondrien mit Cristae fast vollständig erfüllt
ist und nur wenig Matrixraum zur Verfügung steht, während in Lebermitochondrien die Matrix stark ausgeprägt ist. Diese beiden Extreme
und auch der Vergleich weiterer Mitochondrien lassen darauf schließen,
daß die Synthesefunktion in der Matrix lokalisiert ist.

Intracelluläre Verteilung der Pyridinnucleotide

Wir möchten an dieser Stelle einen Schritt weiter gehen und die mögliche Stellung der Mitochondrien für Syntheseleistungen in Beziehung
zu der ganzen Zelle betrachten. Hier mag uns wiederum die Verteilung
des TPN auf den intra- und extramitochondrialen Raum als Maßstab
dienen. Die intracelluläre Verteilung der Pyridinnucleotide, wie sie von

Tabelle 6. *Mitochondrialer Pyridinnucleotidanteil der Organe [11]*
(Berechnung mit dem Cytochrom c-Gehalt)

	Leber	Skeletmuskel	Herz	Hirn	Flugmuskel
$\frac{\text{DPN-Mitochondrien}}{\text{DPN-Gesamt}}$ %	20	21	53	18	60
$\frac{\text{TPN-Mitochondrien}}{\text{TPN-Gesamt}}$ %	65	65	78	35	100

uns früher auf Grund des Cytochrom c-Faktors berechnet wurde, ist in
der Tabelle 6 angegeben. Zunächst ist vorauszuschicken, daß ähnlich
wie in den Mitochondrien auch in den Zellen der Gehalt des DPN nur
verhältnismäßig geringe, der Gehalt des TPN dagegen sehr große Unterschiede zeigt. Der mitochondriale Anteil des DPN schwankt erheblich
entsprechend dem unterschiedlichen Mitochondriengehalt der Gewebe.
Dagegen ist der Mitochondrienanteil am TPN verhältnismäßig konstant
bei rund zwei Drittel des Gesamtgehaltes. Im einzelnen ist der Mitochondrienanteil des TPN im Muskel höher als in der Leber.

Daraus ist nach unserer Hypothese zu schließen, daß die Syntheseleistung der Zelle — in der Quantität und nicht notwendigerweise in
der Vielfalt — vorwiegend innerhalb der Mitochondrien lokalisiert ist.
Insbesondere sollte dieses für Muskeln zutreffen, aber auch in der Leber
sollte ein wesentlicher Teil der großen Syntheseleistung dieses Organs
in den Mitochondrien vorkommen [11]. Neuerdings wurde von *Hülsmann* [8] gezeigt, daß Herzmuskelmitochondrien Fettsäuren synthetti-
sieren können. Die weiteren Untersuchungen deuten offenbar darauf hin,
daß auch in Leber die Fettsäuresynthese in den Mitochondrien und nicht,
wie bisher angenommen, im Cytoplasma lokalisiert ist.

Der Gehalt der Mitochondrien an Pyridinnucleotid-spezifischen Dehydrogenasen

Als Pyridinnucleotid-abhängige Dehydrogenasen der Mitochondrien wurden die Malat- (MDH), Isocitrat- (IDH) und Glutamat- (GluDH) Dehydrogenasen bestimmt [17]. Die Aktivitäten dieser Enzyme wurden am Gesamthomogenat gemessen und durch die Methode der fraktionierten Extraktion als mitochondriale Anteile differenziert. Hiervon wurden die Malat-Dehydrogenase als DPN-spezifisches und die Glutamat- und Isocitrat-Dehydrogenase als TPN-spezifische Enzyme gemessen.

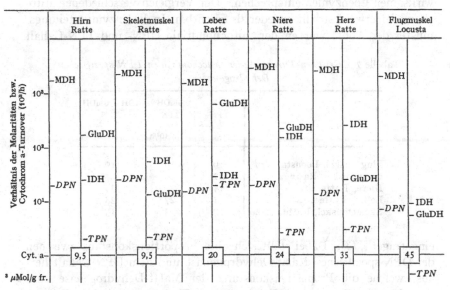

Abb. 1. Enzym- und Coenzymmuster der Mitochondrien. Die Enzymaktivitäten und Pyridinnucleotid-gehalte sind auf den Gehalt an Cytochrom a bezogen. In der linken Kolonne jeweils die proportionskonstante DPN-Gruppe, in der rechten Kolonne die variable TPN-Gruppe. MDH Malat-Dehydrogenase, GluDH Glutamat-Dehydrogenase, IDH Isocitrat-Dehydrogenase

Als die geeignete, mitochondriale Bezugsgröße für die Enzymaktivitäten bietet sich der Cytochromgehalt an. Die Abb. 1 gibt die Verteilungs-muster dieser Dehydrogenasen, bezogen auf Cytochrom a und damit als Turnover des Cytochrom a, wieder. Malat-Dehydrogenase besitzt in allen Geweben etwa den gleichen, hohen Cytochrom a-Turnover, während die Aktivität dieses Enzyms, bezogen auf das Frischgewicht, große Unterschiede zeigt. Offenbar ist die Gehaltsrelation zwischen den beiden Hauptkettenenzymen, Malat-Dehydrogenase und Cytochrom a, in den Mitochondrien konstant. Größere Unterschiede zeigen die Cytochrom a-Turnover der TPN-spezifischen Enzyme, Isocitrat- und Glutamat-Dehydrogenase, die außerdem mindestens um eine Größenordnung kleiner als die der Malat-Dehydrogenase sind. Auffallend ist der fast vollständige Mangel an Isocitrat-Dehydrogenase bei Flugmuskel-mitochondrien und an Glutamat-Dehydrogenase in Taubenbrustmuskel-mitochondrien. Glutamat-Dehydrogenase kann als ein Enzym spezieller Funktion angesprochen werden, während die Isocitrat-Dehydrogenase nach den gewohnten Vorstellungen ein Hauptkettenenzym des oxydativen Stoffwechsels ist.

Die Gehaltsrelation der Dehydrogenasen zu den Pyridinnucleotiden

Es ist zu erwarten, daß sich der Gehalt an Dehydrogenasen und damit wirksamen Coenzymen entsprechen. Der Vergleich verschiedener Mitochondrien erweist sich hier wieder als fruchtbar. In die Enzymverteilungs-muster der Abb. 1 wurden der mitochondriale DPN- und TPN-Gehalt

Tabelle 7. *„Gruppen-Turnover" der mitochondrialen TPN-spezifischen Dehydrogenasen*

Organ	$\dfrac{\text{IDH}}{\text{TPN}}$	$\dfrac{\text{GluDH}}{\text{TPN}}$	$\dfrac{\text{IDH} + \text{GluDH}}{\text{TPN}}$
	$10^3/h$		
Flugmuskel, Locusta . .	9	10	19
Herzmuskel, Ratte . . .	22	20	24
Niere, Ratte	14	20	34
Leber, Ratte	1	27	28
Skeletmuskel, Ratte . . .	12	3	15

eingetragen [*13*]. Dabei stellt sich eine Proportionskonstanz zwischen der DPN-spezifischen Malat-Dehydrogenase und dem DPN-Gehalt heraus, welche die Proportionskonstanz der Malat-Dehydrogenase zum Cytochromgehalt ergänzt. Die konstante Beziehung zwischen Enzym-aktivität und Coenzymgehalt ist besonders eindrucksvoll bei der TPN-Gruppe, zumal hier keine konstante Relation der Enzymaktivitäten und des TPN-Gehaltes zum Cytochromgehalt vorliegt. Die Gehalts-beziehung zwischen Enzym und Coenzym läßt sich hier jedoch nur er-kennen, wenn die Summe der Aktivitäten von GluDH und IDH mit dem TPN-Gehalt verglichen wird. Hierzu ist in der Tabelle 7 der „Gruppen-Turnover" der TPN-spezifischen Dehydrogenasen (die Summe von IDH und GluDH) zusammengestellt. Er erweist sich als annähernd konstant in verschiedenen Organen, obwohl die Relation zwischen IDH und GluDH stark schwankt. So hat z.B. in Lebermitochondrien die GluDH eine 15fach höhere Aktivität als die IDH und in Herz-mitochondrien dagegen die IDH eine 8mal höhere Aktivität als die GluDH. Man kann hieraus schließen, daß der hohe TPN-Gehalt der Leber zum größten Teil Coenzym der GluDH ist, dagegen im Herz-muskel TPN vor allem Coenzym der IDH ist.

Aus der Koordination der GluDH-Aktivität mit dem TPN-Gehalt ist zu schließen, daß GluDH in vivo auch mit dem TPN assoziiert ist, obwohl dieses Enzym sowohl TPN- als auch DPN-spezifisch ist. Die Annahme liegt nahe, daß eine wesentliche physiologische Funktion der GluDH bei der Bildung und nicht nur bei der Oxydation von Glutamat zu suchen ist, da das TPN-System vor allem als Wasserstoffdonator dient. In den Lebermitochondrien würde der hohe Gehalt der GluDH und des TPN der hohen Rate der Eiweißsynthese dieses Organs entsprechen.

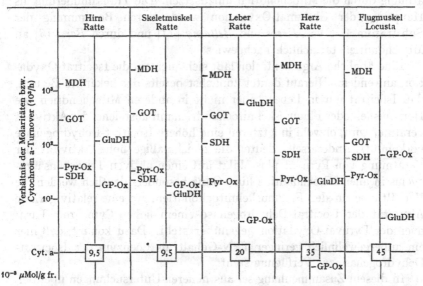

Abb. 2. Enzymmuster der Mitochondrien. Die Enzymaktivitäten sind auf den Gehalt am Cytochrom (c + c_1) bezogen. In der linken Kolonne jeweils die proportionskonstante, in der rechten Kolonne die variable Gruppe. GOT Glutamat-Oxalacetat-Transaminase, SDH Succinat-Dehydrogenase, Pyr-Ox Pyruvat-Oxydase (= Atmungsaktivität mit Pyruvat + Malat), GP-Ox Glycerin-1-P-Oxydase (= Atmungsaktivität mit Glycerin-1-P)

Es ist daher anzunehmen, daß die Oxydation des Glutamat, wie sie etwa bei der Veratmung an isolierten Mitochondrien beobachtet wird, einen anderen Weg als den der direkten Dehydrogenierung durch die Dehydrogenase nimmt. So zeigt z. B. die Tabelle 8, daß die Atmungsaktivität verschiedener Mitochondrien mit Glutamat überall bedeutend ist, obwohl die Aktivität der GluDH stark schwankt und besonders in den Muskeln sehr gering ist. Diese maximale Enzymaktivität reicht nicht aus, die Atmungsaktivität zu erklären (vgl. z. B. Cytochrom a-Turnover der Atmung in Tabelle 8 und der GluDH-Aktivität in Abb. 2 für Skeletmuskel), zumal die angegebenen Werte den Aktivitäten der Glutamatbildung (Oxydation von TPNH durch Ketoglutamat + NH_3) entsprechen und auf Grund der Gleichgewichtslage die Glutamatoxydation eine viel geringere Maximalaktivität haben sollte. GluDH kann demnach nicht im Hauptweg der Glutamatoxydation stehen. Ein alternativer Weg der Glutamatoxydation ist die Transaminierung zum Oxalacetat und die anschließende Oxydation des gebildeten Ketoglutarates. Tatsächlich findet sich, wie in dem Enzymverteilungsmuster der Abb. 2 gezeigt wird, in allen untersuchten Mitochondrien eine bedeutende Aktivität an Glutamat-Oxalacetat-Transaminase, die um ein Vielfaches höher ist als die Aktivität der Glutamat-Dehydrogenase. Sie ist ausreichend hoch, alles Glutamat bei der Veratmung durch die Mitochondrien umzusetzen. Die Transaminierung als Hauptweg der Glutamat-Oxydation wurde durch Bestimmung der Substratumsätze von *Krebs* und *Bellamy* [*14*] und durch *Borst* [*3*] an Mitochondrien tatsächlich nachgewiesen.

Eine ähnliche Argumentation läßt sich auch auf die Isocitrat-Oxydation anwenden. Hierauf deutet zunächst bereits der bekannte Befund, daß Isocitrat nur in Leber-, aber nicht in anderen Mitochondrien wie Herzmuskel- oder Flugmuskelmitochondrien mit ausreichender Aktivität veratmet wird, obwohl in letzteren eine höhere Isocitrat-Dehydrogenase vorkommt. Andererseits deutet die gleichmäßige hohe Aktivität der Veratmung von Pyruvat plus Malat auf einen aktiven Tricarbonsäurecyclus in allen Mitochondrien hin. Ganz besonders deutlich werden die Verhältnisse an den Flugmuskelmitochondrien, wo eine relativ geringe Aktivität der Isocitrat-Dehydrogenase einem hohen Cytochrom-Turnover der Pyruvat-Oxydation gegenüber steht. Dazu kommt, daß hier ein außergewöhnlich geringer TPN-Gehalt als Coenzym der Isocitrat-Dehydrogenase zur Verfügung steht.

In diesem Zusammenhang sei aus neueren Untersuchungen über den Weg der Isocitrat-Oxydation bemerkt, daß Isocitrat in den Flugmuskelmitochondrien nur nach Zusatz von DPN veratmet wird [*7*]. Hier scheint ein alternativer Weg der Isocitrat-Dehydrogenierung über eine DPN-spezifische Isocitrat-Dehydrogenase vorzuliegen, der bereits an den Mitochondrien einiger anderer Organe wahrscheinlich gemacht worden war [*6, 18, 22*]. Tatsächlich lassen sich an Extrakten von Flugmuskelmitochondrien bedeutende Aktivitäten einer DPN-spezifischen Isocitrat-Dehydrogenase nachweisen. Sie unterscheidet sich vom TPN-spezifischen Enzym durch besondere Empfindlichkeit bei der Extraktion und durch besondere Cofaktorbedingungen, z.B. die Gegenwart von ADP. Der Insektenflugmuskel scheint damit das Gewebe mit der am weitesten getriebenen Ausbildung des DPN-spezifischen Weges der Isocitrat-Oxydation zu sein.

Von anderer Seite wird das Problem der Isocitrat-Oxydation nicht bei der Dehydrogenierung, sondern bei der Transhydrogenierung als geschwindigkeitsbestimmenden Schritt gesehen. Eine Katalysierung dieses Schrittes wird durch Substrat-Redoxcyclen, z.B. mit dem Substratpaar Malat/Oxalacetat, vorgeschlagen [*4, 9*].

Mitochondrien als Funktionsort des Tricarbonsäure-, Glycerin-1-P- und Fettsäure-Oxydationscyclus

Die Tatsache, daß der Tricarbonsäurecyclus in den Mitochondrien aller untersuchten Gewebe eine wesentliche Funktion hat, wird einmal durch die fast immer gegebene, gleichmäßig hohe Atmungsaktivität

Tabelle 8. *Atmungsaktivitäten isolierter Mitochondrien*
Turnover von Cytochrom a $[10^3/h]$

Organ	Pyruvat + Malat	Succinat	Glutamat	Glycerin-1-P	Capronat
Flugmuskel, Locusta . . .	41	18	17	79	—
Herzmuskel, Ratte	28	43	29	0,7	17
Niere, Ratte	30	60	—	6,3	13
Leber, Ratte	16	58	14	4,3	9
Skeletmuskel, Ratte . . .	30	12	63	19	0,8
Brustmuskel, Taube . . .	10	17	10,5	1,4	0
Hirn, Ratte	45	21	—	20	0
Nebenniere, Kalb	19	60	9	8	8
Zwerchfell, Kalb	15	14	—	3,5	11

mit Tricarbonsäure-Cyclus-Substraten, wie Pyruvat plus Malat und Succinat (Tabelle 8), und zum anderen durch die im optischen Test gemessene gleichmäßig hohe Aktivität der Malat-Dehydrogenase (Abb. 2) unterstrichen. Die Relation dieser Aktivitäten zum Cytochrom a-Gehalt und damit der Atmungskette ist weitgehend konstant. Der Tricarbonsäurecyclus gehört daher zur Normfunktion der Mitochondrien.

Im Gegensatz dazu steht die Aktivität des Glycerin-1-P- und Fettsäureoxydations-Cyclus, welche offenbar Spezialfunktionen der Mitochondrien sind. So zeigen die charakteristischen Umsatzgrößen dieser Funktionen, wie die Veratmung von Glycerin-1-P und von Capronat, große Unterschiede zwischen den Mitochondrien verschiedener Organe. Das Aktivitätsmaximum der Glycerin-1-P-Oxydation findet sich im Flugmuskel der Insekten, ein Minimum im Herzmuskel der Ratte. Umgekehrt werden Fettsäuren (Capronat) im Herzmuskel maximal und im Flugmuskel überhaupt nicht veratmet. Die reziproke Relation zwischen der Oxydation von Glycerin-1-P und von Fettsäuren ist fast für alle Organe, bis auf den Taubenbrustmuskel, gültig. Die Aktivität des Glycerin-1-P-Cyclus und der Fettsäureoxydation scheinen sich komplementär zu verhalten. Einschränkend ist zu bemerken, daß im Prinzip das Ausbleiben der Veratmung von Fettsäuren durch Skeletmuskel- und Flugmuskelmitochondrien artifiziell durch die Isolierung dieser Mitochondrien bedingt sein kann. Diese Möglichkeit ist weiter zu prüfen.

Diese Verhältnisse spiegeln möglicherweise eine Spezialisierung der Organe entweder mehr auf die Oxydation von Kohlenhydraten oder von Fetten wider. Der Tricarbonsäurecyclus nimmt an der Oxydation beider Brennstoffe teil. Der Glycerin-1-P-Cyclus ist dagegen nur an der Verbrennung des im Cytoplasma abgegebenen Glykolysewasserstoffs und damit an der Kohlenhydratoxydation beteiligt. Andererseits besteht kein Bedarf für den Glycerin-1-P-Cyclus, wenn Fettsäuren oxydiert werden, die den gesamten Wasserstoff innerhalb der Mitochondrien freisetzen. Die bei dem Abbau von Phosphatiden entstehende Menge an Glycerin-1-P ist so gering, daß deren Oxydation weniger als 1% des gesamten bei der Fettverbrennung aufgenommenen Sauerstoffs ausmacht.

Dieser Argumentation folgend, ist aus der Mitochondrienfunktion zu schließen, daß der Herzmuskel bevorzugt Fette verbrennt, während der Flugmuskel und Skeletmuskel vor allem auf Kohlenhydrate als Brennstoff eingestellt sind. Allerdings wird von verschiedenen Autoren gerade Fett als Hauptquelle der Flugmuskel der Taube und Heuschrecken angesehen [14a, 5a]. Hier mag die obenerwähnte Einschränkung für unsere an Mitochondrien gewonnenen Daten der Fettsäureoxydation zutreffen. Eine Mittelstellung nehmen Niere und Leber ein, die imstande sind, beide Brennstoffe mit etwa gleicher Aktivität zu verbrauchen.

Rückblick

Aus der Analyse des funktionellen Aufbaues der Mitochondrien, wie sie im vorstehenden dargelegt wurde, geht hervor, daß die Mitochondrien für ihre Hauptfunktion, die oxydative Energieerzeugung, weitgehend einheitlich ausgerüstet sind. Dieses faßt das folgende Schema zusammen.

$$
\begin{array}{cl}
\textit{Komponente} & \\
\textit{Cyt. a} & \\[4pt]
1 & \text{Cyt. a} \\
 & | \\
1-3 & \text{Cyt. } (c + c_1) \quad \left\{ \begin{array}{l} 1-2\,\text{Cyt. c} \\[4pt] 0{,}3\ \text{Cyt. } c_1 \end{array} \right. \\
 & | \\
1 & \text{Cyt. b} \\
7{,}5-13 & | \\
 & \text{Ubi. Q} \\
 & | \\
8-22 & \text{DPN} \underline{\qquad\qquad} 0{,}6-20\ \text{TPN} \\
 & | \\
1{,}2 & \text{MDH}
\end{array}
$$

Die Zusammensetzung der Atmungskette in Mitochondrien verschiedener Organe, bezogen auf Cytochrom a

Die Analyse der Molverhältnisse erstreckt sich auf einige Enzymkomponenten, wie die Cytochrome und Malat-Dehydrogenase (berechnet mit Mol.-Gew. = 17000), und auf Coenzyme, wie die Pyridinnucleotide und Ubichinon.

Die relative Zusammensetzung der Atmungskette zeigt charakteristische Unterschiede zwischen den Mitochondrien verschiedener Organe. Sie sind aber klein im Vergleich zu dem um Größenordnungen variierenden Gehalt an „speziellen Komponenten", von denen hier das TPN aufgenommen wurde.

Die Ausrichtung der Mitochondrien auf die besondere Funktion des Organs ist ein wesentliches Resultat der vergleichenden Analysen. Damit unterscheiden sich die Mitochondrien nicht nur morphologisch, sondern auch funktionell: Der Gehalt der an den besonderen Funktionen beteiligten Enzyme und Coenzyme weist Unterschiede um 1—2 Größenordnungen zwischen den verschiedenen Mitochondrien auf. Die Mitochondrien sind somit nicht nur als für die Spezialfunktion des Organs indifferente Energietransformatoren, sondern auch als ein Teil des speziellen Zellmetabolismus anzusehen.

Diese Untersuchungen wurden von der Deutschen Forschungsgemeinschaft im Rahmen des Schwerpunktprogramms „Experimentelle Zellforschung" unterstützt.

Literatur

[1] *Allela, A.*, *F. L. Williams*, *C. Bolen-Williams* and *L. N. Katz:* Amer. J. Physiol. **183**, 570 (1955).
[2] *Bode, C.:* Unveröffentlicht.
[3] *Borst, P.*, and *E. C. Slater:* Biochim. biophys. Acta (Amst.) **41**, 170 (1960).
[4] *Chappel, J. B.:* Symp. Biological Stucture and Function, Stockholm, p. 71. New York: Academic Press 1961.
[5] *Crane, F. L.*, *Y. Hatefi*, *R. L. Lester* and *C. Widmer:* Biochim. biophys. Acta (Amst.) **25**, 220 (1957).
[5a] *Drummond, G. J.*, and *E. C. Black:* Amer. Rev. Physiol. **22**, 169 (1960).
[6] *Ernster, L.*, and *F. Navazio:* Biochim. biophys. Acta (Amst.) **26**, 408 (1957).
[7] *Goebell, H.*, and *M. Klingenberg:* Unveröffentlicht.
[8] *Hülsmann, W. C.:* Biochim. biophys. Acta (Amst.) **58**, 417 (1962).
[9] — Nature (Lond.) **192**, 1153 (1961).
[10] *Kaplan, N. O.*, *M. N. Schwartz*, *M. E. Frech* and *M. M. Ciotti:* Proc. nat. Acad. Sci. (Wash.) **42**, 481 (1956).
[11] *Klingenberg, M.:* 11. Mosbacher Kolloquium „Freie Nukleotide und ihre biologische Bedeutung", S. 82. Berlin-Göttingen-Heidelberg: Springer 1961.
[12] — *W. Slenczka* u. *E. Ritt:* Biochem. Z. **332**, 47 (1959).
[13] —, and *D. Pette:* Biochem. biophys. Res. Commun. **7**, 430 (1962).
[14] *Krebs, H. A.*, and *D. Bellamy:* Biochem. J. **75**, 523 (1960).
[14a] *Krog, G. A.*, and *T. Weiss-Fogh:* J. exp. Biol. **27**, 344 (1950).
[15] *Opitz, E.*, and *D. Lübbers:* Handbuch der allgemeinen Pathologie, Bd. IV/2, S. 345. Berlin 1957.
[16] *Palade, G. E.:* J. Histochem. Cytochem. **1**, 188 (1943).
[17] *Pette, D.*, *M. Klingenberg* and *Th. Bücher:* Biochem. biophys. Res. Commun. **7**, 425 (1962).
[18] *Plaut, G. W.*, and *K. A. Plaut:* J. biol. Chem. **199**, 141 (1952).
[19] *Schimassek, H.:* Unveröffentlicht.
[20] *Schollmeyer, P.*, u. *M. Klingenberg:* Biochem. Z. **335**, 426 (1961).
[21] *Szarkowska, L.:* Unveröffentlicht.
[22] *Vignais, P. V.*, and *P. M. Vignais:* Biochim. biophys. Acta (Amst.) **47**, 515 (1961).

Diskussion

Green: I would like to point out, that in the isolated electron transport system we found a quite different composition. This is the major difference in our analysis: we get 6 times more cytochrome a than c_1, while your figures show roughly one cytochrome a to one cytochrome c_1.

Klingenberg: Die Unterschiede in den Daten von Dr. *Green* und mir beziehen sich 1. auf die Cytochromverhältnisse zueinander und 2. auf das Verhältnis des Ubichinon zu Cytochrom a. Bei 1. würde ein Faktor 2 im Cytochrom a-Gehalt die Unterschiede korrigieren. Bei 2. beträgt die Differenz fast eine Größenordnung. Das deutet auf wesentliche Modifikationen der Präparationen von Dr. *Green* gegenüber den intakten Mitochondrien hin.

Martius: Der molare Gehalt der Mitochondrien an Ubichinon ist höher (nach *Klingenberg* 7,5- bis 13mal) als derjenige an Cytochromen. Ein so hoher Gehalt an einem nicht wasserlöslichen Wirkstoff ist schwer verständlich, wenn man annimmt, daß das Ubichinon Glied der Atmungskette ist. Überdies sind die bisherigen Angaben der Ubichinongehalte wahrscheinlich noch zu niedrig, vielleicht um einen Faktor von 3 (bis 5). Es stellt sich damit die Frage, ob die gesamte Menge des Ubichinon gleichmäßig am Elektronentransport teilnimmt, wenn man unterstellt, daß das die Zellfunktion des Ubichinons ist, oder ob nur ein Teil daran beteiligt ist und der Rest im Nebenschluß liegt. Man kennt nun außer dem $U_{(50)}$ noch das $U_{(45)}$ und weitere niedere Isoprenologe, die z. B. im Rattenorganismus nachgewiesen worden sind. Diese stellen höchstwahrscheinlich Zwischenstufen der Synthese des $U_{(50)}$ dar, die durch sukzessive Kettenverlängerung kürzerkettiger Ubichinone erfolgt.

Wir haben nun in letzter Zeit Ubichinon(e) gefunden, die noch stärker lipophil sind als $U_{(50)}$ und offenbar Ubichinon(e) mit noch längerer Seitenkette als $U_{(50)}$ darstellen. Damit wäre die Möglichkeit gegeben, daß auch das $U_{(50)}$ nur ein Zwischenprodukt bei der Synthese noch längerkettiger Ubichinone wäre und diese, die in niederer Konzentration vorkommen als $U_{(50)}$, die eigentliche Wirkform darstellen.

Schließlich möchte ich noch erwähnen, daß wir ebenfalls in letzter Zeit die Konstitution eines Umwandlungsprodukts des Vitamin E aufklären konnten, das ein Trimethylbenzochinon mit einer isoprenoiden Seitenkette von 50 C-Atomen darstellt. Neben diesem $E_{(50)}$ gibt es nun offenbar auch noch Trimethylbenzochinone mit noch längerer Seitenkette, so daß hier gleiche Verhältnisse vorliegen wie beim Ubichinon. Man wird also — bei der großen chemischen Ähnlichkeit dieser beiden Chinone — außer mit der Teilnahme des Ubichinons auch mit derjenigen der sich vom Tokopherol ableitenden Chinone an der Atmung bzw. oxydativen Phosphorylierung rechnen müssen.

Klingenberg: Wie wurde in Ihren Versuchen Ubichinon bestimmt? Die spektroskopische Registrierung in unserem Arbeitskreis läßt darauf schließen, daß der überwiegende Teil des Ubichinons am Elektronentransport teilnimmt. Eine exakte kinetische Analyse ist schwierig, da Ubichinon einen Pool für Wasserstoff bildet, bei dem die Kinetik nur schwer zu überschauen ist. 80% des Ubichinons lassen sich bei den verschiedenen Funktionszuständen der Mitochondrien reduzieren und oxydieren.

Karlson (Frage an *Martius* und *Lynen*)*:* Kann Ubichinon nach dem bekannten Schema in der Seitenkette verlängert werden? Meist wird doch an der Stelle der Pyrophosphatgruppe der langen Kette eine Isopreneinheit angebaut.

Lynen: Diese Schwierigkeit ist mir auch aufgefallen. Man kann höchstens annehmen, daß eine Isomerase existiert, die die Doppelbindung zum Ende umlagert:

Dann kann sich eine Isopreneinheit anlagern.

Heckmann: Warum ist es notwendig, daß Ubichinon als Monomeres reagiert? Ich möchte auf die micellare Aggregation von Isocyaninfarbstoffen in Wasser hinweisen, die von *Scheibe* ausführlich diskutiert worden ist. Diese Aggregate enthalten eine große Anzahl von Monomeren und besitzen gelegentlich Elektronenbänder, die dem Aggregat als Ganzem zuzuschreiben sind. Man sollte untersuchen, ob Ubichinon ähnliche Aggregate bildet, die dann vielleicht beim Elektronentransport als Einheit fungieren. Die Existenz solcher Aggregate könnte das gelegentlich gefundene große Verhältnis von Ubichinon zu Cytochrom c verständlich machen. Diese Hypothese impliziert natürlich nicht, daß Ubichinon nur als Aggregat reagiert.

Ernster: I would like to bring up the question of a possible relationship between mitochondrial structure and respiratory enzymes on one hand and metabolic control on the other. As a first indication for such a relationship I may mention the case of a patient with extremely high basal metabolic rate (BMR), about 200—250% (*Luft et al.*, J. clin. Invest., **41**, 1776 (1962). This is a unique case of hypermetabolism of non-thyroid origin. Isolated skeletal muscle mitochondria from this patient reveal no respiratory control. Their respiration is almost insensitive to oligomycin. Electronmicroscopy of thin sections of the skeletal muscle of the patient shows a considerable increase in both the number and size of the mitochondria. In addition, the number of cristae per mitochondrion is greatly increased, by a factor of 3 to 5, and so is also the cytochrome oxidase activity per unit mitochondrial protein.

Another indication for the above relationship comes from studies recently conducted in our laboratory [*Tata et al.*, Nature (Lond.) **193**, 1058 (1962), *Tata et al.*, Biochem. J., **86**, 408 (1962)] with mitochondria from liver and skeletal muscle of rats treated with low doses of thyroid hormone. An increase of the BMR by 40—60% was accompanied by a 40—60% increase of the mitochondrial Q_{O_2} and cytochrome oxidase activity. May there be a relationship between BMR and mitochondrial cristae/matrix ratio and Q_{O_2}?

Klingenberg: Diese von Dr. *Ernster* vorgeschlagene Relation zwischen Cytochromgehalt und Atmungskontrolle gilt nicht z. B. beim Vergleich von Mitochondrien aus Herz und Skeletmuskel, da die ersten gewöhnlich eine bessere Atmungskontrolle haben als die letzten. Allerdings muß die Atmungskontrolle nach dem Verbrauch des ADP gemessen werden, da sie dann ein schärferes Kriterium für die Intaktheit darstellt als vor der Zugabe von ADP.

Borst: As shown by *van den Bergh* and *Slater* [Biochem. J. **82**, 362 (1962)] housefly sarcosomes which have a very high respiration rate and cytochrome content give excellent respiratory control with pyruvate as substrate. This indicates that the correlation between cytochrome content and tightness of coupling, as suggested by Dr. *Ernster* cannot be extended to insect sarcosomes.

Ernster: I do not agree that rat skeletal muscle mitochondria have a poor respiratory control. Preparations of rat skeletal muscle mitochondria are contaminated by an ATPase, probably of sarcotubular origin, which obscures the extent of respiratory control, if the latter is assayed, as done by Dr.*Klingenberg*, by using the levelling off of the respiration after ADP has been consumed as a criterion. Obviously, the added ADP is never consumed because of the presence of the contaminating ATPase [see *Azzone et al.*, Exp. Cell. Res. **22**, 415 (1961)].

Zebe: Aus der Höhe der Glycerophosphat-Oxydase-Aktivität schließen Sie auf die Art des zur Energielieferung herangezogenen Substrats. Dabei kommen Sie zu der Ansicht, daß z.B. für den Herzmuskel die Fettoxydation typisch ist, während die Heuschreckenflugmuskeln überwiegend Kohlenhydrate abbauen. Dem widersprechen jedoch verschiedene experimentelle Befunde. *Krogh* und vor allem *Weis-Fogh* [J. Exp. Biol. **28**, 342 (1951); Phil. Transact. B 237, 1 (1952)] haben eindeutig nachgewiesen, daß die Wanderheuschrecken auf längeren Flügen in erster Linie Fette als Energiequelle heranziehen. Der Fettabbau muß auch in den Muskeln selbst erfolgen, denn diese allein enthalten Aktivitäten, z. B. der Thiolase, die das ermöglichen würden [Biochem. Z. **332**, 328 (1960)]. (Sie liegen mehr als doppelt so hoch wie im Herzmuskel.) Ich möchte daher meinen, daß die Heuschreckenflugmuskeln nur in der Hinsicht spezialisiert sind, extrem große Umsätze — und damit eine entsprechend hohe Energieproduktion — zu ermöglichen, dies aber sowohl mit Kohlenhydraten als auch mit Fetten erreichen können. Daß sich die Fettoxydation isolierter Mitochondrien bisher nicht hat in befriedigendem Umfange nachweisen lassen, muß daher an methodischen Mängeln liegen.

Klingenberg: Meine Aussagen können nur von isolierten Mitochondrien her verstanden werden. Flug- und Skeletmuskelmitochondrien zeigen keine Aktivität der Fettoxydation unter genau den gleichen Isolierungs- und Inkubationsbedingungen wie Herzmuskelmitochondrien, die eine sehr hohe Oxydationsaktivität besitzen.

Borst: Dr. *Klingenberg* has pointed out in his paper that the heart *in situ* might not need a glycerolphosphate cycle because it uses fat as the main fuel. On the other hand the intact heart may derive its energy practically completely from glucose if no fat is available. Under these conditions there must be a pathway for the oxidation of the DPNH formed in glycolysis and if the activity of the glycerolphosphate cycle is inadequate there must be another pathway available.

Siebert: Wenn man zur DPN-Isocitrat-dehydrogenase in Mitochondrien ADP zusetzt, so unterliegt ADP ja einer Reihe verschiedener Stoffwechselreaktionen. Können Sie Angaben hierzu machen, und zum Wirkungsmechanismus des ADP? Am gereinigten Herzmuskelenzym (DPN-IDH) bewirkt ADP nicht nur eine Erhöhung der Rate und Verschiebung des p_H-Optimums, sondern erniedrigt auch die Michaelis-Konstante für Isocitrat um eine Größenordnung, ist also wohl am katalytischen Mechanismus beteiligt. Daneben stabilisiert ADP-Zusatz das Enzym bei Aufbewahrung.

Klingenberg: Die DPN-IDH hat sich bei uns als möglicher Ausweg für das Dilemma der außerordentlich niedrigen TPN-IDH-Aktivität im Insektenflugmuskel ergeben. Nach langem Suchen entdeckten wir, daß auf Zusatz von DPN und ADP Isocitrat durch Flugmuskelmitochondrien veratmet wird. Auch ist im Extrakt aus diesen Mitochondrien IDH-Aktivität nachzuweisen, bei der wir als Cofaktor ADP fanden.

Enzymatic organization of the Mitochondrion

By

David E. Green

I. The building stones of the Mitochondrion

The mitochondrion consists of structured segments (cristae and external membrane) and of spaces filled with a fluid in which salts, proteins and possibly some coenzymes are dissolved. The present discussion is limited to the composition of the structured segments only. The structured segments of the mitochondrion of animal tissues are composites of three parts: (1) the elementary particle; (2) the structural protein-lipid network; and (3) the primary dehydrogenase complexes. The elementary particle contains the electron transfer chain and the associated enzymes concerned with oxidative phosphorylation. In each mitochondrion (*e.g.* that of beef heart muscle) there are some 15,000 elementary particles. These particles are arranged in paired arrays both in the external envelope and in the cristae. The elementary particles are attached to or imbedded in a sandwich layer made up of protein (structural protein) and lipid (predominantly phospholipid). The paired arrays of elementary particle plus the sandwich layer make up the 3-layered structure of the mitochondrial membranes, i. e. the structured segments.

The elementary particle contains the complete electron transfer chain for the coupled oxidation of succinate fo fumarate and of DPNH to DPN$^+$. The citric acid cycle in the mitochondrion is catalyzed by a group of complexes that catalyze specific portions of the cycle. Thus the pyruvic dehydrogenase complex catalyzes the oxidation of pyruvate to acetyl CoA; the α-ketoglutaric dehydrogenase complex the oxidation of α-ketoglutarate to succinyl CoA; the malic-isocitric dehydrogenase complex the oxidation of malate to oxalocetate, and of isocitrate to α-ketoglutate. In addition to these three complexes there are other dehydrogenating complexes concerned with dehydrogenation of fatty acids (fatty acid dehydrogenating complex), of β-hydroxybutyrate, of proline, of choline, etc. These dehydrogenating complexes in general are pyridinoprotein enzymes and their substrates are thus the reductants that generate DPNH. Each elementary particle is associated with one of these complexes by rather loose bonds. When mitochondrion are exposed to sonic irradiation the primary dehydrogenase complexes (except for the β-hydroxybutyric dehydrogenase complex) are readily detached from the elementary particles with which they are associated. The size of the primary dehydrogenase complexes is extremely variable. Some are of low molecular weight (about 1×10^5) like the β-hydroxybutyric dehydrogenase while others like the pyruvic and α-ketoglutaric dehydrogenase complexes have molecular weights of several million (larger, in fact, than the elementary particle which has a molecular weight of 1.5×10^6).

II. The elementary particle

The discovery of the smallest, complete functional unit of the mitochondrion viz. the elementary particle, had to await the perfection of high resolution electron microscopy, and the development of more adequate techniques such as the phosphotungstic acid fixation technique for the staining of mitochondrial preparations exposed to the electron beam. My colleague, Dr. *H. Fernandez-Moran*, was one of the first to achieve this high resolution and to develop fixation and mounting techniques that could take full advantage of this increased resolution. When mitochondria and submitochondrial particles are examined under proper conditions, regular arrays of many hundreds of elementary particles in the cristae and external membrane are clearly seen in the electron micrographs. The most definitive pictures of the shape and dimensions of these particles are obtained by the electron microscopic examination of submitochondrial particles preparations containing fragments of cristae. In such preparations the elementary particles appear as nearly spherical, polyhedral units of about 120 Å in diameter corresponding to a molecular weight above 1×10^6 (estimated by calculation). In the cristae the corresponding units are somewhat smaller in size (60—80 Å) and less clearly demarcated from the sandwich layer. Clearly there is some alteration in shape within the cristae (flattening or compression of the spherical polyhedral unit to a more assymetric, perhaps rodlike shape)[1].

It is possible to isolate particles from beef heart mitochondria which in size and shape correspond closely to the spherical polyhedral units seen

---

[1] Since this symposium was held evidence has accumulated that the repeating units seen in the cristae, of 60—80 Å in diameter, are in fact the individual complexes that make up the elementary particle. The four complexes that make up the elementary particle when separated from the structural protein can recombine to form a spherical unit of some 150 Å in diameter. Whenever these same complexes are subject to the steric constraints of the structural protein-lipid network to which these are attached in the cristae of the intact mitochondrion, no such rounding up is possible. The four complexes are linked one to the other in a linear fashion. Thus, the elementary particle when reconstructed from the isolated complexes appears as a single spherical unit of 150 Å in diameter whereas the analogous particle in the mitochondrion is a four lobed structure — two of the lobes some 60—80 Å in diameter. When the mitochondrion is sonicated the complexes are partly detached from the structural protein network and thus partial rounding up of the attached complexes becomes possible. Such units in submitochondrial particles are about 125 Å in diameter.

in submitochondrial preparations. These have a diameter of about 150 Å, appear polyhedral and contain all the components of the respiratory chain some 2.5 times more concentrated (per mg protein) than the original mitochondrion. The isolation involves separation of these particles from both the sandwich layer and the primary dehydrogenase complexes.

The isolated elementary particle catalyzes the coupled oxidation of succinate or DPNH by molecular oxygen and this oxidation is fully sensitive to the classical inhibitors of mitochondrial oxidation (Amytal, antimycin A, etc.). Thus the sandwich layer of structural protein and lipid is not essential for the electron transfer activity of the unit.

III. The electron transfer chain

The electron transfer chain of the elementary particle consists of a linear array of eleven oxidation-reduction components that transfer electrons from succinate and DPNH to oxygen:

$$\begin{array}{c} \text{Succinate} \\ \text{DPNH} \end{array} \Bigg\rangle \longrightarrow O_2$$

This chain consists of two flavoprotein enzymes (succinic and DPNH dehydrogenases), four cytochromes (a, b, c_1, and c), nonheme iron (three separate species), coenzyme Q and copper. The positions of the various oxidation-reduction components and their relative molecular proportions are shown below:

$$\begin{array}{c} \text{Succinate} \longrightarrow f_S \, (Fe)_5 \\ \qquad\qquad\qquad\qquad b \\ \text{DPNH} \longrightarrow f_D \, (Fe_9) \end{array} \Bigg\rangle -[CoQ]_{15} - (b)_2 - (Fe)_3 - c_1 - c - (a\,Cu)_6 \rightarrow O_2$$

Electrons flow from left to right. The symbols used are: f_S for succinic dehydrogenase, f_D for the DPNH dehydrogenase, the letters a, b, c_1, and c for the four cytochromes, Fe for nonheme iron, Q for coenzyme Q (ubiquinone), and Cu for the copper associated with cytochrome a. The lines between components denote structural and functional links. It is to be noted that cytochrome b is present in two locations. The cytochrome b localized between f_S and f_D is a different molecular species and has entirely different properties from the pair of b cytochromes located beyond coenzyme Q.

IV. The four complexes of the electron transfer chain

The elementary particle can be resolved into 4 component complexes which together make up the electron transfer chain. Each of these complexes has a molecular weight beetwen 250,000 and 500,000 and contains two or more oxidation-reduction components. These complexes are respectively:

Complex	Reaction catalyzed		Composition
I DPNH-Q reductase	DPNH	$\rightarrow$ Q	$f_D (Fe)_9$
II Succinic-Q reductase	Succinate	$\rightarrow$ Q	$f_S (Fe)_5 \, b$
III QH_2-c reductase	QH_2	$\rightarrow c$	$(b)_2 (Fe)_3 - c_1$
IV Cytochrome oxidase	Reduced c	$\rightarrow O_2$	$(a - Cu)_6$

These complexes nest together to form the electron transfer chain of the elementary particle:

$$\begin{matrix} I \searrow \\ \quad\ \text{III}-\text{IV} \\ II \nearrow \end{matrix}$$

The lines between complexes denote the cohesive forces that hold these together. The four complexes reassemble spontaneously to form a particle indistinguishable in size, shape and enzymatic properties from the elementary particle. Recombination of two, three or four complexes has been achieved, e.g.

$$\begin{matrix} I-III & I-III-IV & I \searrow \\ & & \quad\ \text{III}-\text{IV} \\ II-III & II-III-IV & II \nearrow \end{matrix}$$

Under optimal conditions a 1 : 1 molecular stoichiometry of the four component complexes can be approached and in such a reconstituted unit the molecular proportions of the oxidation-reduction groups are similar to those in the chain of the elementary particle.

The links between complexes are the mobile coenzymes, coenzyme Q and cytochrome c, that can shuttle electrons from one complex to the next. These mobile coenzymes are the only oxidation-reduction components in the chain (other than succinate, DPNH and O_2) that are not fixed in position within a complex.

V. Structural protein

In beef heart mitochondria one special protein alone accounts for about 50% of the total mitochondrial protein. This protein is known as the structural protein. It is localized in two places: (1) within the four complexes of the elementary particle; and (2) within the sandwich layer that separates arrays of elementary particles in the membranes of the mitochondrion. The structural protein is of relatively small size (M. Wt. of 22,000) and is a spherical molecule. It shows a considerable number of unusual properties: (1) a tendency to polymerize at neutral p_H into a water insoluble aggregate; (2) a high density of both hydrophobic and charged groups which are segregated into well defined regions covering the protein surface; (3) an unusually basic character (p_H 9.5—10.5). The interactions of the structural protein (SP) can be classified into three categories:

(1) interaction between molecules of SP (leading to polymerization);

$$\begin{array}{cccc} SP-&SP-&SP-&SP \\ | & | & | & | \\ SP-&SP-&SP-&SP \end{array}$$

(2) interaction between molecules of SP and other mitochondrial proteins (leading to soluble compounds);

$$\begin{array}{ll} Sp-cyt.\ a & SP-cyt.\ c \\ SP-cyt.\ b & Cyt.\ a-SP-cyt.\ c_1 \\ SP-myoglobin & \end{array}$$

(3) interaction with phospholipid (PL) (leading to an insoluble network)

$$SP-PL-SP-PL-SP-PL$$

The intracomplex structural protein is concerned with the interactions described under (1) and (2), whereas, the structural protein in the sandwich layer participates exclusively in the interaction described under (3).

The bonds which are involved both in the polymerization process and in the interaction with lipid are predominantly hydrophobic. The bonds which lead to the formation of soluble compounds of structural protein and the various cytochromes are probably hydrophobic as well.

It is to be noted that cytochromes a, b and c, have properties very similar to those of the structural protein and this parallelism of properties is probably the basis of the specific interactions that take place between these molecules.

VI. Lipid

The ratio of lipid to protein in the mitochondrion is about $0.4:1$ by weight (dry). Over 90% of the mitochondrial lipid is phospholipid which is made up of phosphatidylcholine, phosphatidylethanolamine, cardiolipin and phosphatidylinositol in order of relative abundance (40, 30, 20 and 10% respectively in beef heart mitochondria). The fatty acids of these phospholipids are highly unsaturated, and, thus, they are unusually sensitive to peroxidation by oxygen.

When the mitochondrion is separated into the three building stones (elementary particles, structural protein sandwich layer, and primary dehydrogenase complexes) lipid is found in association only with the first two and not with the primary dehydrogenase complexes. The balance sheet of protein and lipid would be as follows:

	% of total mito- chondrial protein	% of total mito- chondrial lipid
Elementary particle	27	33
Structural protein in sandwich layer .	53	66
Primary dehydrogenase complexes .	20	0

The ratio of lipid: protein in the sandwich layer and in the elementary particle may well be the same, i.e., about 0.4 : 1 on a dry weight basis.

When the phospholipids in the elementary particle or in the component complexes are extracted with acetone (90% acetone, 10% H_2O) electron transfer activity is lost, and this lost activity can be restored by adding back mitochondrial phospholipids in solubilized form. There does not appear to be any specificity for individual phospholipids although these differ one from the other in respect to the kinetics of binding to the extracted particle. The absolute essentiality of phospholipids for the electron transfer process has been interpreted in terms of the lipid providing a non-aqueous medium for the linking of electron flow to synthesis of ATP.

All the available evidence points to the localization of lipid in a layer between complexes and it is possible that a layer of lipid covers a considerable proportion of the entire surface of each complex. The lipid is attached to protein by electrostatic and hydrophobic bonds. The lipid layers consist of arrays of phospholipid molecules oriented sufficiently close together for the paraffinic moieties of these molecules to nest together by *van der Waals* forces. These arrays of phospholipid molecules may be in the form of bimolecular layers or unimolecular layers.

The protein-lipid arrays are found both in the individual complexes and in the sandwich layer. The nature of these arrays are similar if not identical in these two locales.

Model studies of the interaction of solubilized phospholipid with cytochrome c and with other basic proteins such as the structural protein and protamine have contributed heavily to our understanding of lipid-protein interactions in biological systems.

VII. Oxidative phosphorylation

In the oxidation of DPNH by molecular oxygen in the elementary particle, 3 molecules of inorganic phosphate interact with 3 molecules of ADP to form 3 molecules of ATP. It can now be demonstrated that each of the three complexes of the chain that participate in the oxidation of DPNH (I, III and IV) is responsible for the synthesis of one of the three molecules of ATP. In other words, the complex is the unit of oxidative phosphorylation and thus a P/O ratio of 3 represents the participation of three different complexes each with equivalent coupling capacity.

A specific protein factor provides the means for coupling electron flow to the synthesis of ATP. Each of the three complexes is associated with its own coupling factor and on the basis of available evidence there appears to be no interchangeability of these factors.

When the complex is brought together with its specific reductant (DPNH or QH_2 or reduced cytochrome c) in presence of the appropriate factor and Mg^{++} an interaction takes place (oxidoreduction followed by some substitution reactions) and then a high energy compound is released into the medium. This compound contains both the coupling factor and the oxidized[1] form of the appropriate substrate (DPN, coenzyme Q or cytochrome c). This intermediate may be represented by one of the three notations:

$$DPN - Factor$$
$$Q - Factor$$
$$Cyt.\ c - Factor$$

When these soluble high energy intermediates (separable from the complex by sedimentation) are treated with inorganic phosphate and ADP, then DPN, Q or cyt. c, as well as factor, are released and ATP is synthesized. Some further details of this mechanism will be discussed.

VIII. The Mitochondrion and osmotic work

The mitochondrion carries out two transductions: (1) the conversion of oxidative energy to the bond energy of ATP; and (2) the conversion of oxidative energy to osmotic energy, i.e., the concentration of solutes against a gradient. Mitochondria can bind Mg^{++} and phosphate ions in concentrations as high as $1\ \mu$Mole/mg protein. This binding is coupled to electron flow but is not dependent on the synthesis of ATP. For example, in presence of oligomycin, phosphate and Mg^{++} are bound but synthesis of ATP is completely suppressed.

The mitochondrion can be conceived of as an organelle into which solutes cannot penetrate freely. The movement into the interior of the mitochondrion is controlled by an active process (electron flow and the generation of a high energy bond). The binding of Mg and phosphate appears to be intimately related to this active process. These studies have led us to the concept of the elementary particle as the entry port for solutes into the mitochondrion in the sense that the elementary particle controls the penetration of soluble molecules by coupling this penetration to the operation of the electron transfer process. This concept may have broader significance for cell membrances generally.

In view of this relation between the elementary particle and the problem of ion transfer through the mitochondrial membrance, the pro-

---

[1] The question whether the oxidation-reduction component is in the reduced or oxidized form in the high energy intermediate appears to be more complicated than we originally thought. For example, the cytochrome c in the high energy intermediate shows the α band of the reduced form and it is only after release of cytochrome c during interaction of the intermediate with P_i and ADP that cytochrome c in the oxidized form is found. These data suggest several oxidation-reduction states that are not considered in the formulation assigned to the high energy compound.

blem of the precise relation between the elementary particle and the membrane system of the external envelope is of prime importance. Some of the electron microscope evidence on this point will be discussed.

Literature

[1] Hatefi, Y., A. G. Haavik, L. R. Fowler and D. E. Griffiths: J. biol. Chem. 237, 2661 (1962).

[2] Criddle, R. S., R. M. Bock, D. E. Green and H. Tisdale: Biochemistry 1, 827 (1962).

[3] Fleischer, S., G. Brierley, H. Klouwen and D. B. Slautterback: J. biol. Chem. 237, 3624 (1962).

[4] Fleischer, S., H. Klouwen and G. Brierley: J. biol. Chem. 236, 2936 (1961).

[5] Green, D. E.: Vth Internat. Congr. of Biochemistry, Moscow, Preprint No. 176 (1961).

[6] Webster, G.: Biochem. biophys. Res. Commun. 7, 245 (1962).

[7] Smith, A., and M. Hansen: Biochem. biophys. Res. Commun. 8, 136 (1962).

Discussion[1]

Ernster: What are the conditions for the production and isolation of the high energy complexes of the factors?

Green: The experimental conditions are relatively simple. You omit phosphate and ADP and, to a particle preparation from which the factor has been extracted, you add the isolated factor, the appropriate substrates and you get the reaction in the presence of Mg^{++}. And then all you do at the end is to centrifuge off the particle, remove the factor and in the supernatant you have the complex. This solution can be purified on ion exchange columns and then you have the high energy compound. If you now add inorganic phosphate and ADP you can show that ATP is synthezised and DPN is released.

Klingenberg: Your substrate is DPNH.

Green: Either DPNH or reduced cytochrome c. Drs. *Archie Smith* and *M. Hansen* in our laboratory have done the experiments with the first coupling factor, Dr. *G. Webster* has purified the third factor coupling cytochrome c oxidation to phosphorylation. The experimental procedures are quite similar.

The question has been raised as to the number of molecules of high energy intermediate that can be formed at a given phosphorylation site when conversion of the intermediate to ATP is presented. Can only one molecule of high energy intermediate per molecule of let us say cytochrome oxidase be formed at a given time, or with excess of factor can high energy intermediate be accumulated beyond the 1 : 1 stoichiometry?

---

[1] Der Abschnitt über osmotische Arbeit wurde im Zusammenhang mit den Transportproblemen diskutiert (vgl. S. 232).

Experiment shows that accumulation is possible. As many as 10 molecules of high energy intermediate can be formed per molecule of cytochrome oxidase. Apparently the high energy intermediate is readily dissociable from the cytochrome oxidase. Results of a similar nature apply to the high energy intermediate formed by the oxidation of DPNH by coenzyme Q in presence of coupling factor.

Klingenberg: Der Bau der Doppelmenbram soll nach der Vorstellung von *Robertson* aus je 2 Lipiddoppelschichten bestehen, bei denen geladene Phosphatgruppen nach außen stehen. Daher müssen im Innern der Doppelmembran die Ladungen z. B. durch Kationen (Mg^{++}) kompensiert werden. Auf der äußeren Oberfläche kann diese Kompensation durch Bindung von Proteinschichten erfolgen. Dr. *Green* nimmt dagegen eine Mischung von Protein und Lipiden an, die die Membran durchsetzen. — Bei dem Aufbau der Membran nur aus Lipiden entfällt die enge Koppelung der Enzyme an die Lipide, wie sie von der Greenschen Schule postuliert wird. Die Lipide sind dann nur Strukturelemente, die die Bindung der Cytochrome etc. bedingt, nicht aber ein Medium für den Wasserstoff- und Elektronentransport bildet. Wie weit ist zur Zeit die Existenz von Lipiden geklärt, die in den Mitochondrien die von Ihnen geforderte spezielle Funktion erfüllen könnten? Gibt es für jedes Elektronentransportpartikel eine spezielle Lipidfraktion?

Green: Dr. Klingenberg has raised the following points: (1) the arrangement of lipid in the mitochondrial membrane; (2) the nature of the bonds between lipid and protein; and (3) the role of lipid in electron transfer. At present only tentative answers are possible.

Studies on our laboratory point to a structural protein-lipid network as the ground material of the membrane. The link of the lipid to the structural protein is definitely hydrophobic in character. The structural protein-lipid network can be described by the notation:

... SP — lipid — lipid — SP — lipid — lipid — Sp ...

According to this formulation the monomers of structural protein (SP) are separated one from the other by a bimolecular layer of lipid with the hydrophobic moieties of the paired phospholipids penetrating the protein; and the electrostatic ends facing the corresponding charged ends of the phospholipids in the opposite tier of the paired array. The complexes of the elementary particle are attached to the structural protein-lipid network. But whether by hydrophobic or electrostatic bonds or by a combination of these two types of bonds has yet to be determined.

Two points need emphasizing in this context. First, the amount of lipid present in mitochondria is some 30% by weight and this amount would probably be insufficient to account for a membrane containing a continuous lipid layer four molecules thick, as suggested by *Robertson*.

Second, one must make a distinction between the lipid in the structural protein-lipid network and the lipid associated with the complexes of the elementary particle. The elementary particles (or at least the complexes thereof) can be detached from the structural protein-lipid network without loss of function. The isolated electron transfer units still contain lipid and it is this lipid that appears to be essential for the electron transfer process.

As to the proof of our thesis that lipid provides a non-aqueous medium for the electron transfer process may I emphasize that direct proof is still lacking. At present it is an interpretation based on four independent lines of evidence: (1) the essentiality of lipid for all the sequential reactions of the electron transfer chain; (2) the considerably higher than catalytic amounts of lipid essential for function; (3) the existence of lipid soluble components in the electron transfer sequence, namely coenzyme Q and cytochrome c; and (4) the presence of lipid in each of the four complexes of the chain.

Heckmann: Die Löslichkeit von Cytochrom c-Lipoid-Komplexen in Heptan und die für das Funktionieren von Cytochrom c notwendige Gegenwart von Lipoiden sind keine Anhaltspunkte dafür, daß die Elektronenübertragung in einer Lipidphase stattfindet. Es scheint mir näher zu liegen, die Funktion der Lipoide in der Bindung von Cytochrom c an Membranoberflächen und in der Gewährleistung notwendiger sterischer Beziehungen des Cytochroms c zu den restlichen Partnern der Atmungskette zu suchen.

Green: Dr. *Heckmann's* point is well taken. The fact of the essentiality of lipid for the cytochrome oxidase reaction and the fact of a lipid soluble form of cytochrome c do not necessarily establish the concept that lipid provides a non-aqueous medium for the electron transfer process. However, if the concept is correct then these properties would be anticipated. Moreover, the two system that carry out coupled phosphorylation (the chloroplast and the mitochondrion) both contain substantial amounts of lipid and lipid-like redox catalysts that are essential for the catalytic functions. It is difficult to imagine in view of this overwhelming participation of lipid in the structure and function of the mitochondrion and the chloroplast, that lipid would merely serve a trivial and unspecific function of the kind postulated by Dr. *Heckmann*.

Klingenberg: Gibt es Beweise für die Existenz verschiedener spezifischer Lipide in den Mitochondrien?

Green: We have determined the phospholipid composition of the four complexes. They are exactly the same. When we reactivate the complexes I, II, III and IV with phospholipids, it makes no difference what type of phospholipid we use. They are equally active.

Ernster: How specific are the three coupling factors and what are their molecular weights?

Green: We have isolated only the cytochrome c factor in relatively pure form. It has a molecular weight of about 35 000. We can separate three factors by differential extraction. But we have no information concerning the chemical differences between the factors other than that they appear to be specific. There is no summation, when you add more than one factor at once.

Borst: May I ask a few questions about your third reaction:

$$\mathrm{DPN{-}F} + P_i + \mathrm{ADP} \to \mathrm{DPN^+} + \mathrm{F} + \mathrm{ATP}$$

Can you demonstrate exchange reactions P_i—ATP and ADP—ATP in the presence of your DPN—F?

How do you measure reaction (3) and what is the exact stoichiometry of this reaction? Is the stoichiometry influenced by the reaction condition?

Green: As far as we can tell there is no exchange activity associated with these factors.

You get one molecule of ATP for each molecule of DPN.

Karlson: In ^{32}P studies, *Boyer* has isolated a protein on which radioactive high energy phosphate has been bound. Would it be possible that this could arise from interaction of your factor with inorganic phosphate in which the phosphate has replaced the DPN?

Green: Very likely. This may be a degradation product of the first high energy compound, because he uses reagents that may degrade the protein so that he gets a small polypeptide. He has now identified this phosphate as histidine phosphate. We suspect that in our factors groups like histidine or thiol groups are the groups that combine with the DPN molecule and that you must have similar groups participating in the high energy bonds.

De Duve: Does the spectrum of DPN alter by its combination with the factor?

Green: The high energy intermediate involving the DPN coupling factor has not been extensively purified and consequently there is little of a definitive nature to be said about the spectrum. The high energy intermediate involving the cytochrome c coupling factor shows some spectral anomalies. The visible spectrum shows the 550 alpha band of reduced cytochrome c but in the ultraviolet region the spectrum is atypical for that of reduced cytochrome c. When the cytochrome is released from the high energy intermediate by P_i and ADP, the released cytochrome has the spectral characteristics of oxidized cytochrome c.

Borst: Can you break down your DPN—F by dinitrophenol in the absence of inorganic phosphate and ADP?

Green: Dinitrophenol prevents the formation of the high energy intermediates but appears not to interfere with the conversion of the high energy intermediates to ATP.

Estabrook: What is the relationship of your third factor to that described by *Racker*?

Green: *Racker* and his group have already described several factors. I presume you have in mind the cold labile factor with ATPase activity. None of our purified factors show appreciable ATPase activity. It is, therefore, difficult to decide whether the Racker-Pullman factor bears any relation to the purified factors studied in our laboratory.

Ernster: In your system with DPNH as substrate, can you use artificial electron acceptors, such as a dyestuff, in the presence of a respiratory inhibitor, and still obtain DPN—F?

Green: We have not done it, but I suspect we can.

Ernster: Where on the DPN molecule do you visualize the factor to become attached and give rise to a high-energy — anhydride or similar — bond?

Green: We have no idea at present.

De Duve: Can you remove DPN with either phosphate or ADP alone from your complex?

Green: We have done another experiment. We add phosphate first and no ADP. Then the high energy compound is lost. If we add the ADP later, it is too late as though we form a phosphorylated complex which is unstable.

Oxidative phosphorylation and its reversal[1]

By

Lars Ernster

With 5 Figures

Phosphorylations coupled to the mitochondrial respiratory chain represent the major source of ATP[2] in most animal cells. It is now firmly established that there occur at least three sites of phosphorylation in the respiratory chain, one between DPN and cytochrome b, a second between cytochrome b and cytochrome c, and a third on the path of electrons from cytochrome c to oxygen. Knowledge of the number and localization of these phosphorylations stems both from determinations of the overall yield of phosphate esterification observed with mitochondria respiring in the presence of various substrates, and from studies in which various artificial electron donors and acceptors have been used in order to ascertain the contribution of different segments of the respiratory chain to the overall phosphorylation [1]. Valuable information has also arisen from direct spectrophotometric [2] and chemical [3] analysis of the individual electron carriers under different functional states of the respiratory chain such as those induced by lack of P_i and/or P-acceptor, by uncoupling agents, and by various electron transport inhibitors. Relatively little, however, has thus far been learnt about the actual chemical events underlying the process of respiratory chain phosphorylations, and, although many hypotheses have been formulated [4], several basic problems, including those concerning the nature of the primary products of energy-conservation formed at the level of the respiratory chain, or the number and nature of steps and intermediates involved between the generation of these products and the eventual synthesis of ATP, are still unsettled.

Considerable interest has recently been centered on an energy-dependent *reversal* of electron transport through the mitochondrial

[1] Most of the work reported in this paper has been carried out in collaboration with Drs. *G. F. Azzone*, *L. Danielson* and *E. C. Weinbach*. Research grants from the Swedish Cancer Society and the Swedish Medical Research Council are gratefully acknowledged.

[2] The following abbreviations are used: ATP, ADP and AMP, adenosine tri-, di- and mono-phosphate; AcAc, acetoacetate; DPN and DPNH, diphosphopyridine nucleotide, oxidized and reduced form; EDTA, ethylenediaminetetraacetate; P_i, inorganic orthophosphate; P-acceptor, phosphate acceptor.

respiratory chain. Observed first by *Chance* and *Hollunger* [5] as a succinate-linked reduction of mitochondrial pyridine nucleotide, this phenomenon was later studied in great detail under a variety of conditions in both *Chance's* [6—11] and *Klingenberg's* [3, 12—16] laboratories, as well as by others [17—20]. Today it is fairly clear that this process involves a reversal of one or several of the energy-conservation mechanisms of the mitochondrial respiratory chain, and provides as such a most valuable new tool for studying these mechanisms. Moreover, it appears possible, although this is not yet proven experimentally, that a reversal of electron transport through the respiratory chain may also occur in the intact cell and may there play a role in certain forms of active transport [10] and reductive synthesis [21, 22]. In this paper, I propose to elaborate on the former aspect of this theme, presenting data relevant to the mechanism of conservation and transfer of energy in connection with respiratory chain phosphorylations.

Succinate-linked acetoacetate reduction as a tool for studying mitochondrial electron and energy transfer

The interest of my laboratory in the energy-dependent reversal of mitochondrial electron transport originates from studies conducted by Dr. *Azzone* and myself on the phenomenon called by us the "activation of succinate oxidation". It was observed [23] that, under suitable conditions, the aerobic oxidation of succinate in rat liver mitochondria can be rendered dependent on added ATP. In fruitful collaboration with Dr. *M. Klingenberg* at Marburg we have subsequently been able to correlate this phenomenon with the succinate-linked reduction of DPN [24]. It was proposed [24, 25] that the aerobic oxidation of succinate and the succinate-linked DPN reduction may involve a common high-energy intermediate, which probably is identical with the primary high-energy intermediate of the first respiratory chain phosphorylation.

In early 1960, shortly before our stay in Dr. *Klingenberg's* laboratory, Dr. *Azzone* and I had made another observation which came to be of great importance for our continued studies. We found that addition of succinate to isolated rat liver mitochondria in the controlled state (in the absence of P_i and/or P-acceptor) greatly suppressed the oxidation of β-hydroxybutyrate to acetoacetate. Conversely, when acetoacetate was added at the onset of the experiment, addition of succinate caused a rapid reduction of this compound to β-hydroxybutyrate. This succinate-linked acetoacetate reduction could be abolished by bringing the mitochondria into a state of maximal respiration by the addition of P_i and P-acceptor or of an uncoupling agent, as well as by electron transport inhibitors acting on the DPN-flavin region of the respiratory chain such as Amytal or Rotenone [26—28]. Hence it was concluded that the

7*

succinate-linked acetoacetate reduction involved an energy-dependent reduction of the mitochondrial DPN by succinic dehydrogenase, by way of the DPNH dehydrogenase flavoprotein of the respiratory chain. It was further concluded that the energy required for the reduction was provided by high-energy intermediates generated in the course of the aerobic oxidation of succinate.

The succinate-linked acetoacetate reduction system offered several advantages over most of those formerly used in studies of the reversal of the mitochondrial energy-coupling mechanisms. The continuous trapping of the reducing equivalents fron DPNH by means of acetoacetate rendered it possible to transfer the study of the succinate-linked DPN reduction from the catalytic to the substantial scale. Reduction of acetoacetate in amounts ranging between 2 and 10 micromoles with mitochondria from 0.2−0.5 g fresh weight liver conclusively eliminated the possibility, debated formerly [29, 30], that the reducing equivalents appearing in the mitochondrial DPN upon addition of succinate might originate from endogenous substrate rather than from the succinate itself.

The possibility of performing incubations of relatively long duration, 20 minutes or more, also eliminated the objection, raised recently on the basis of studies of a succinate-induced acetoacetate reduction catalyzed by various tissue preparations, mainly homogenates, that endergonic reduction of mitochondrial DPN by succinate would proceed only for very short periods of time, the bulk of the reduction being due to DPN-linked substrates derived from succinate [31−34]. Results of our experiments have clearly shown that this does not hold for the isolated, intact liver mitochondria, and that the findings on which this criticism was based can be explained to a large extent by a deficient ability of the tissue preparations used to maintain a state of respiratory control [21, 35].

Studies of the liver-mitochondrial succinate-linked acetoacetate reduction have also enabled us to settle some conflicting questions arising from earlier investigations of the succinate-linked DPN reduction, such as the question of the energy requirement of this process [6, 8, 14, 26, 27], or that of the electron transfer pathway involved between succinic dehydrogenase and the DPNH dehydrogenase flavin [6, 8, 17, 20, 26, 27]. Recent lines of evidence, now in the process of publication [36], substantiate our previous conclusions that *one* high-energy bond equivalent is expended per molecule of DPN reduced by succinate, and that the transfer of electrons from succinic dehydrogenase to the DPNH dehydrogenase flavoprotein proceeds either by direct interaction or by way of a quinone, but in any case not via cytochrome *b* and the antimycin A sensitive site of the respiratory chain.

Generation and interaction of high-energy intermediates along the respiratory chain; evidence for the non-involvement of P_i

Perhaps the most important results of our studies of the succinate-linked acetoacetate reduction up to now are those bearing on the mechanism of mitochondrial energy transfer. As already indicated above, the endergonic reduction of acetoacetate by succinate under the conditions employed in our studies is strictly dependent on the maintenance of a state of respiratory control in the mitochondria. The reasons for this requisite are two: First, too large a flux of electrons from succinate towards oxygen would allow no electrons to choose the alternative way

Table 1. *Effect of energy trapping system, dinitrophenol and anaerobiosis on acetoacetate reduction by pyruvate plus malate and by succinate*

Each vessel contained in a final volume of 2 ml: 4 mM acetoacetate, 10 mM pyruvate + 10 mM L-malate or 10 mM succinate, 20 mM glycylglycine buffer (pH 7.5), 8 mM $MgCl_2$, 50 mM KCl, 50 mM sucrose, and, when indicated, 25 mM P_i (pH 7.5), 1 mM ATP, 30 mM glucose and an excess of yeast hexokinase (denoted as "P_i + P-acceptor"), or 0.1 mM dinitrophenol. Mitochondria from 300 mg liver per vessel. Temperature, 30° C. Time of incubation, 20 minutes.

Substrate	Additions	Gas phase: air		Gas phase: N_2
		oxygen consumed, μatoms	acetoacetate removed, μmoles	acetoacetate removed, μmoles
Pyruvate + malate	None	1.0	2.7	2.9
Pyruvate + malate	P_i + P-acceptor	12.2	0.7	3.0
Pyruvate + malate	Dinitrophenol	10.1	0.7	2.8
Succinate	None	6.7	3.7	0.5
Succinate	P_i + P-acceptor	20.0	0.7	0.8
Succinate	Dinitrophenol	11.8	0.5	0.7

of going to DPN. Secondly, the reduction of DPN by succinic dehydrogenase is an endergonic process, and the energy driving this process under our conditions is furnished by high-energy intermediates generated in the course of the aerobic oxidation of succinate. The latter consideration particularly is of great importance, since it is the one which distinguishes the endergonic type of acetoacetate reduction from a simple dismutation. Thus, as shown in Table 1, reduction of acetoacetate both by pyruvate plus malate and by succinate is depressed by P_i plus P-acceptor or by an uncoupling agent such as 2,4-dinitrophenol. This is understandable, since both the pyruvate-malate-linked dismutation and the succinate-linked, endergonic reduction require a restricted electron flux towards oxygen, and the above additions abolish this restriction. However, when respiration is blocked by anaerobiosis, the pyruvate-malate-linked dismutation is restored, but not the succinate-linked reduction; in the latter case, the energy is missing.

A very important feature of the succinate-linked acetoacetate reduction is that it is insensitive to oligomycin. This compound is known to inhibit mitochondrial respiration when this is tightly coupled to phosphorylation but not respiration which is loosely coupled or uncoupled [37, 38]. As can be seen in Fig. 1, addition of increasing amounts of oligomycin to liver mitochondria did not affect the succinate-linked acetoacetate reduction under standard conditions (in the absence of added P_i or P-acceptor), and was even able to restore the acetoacetate reduction when this was suppressed by P_i and P-acceptor. The amount

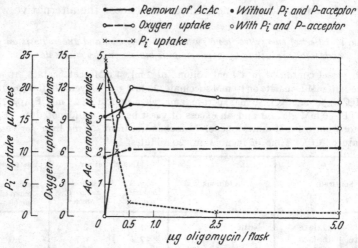

Fig. 1. Effect of oligomycin on succinate oxidation and acetoacetate removal in presence and absence of P_i and P-acceptor. Each vessel contained: 4 mM acetoacetate, 10 mM succinate, 20 mM glycylglycine buffer (pH 7.5), 50 mM KCl, 50 mM sucrose, and, when indicated, 25 mM P_i (pH 7.5), 1 mM ATP, 30 mM glucose and an exces of yeast hexokinase (denoted as "P_i and P-acceptor"), in a final volume of 2 ml. Oligomycin was added in 0.02 ml absolute ethanol. The same amount of ethanol was added in all vessels. Mitochondria from 200 mg liver per vessel. Temperature, 30°C. Time of incubation, 20 minutes

of oligomycin needed for this latter effect coincided with that causing a virtually complete abolition of the phosphate uptake and a simultaneous lowering of the respiratory rate to approximately the controlled level. It appears, therefore, that oligomycin inhibits the drainage of high-energy intermediates by P_i and P-acceptor, thereby facilitating their utilization for the endergonic reduction of acetoacetate by succinate. Hence, the transfer of energy from these intermediates to the endergonic reduction of DPN by succinate must proceed above the level of the oligomycin block.

Simultaneously with our first presentation of these results [26], at the Stockholm Symposium in 1960, *Lardy* [39] reported that oligomycin inhibits the exchange of O^{18} between P_i and H_2O catalyzed by phosphorylating mitochondria. This finding implied that oligomycin probably acts by blocking the interaction of the primary high-energy intermediates with P_i, and consequently, that the energy supply of the succinate-linked acetoacetate reduction by means of high-energy intermediates originating from the respiratory chain in all likelihood proceeds without the intervention of P_i.

Direct evidence for this concept could be obtained by incubating mitochondria with P-acceptor (ATP, glucose and hexokinase) in the absence of P_i, thus letting the P-acceptor exhaust the endogenous P_i, and showing that the succinate-linked acetoacetate reduction proceeded in an unaltered fashion (Table 2). That P_i was indeed exhausted from the mitochondria was indicated by the fact that respiration was maintained at the controlled level, and could be increased considerably by adding P_i. Furthermore, when the same experiment was performed with "P^{32}-labelled" mitochondria [40] (mitochondria prepared in the presence of P_i^{32} in which about 40% of the counts is present as endo-

Table 2. *Lack of requirement for P_i in succinate-linked acetoacetate reduction coupled to the aerobic oxidation of succinate*

Each *Warburg* vessel contained mitochondria from 200 mg liver, 20 μmoles succinate, 6 μmoles acetoacetate, 40 μmoles glycylglycine buffer, pH 7.5, 16 μmoles $MgCl_2$, and 100 μmoles KCl. Additions when indicated were: P_i, 50 μmoles; "P-acceptor", 2 μmoles ATP + 60 μmoles glucose + excess of hexokinase. Final volume, 2 ml. Incubation at 30° C for 20 min.

Conditions	AcAc reduced, μmoles	Oxygen consumed, μatoms
No P_i, no P-acceptor .	3.6	6.1
P_i	3.1	10.8
P-acceptor	4.2	6.6
P_i, P-acceptor . . .	0.0	18.1

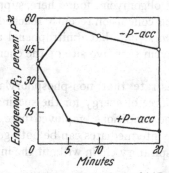
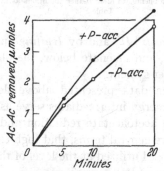

Fig. 2. Lack of influence of intramitochondrial P_i content on rate of succinate-linked acetoacetate reduction. "P^{32}-labelled" mitochondria prepared acc. to *Beyer et al.* [40]. Conditions of incubation as in Table 2

genous P_i) it could be shown that added P-acceptor indeed removed the bulk of the P_i, converting it into organic phosphate (Fig. 2, left), but nevertheless, the acetoacetate reduction proceeded with equal efficiency in the P_i-containing and P_i-depleted mitochondria (Fig. 2, right).

Additional evidence for the non-participation of P_i in the energy-supplying process underlying the succinate-linked acetoacetate reduction was obtained by investigating the effect of arsenate. As can be seen in Fig. 3, arsenate inhibited the succinate-linked acetoacetate reduction, and the inhibition could be accentuated by the addition of P-acceptor thus lowering the level of endogenous P_i. However, when oligomycin was added, this completely eliminated the arsenate effect. The simplest explanation for this finding seems to be that arsenate, like P_i, splits the non-phosphate high-energy intermediates formed during the operation of the respiratory chain, and that oligomycin inhibits this splitting. It may be noted (Fig. 3) that oligomycin did not restore the inhibition of the acetoacetate reduction by dinitrophenol which is in accordance with the finding of *Lardy et al.* [37] that dinitrophenol interferes with the energy-transfer system above the level of the oligomycin block. The differential effects of arsenate and dinitrophenol in relation to that of oligomycin, found here, support the conclusion recently reached by

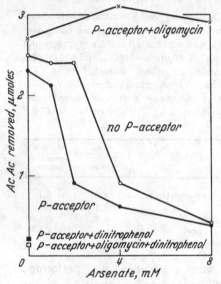

Fig. 3. Effect of arsenate on succinate-linked acetoacetate reduction. Oligomycin, 2 µg/flask; 2,4-dinitrophenol, 0.1 mM. Other conditions as in Table 2

Estabrook [41] and by *Huijing* and *Slater* [38] that dinitrophenol acts above, and arsenate below, the oligomycin sensitive site of the energy-transfer system.

The data presented above demonstrate that non-phosphorylated high-energy intermediates serve as a source of energy for the succinate-linked acetoacetate reduction under the conditions employed here, or, in more general terms, that high-energy intermediates can be both generated and utilized at the level of the respiratory chain without the intervention of P_i.

Properties of the energy-coupling system as disclosed by studies of the succinate-linked acetoacetate reduction in the presence of oligomycin

It is well known that the stability of mitochondrial respiratory chain phosphorylation can be influenced by a number of compounds, including inorganic ions, nucleotides, various chelating agents, etc. Whether these

compounds act on the energy-coupling mechanism as such or merely on
the energy-transfer reactions leading to the formation of ATP cannot
be decided up to the present, because of the inherent involvement of the
phosphorylating system in the assay used for testing the stability. The
succinate-linked acetoacetate reduction, when proceeding in the presence
of oligomycin, provided a possibility for approaching this problem, since
this process, as concluded above, involves a continuous generation and
utilization of high-energy intermediates without the participation of the
phosphorylating system.

Data illustrating the effects of P_i, Mg^{++}, Mn^{++}, adenine nucleotides
and EDTA are summarized in Table 3. It may be seen at once that all

Table 3. *Effect of P_i, Mg^{++}, Mn^{++}, adenine nucleotides and EDTA on succinate-
linked acetoacetate reduction in the absence and presence of oligomycin*

Conditions as in Table 2. Oligomycin, 2 μg per flask, was added when indicated.

Exp. No.	Additions	Without oligomycin	With oligomycin
		AcAc removed, μmoles	
1	None	2.7	3.2
	20 mM P_i	0.6	0.7
	20 mM P_i + 8 mM Mg^{++} . . .	2.4	3.2
	20 mM P_i + 1 mM ATP . . .	2.7	3.0
	20 mM P_i + 1 mM AMP . . .	2.4	3.0
2	25 mM P_i		1.1
	25 mM P_i + 2 mM Mg^{++} . . .		1.8
	25 mM P_i + 4 mM Mg^{++} . . .		2.1
	25 mM P_i + 8 mM Mg^{++} . . .		3.9
	25 mM P_i + 0.1 mM Mn^{++} . .		3.5
	25 mM P_i + 0.3 mM Mn^{++} . .		4.0
3	None	5.4	5.4
	2 mM EDTA	1.3	1.4
	2 mM EDTA + 8 mM Mg^{++} .	5.3	6.2
	2 mM EDTA + 5 mM ATP .	1.6	1.6
	2 mM EDTA + 5 mM AMP .	—	1.2

the observed effects occurred equally whether or not oligomycin was
present, showing that they were related to the energy-coupling and
-transfer system prior to, and independent of, the phosphorylating
mechanism. P_i, which is a known labilizer of mitochondrial oxidative
phosphorylation [42], suppressed the succinate-linked acetoacetate
reduction, and this effect was counteracted by the known stabilizers,
Mg^{++} [42—45], Mn^{++} [42—46] and ATP [44—47]; as in the case of
oxidative phosphorylation [44], Mn^{++} was much more efficient, concen-
tration-wise, than Mg^{++}. Interestingly, AMP was also active in counter-
acting the P_i effect which is rather puzzling considering the fact that
oligomycin was present in sufficient amount to inhibit its conversion
into ATP. It may be added that ADP was also active, and that so far

no difference in efficiency could be found between the three adenine nucleotides, 1 mM of each being sufficient to give maximal protection against the P_i effect.

Another somewhat unexpected finding concerned the effect of EDTA. This compound, which has been known primarily as a stabilizing agent of mitochondria, protecting them from Ca^{++} [43, 48], proved to act as a potent labilizer of the succinate-linked acetoacetate reduction (Table 3). This EDTA effect, like that of P_i, could be counteracted by Mg^{++}. By contrast, however, adenine nucleotides exerted no protection against EDTA, even when added in concentrations exceeding 5-fold or more those needed in the case of P_i.

The above findings, together with additional data an account of which would go beyond the limit of this report, strongly support the conclusion that the observed effects of P_i, Mg^{++}, Mn^{++}, adenine nucleotides and EDTA are all concerned with the energy-coupling mechanism of the respiratory chain in a primary fashion. The available information is consistent with the concept that a metal-adenine nucleotide complex (Me^{++}-Ad.nucl., where Me^{++} stands for Mg^{++} or Mn^{++}) is intergrating part of the respiratory energy-coupling mechanism, and that P_i and EDTA interfere with this mechanism by competing with the adenine nucleotide moiety of this complex according to the following schematic formulation:

$$Me^{++}\text{-}P_i \; < \; Me^{++}\text{-Ad. nucl.} \; < \; Me^{++}\text{-EDTA}$$
$$\text{inactive} \qquad\quad \text{active} \qquad\qquad \text{inactive}$$

This formulation would account for the findings that, whereas added Me^{++} counteracts the labilizing effect of both P_i and EDTA, added adenine nucleotide acts only in the case of P_i (the Me^{++} complex of which is weaker than that of the adenine nucleotide) but not in the case of EDTA. Similar ideas about the involvement of a bound metal-adenine nucleotide complex in mitochondrial energy metabolism have been considered in the past [44, 46—51], but the present results are to our knowledge the first to demonstrate that the function of this complex, and in general, the well-known stabilizing or labilizing effects of adenine nucleotides, P_i, Mg^{++}, Mn^{++}, and probably also of Ca^{++}, on mitochondrial energy metabolism, are concerned with the energy-coupling mechanism proper, without the intermediary of the phosphorylating system.

Attemps to use external ATP as the source of energy for the succinate-linked acetoacetate reduction

In the experiments presented up to now, high-energy intermediates generated during the aerobic oxidation of succinate served as a source of energy for the succinate-linked acetoacetate reduction. It was of obvious interest to investigate what would happen if this energy supply were cut off, for example by a respiratory chain inhibitor, and external ATP were added as a source of energy for the endergonic reduction of acetoacetate by succinate. Such attempts, most surprisingly, proved to be quite negative, and the crux of the problem is perhaps best illustrated by the data in Figure 4. In this experiment, the succinate-linked acetoacetate reduction was followed as a function of time, both under standard (aerobic) conditions, and in the presence of the respiratory inhibitors, antimycin A and KCN; in a fourth sample, oligomycin was added to the aerobic system which, as already shown, leaves the succinate-linked

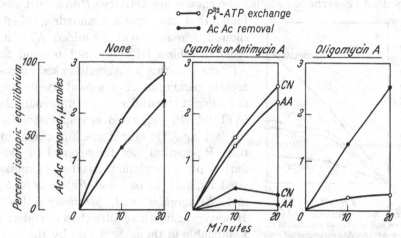

Fig. 4. Distinct response of P_i-ATP exchange and succinate-linked acetoacetate reduction to various agents. The reaction mixture contained mitochondria from 250 mg liver, 20 μmoles succinate, 6 μmoles acetoacetate 10 μmoles ATP, 10 μmoles P_i, pH 7.5, 40 μmoles glycylglycine buffer, 100 μmoles KCl, 16 μmoles MgCl$_2$, and, when indicated, 1 μmole KCN, 2 μg antimycin A, 2 μg oligomycin A, in a final volume of 2 ml. Incubation at 30° C

acetoacetate reduction unaffected. All four samples contained a substantial amount, 10 micromoles, of ATP, and, furthermore, 10 micromoles of $P_i{}^{32}$. The rationale of the latter addition was to obtain an estimate, parallel to the acetoacetate reduction, of the extent of P_i-ATP exchange, again as a function of time, by following the appearance of P^{32} in ATP. As can be seen, the succinate-linked acetoacetate reduction was greatly depressed by the respiratory inhibitors, in spite of the presence of ATP (whose concentration was found to be largely unaltered after the incubation), at the same time as the P_i-ATP exchange was, in accordance with earlier findings [52, 53], only slightly inhibited by these agents. Conversely, oligomycin, which had no effect on the acetoacetate reduction, inhibited almost completely the P_i-ATP exchange, again in accordance with previous data in the literature [37].

The fact that the P_i-ATP exchange is sensitive to oligomycin shows that this reaction does involve high-energy intermediate(s) on the respiratory chain side of the oligomycin block, and should thus be able to reach that region of the energy-transfer system which is involved in the succinate-linked acetoacetate reduction. Also, both the P_i-ATP exchange [55] and the succinate-linked acetoacetate reduction are inhibited by dinitrophenol, this further indicating the involvement of common energy-transfer steps in the two processes.

What then may be the reason for the failure of added ATP in driving the succinate-linked acetoacetate reduction? Permeability difficulties — a first conceivable possibility — do not seem to be the reason, since then, the P_i-ATP exchange should also show a low activity. Moreover it was found that also aged mitochondria, which showed a requirement for added ATP in order to rebind DPN, did not respond to ATP in exhibiting a succinate-linked acetoacetate reduction. As a second possibility, one might consider an unfavourable $(\text{ATP})/(\text{ADP}) \cdot (P_i)$ ratio as responsible for the lacking ATP effect; the importance of this "P-potential" for the reversal of oxidative phosphorylation has been emphasized by both *Chance* and *Hollunger* [8, 9] and *Klingenberg* and *Schollmeyer* [54]. However, again, this explanation is rendered improbable in the present case by the lack of inhibition of the P_i-ATP exchange by the respiratory inhibitors while the succinate-linked acetoacetate reduction was inhibited. We have also attempted to omit P_i and to use an ATP-generating system instead of substantial amounts of ATP, in order to maintain a high $(\text{ATP})/(\text{ADP}) \cdot (P_i)$ ratio; yet, we failed to improve the rate of succinate-linked acetoacetate reduction in the anaerobic system.

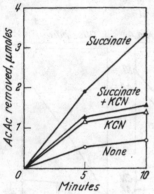

Fig. 5. Acetoacetate reduction in presence and absence of succinate in rat liver mitochondria supplemented with ATP and EDTA. Conditions as in Table 4

Klingenberg and *Schollmeyer* [54] have reported that reduction of the respiratory carriers of terminally inhibited rat liver mitochondria by endogenous substrate, and subsequent addition of an "oxidizing substrate", *e.g.* acetoacetate, results in a rapid reoxidation of the carriers provided that ATP is also added. They also found that replacement of Mg^{++} by EDTA in the incubating medium enhanced this reaction. We have been able to confirm these results and to show that these observations hold only for endogenous substrate but not for added succinate. Thus, when rat liver mitochondria are incubated with and without succinate, in both cases in the presence of KCN, EDTA and ATP, added acetoacetate is reduced at equal rates, and the reaction levels off when an amount of acetoacetate roughly corresponding to the amount of reducing equivalents present in the form of endogenous substrate has been reduced (Fig. 5). In the absence of KCN, acetoacetate is reduced at a high and linear rate in the presence of succinate, and only to an insignificant extent in its absence.

Data reported in Table 4 illustrate some properties of the endo-substrate-linked acetoacetate reduction as catalyzed by the KCN-inhibited, ATP- and EDTA-supplemented mitochondria in the presence and absence of added succinate. As can be seen, the reaction is strictly dependent on ATP, partially sensitive to Amytal and oligomycin, and completely insensitive to antimycin A. These findings are compatible with the assumption that the endosubstrate consists of fatty acids. Each second pair of electrons then would reduce acetoacetate by direct dismutation via DPN, and each second by a flavoenzyme-linked, endergonic, reaction. Amytal and oligomycin would inhibit only the latter type of reaction (Amytal by blocking the electron transport from

Table 4. *Effect of oligomycin, Amytal and antimycin A on ATP-dependent acetoacetate reduction by endogenous substrate in presence of EDTA*

Each vessel contained mitochondria from 500 mg liver, 3 mM succinate, 20 mM glycyl-glycine buffer, p_H 7.5, 50 mM KCl, 50 mM sucrose, 1 mM EDTA, 1 mM KCN, and, when indicated, 5 mM ATP, 2 μg oligomycin, 2 mM Amytal, 2 μg antimycin A, and 10 mM succinate, in a final volume of 2 ml. Incubation at 30° C for 20 min.

Additions	Without succinate	With succinate
	AcAc removed, μmoles	
None	0.5	0.0
ATP	2.2	2.1
ATP, oligomycin . .	1.1	1.1
ATP, Amytal	1.2	0.6
ATP, antimycin A . .	2.1	2.2

flavin to DPN, and oligomycin by blocking the energy-transfer from ATP to the respiratory chain), whereas omission of ATP would abolish the entire process since ATP is required both for the endergonic type of reaction and for the initiation of fatty acid oxidation.

In conclusion, the data presented in this section indicate that external ATP can be used as a source of energy for reversal of electron transport along the respiratory chain, but that this form of energy supply may be far less efficient than high-energy intermediates generated directly by the respiratory chain.

Conclusions and comments

Our present picture of the reaction pathways involved in the endergonic reduction of acetoacetate by succinate may be summarized in the following simplified scheme (where Fp_D stands for DPNH dehydrogenase and Fp_S for succinic dehydrogenase):

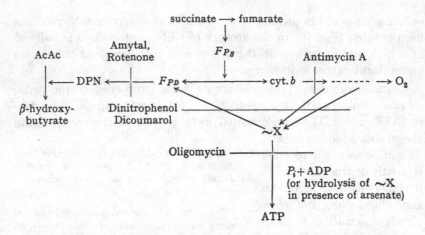

Perhaps the most important information which has emerged from the present studies is that high-energy intermediates can both arise and interact at the level of the respiratory chain without the intervention of of P_i. Hypotheses about the non-involvement of P_i in the reactions leading to the formation of the primary high-energy intermediates of the respiratory chain have been formulated since 1953 by *Slater* [56] and others [4]; the present data would seem to provide the experimental foundation of this concept. A modification of the "flavin theory" proposed earlier from our laboratory [53, 57], which postulated a phosphorylated form of flavin as the primary high-energy intermediate of the first respiratory chain phosphorylation, has already been suggested [27]; as has been pointed out, this modification does not alter the basic features of the flavin theory, namely, the involvement of flavin rather than DPN as part of the high-energy intermediate, and the participation of two consecutive electron-transfer steps, rather than only one, in the formation of ATP.

The demonstration of a direct interaction of non-phosphorylated high-energy intermediates has revealed a novel feature of the mitochondrial energy-transfer system, not visualized by earlier hypotheses. The implications, in terms of reaction mechanisms, of this interaction are not yet clear. One possibility is that a common X participates in all three primary high-energy intermediates, and that this X can be transferred from one electron carrier to another. Alternatively, there might exist three different X's, one for each energy-conservation site, with a subsequent transfer of these to a common Y, and with an exchange of Y between the three $X \sim Y$'s. In any case, the present data demonstrate, for the first time, that high-energy intermediates generated by the respiratory chain can be directly utilized for energy-requiring reactions in the mitochondria, without the intervention of P_i and ADP.

As pointed out earlier in this report, the succinate-linked acetoacetate reduction when proceeding in the presence of oligomycin may represent a system particularly suited for providing information about the initial events of respiratory chain phosphorylations. The demonstration that Mg^{++} or Mn^{++} and an adenine nucleotide are essential for the formation of the $\sim X$ compounds may be an important guide for the future in establishing the nature of X (or X's). Likewise the finding that external ATP ander anaerobic conditions is a much poorer source of energy for the succinate-linked acetoacetate reduction than are aerobically generated high-energy intermediates, together with the evidence that this discrepancy probably is related specifically to the use of succinate as a source of hydrogen, may open some new ways of insight into the problem of mitochondrial energy-transfer.

References

[1] *Lehninger, A. L.:* Harvey Lect. **49**, 176 (1955).

[2] *Chance, B.,* and *G. R. Williams:* Advanc. Enzymol. **17**, 65 (1956).

[3] *Klingenberg, M.:* 11. Kolloquium d. Ges. Physiol. Chem., Mosbach 1960. Berlin-Göttingen-Heidelberg: Springer. p. 82.

[4] *Slater, E. C.:* Rev. Pure a. Appl. Chem. **8**, 221 (1958).

[5] *Chance, B.,* and *G. Hollunger:* Fed. Proc. **16**, 163 (1957).

[6] *Chance, B.,* and *G. Hollunger:* Nature (Lond.) **185**, 666 (1960).

[7] *Chance, B.:* In: Biological Stucture and Function, vol. 2, p. 119. London: Academic Press 1961.

[8] *Chance, B.:* J. biol. Chem. **236**, 1544, 1569 (1961).

[9] *Chance, B.* and *G. Hollunger:* J. biol. Chem. **236**, 1534, 1555, 1562, 1577 (1961).

[10] *Chance, B.:* Nature (Lond.) **189**, 719 (1961).

[11] *Chance, B.,* and *B. Hagihara:* In Symposium on Intracellular Respiration, V[th] Internat. Congr. Biochem., Moscow 1961. Oxford: Pergamon Press, vol. 5, p. 3.

[12] *Klingenberg, M.,* and *W. Slenczka:* Biochem. Z. **331**, 486 (1959).

[13] *Klingenberg, M., W. Slenczka* and *E. Ritt:* Biochem. Z. **332**, 47 (1959).

[14] *Klingenberg, M.,* and *P. Schollmeyer:* Biochem. Z. **333**, 335 (1960).

[15] *Klingenberg, M.,* and *T. Bücher:* Biochem. Z. **334**, 1 (1961).

[16] *Klingenberg, M.:* In: Biological Structure and Function, vol. 2, p. 227. London: Academic Press 1961.

[17] *Löw, H., H. Krueger* and *D. M. Ziegler:* Biochem. biophys. Res. Commun. **5**, 231 (1961).

[18] *Snoswell, A. M.:* Biochim. biophys. Acta (Amst.) **52**, 216 (1961).

[19] *Slater, E. C., J. M. Tager* and *A. M. Snoswell:* Biochim. biophys. Acta (Amst.) **56**, 177 (1962).

[20] *Packer, L.,* and *M. C. Denton:* Fed. Proc. **21**, 53 (1962).

[21] *Azzone, G. F., L. Ernster* and *E. C. Weinbach:* J. biol. Chem. (in press).

[22] *Ernster, L.,* and *L. C. Jones:* J. Cell Biol. **15**, 563 (1962).

[23] *Azzone, G. F.,* and *L. Ernster:* Nature (Lond.) **187**, 65 (1960).

[24] *Azzone, G. F., L. Ernster* and *M. Klingenberg:* Nature (Lond.) **188**, 552 (1960).

[25] *Azzone, G. F.,* and *L. Ernster:* J. biol. Chem. **236**, 1518 (1961).

[26] Ernster, L.: In: Biological Structure and Function, vol. 2, p. 139. London: Academic Press 1961.

[27] Ernster, L.: In Symposium on Intracellular Respiration, V[th] Internat. Congr. Biochem., Moscow 1961. Oxford: Pergamon Press, vol. 5, p. 115.

[28] Ernster, L., G. Dallner and G. F. Azzone: J. biol. Chem. (in press).

[29] Martius, C.: 11. Kolloquium d. Ges. Physiol. Chem., Mosbach 1960. Berlin-Göttingen-Heidelberg: Springer, p. 108.

[30] Slater, E. C.: Discussion at First IUB/IUBS Symposium, Stockholm 1960 (quoted from ref. [18]).

[31] Kulka, R. G., H. A. Krebs and L. V. Eggleston: Biochem. J. **78**, 95 (1961).

[32] Krebs, H. A., L. V. Eggleston and A. d'Alessandro.: Biochem. J. **79**, 537 (1961).

[33] Krebs, H. A.: Biochem. J. **80**, 275 (1961).

[34] Krebs, H. A., and L. V. Eggleston: Biochem. J. **82**, 134 (1962).

[35] Ernster, L.: Nature (Lond.) **193**, 1050 (1962).

[36] Ernster, L., G. F. Azzone, L. Danielson and E. C. Weinbach: J. biol. Chem. (in press).

[37] Lardy, H. A., D. Johnson and W. C. McMurray: Arch. Biochem. **78**, 587 (1958).

[38] Huijing, F., and E. C. Slater: J. Biochem. (Takyo) **49**, 493 (1961).

[39] Lardy, H. A.: In: Biological Structure and Function, vol. 2, p. 265. London: Academic Press 1961.

[40] Beyer, R. E., J. Glomset and T. Beyer: Biochim. biophys. Acta (Amst.) **18**, 292 (1955).

[41] Estabrook, R. W.: Biochem. biophys. Res. Commun. **4**, 89 (1961).

[42] Hunter, F. E., and L. Ford: J. biol. Chem. **216**, 357 (1955).

[43] Raaflaub, J.: Helv. physiol. pharmacol. Acta **11**, 142, 157 (1953).

[44] Ernster, L., and H. Löw: Exp. Cell Res., Suppl. **3**, 133 (1955).

[45] Mudd, S. H., J. H. Park and F. Lipmann: Proc. nat. Acad. Sci. **41**, 571 (1955).

[46] Lindberg, O., and L. Ernster: Nature (Lond.) **173**, 1038 (1954).

[47] Price, C. A., A. Fonnesu and R. E. Davies: Biochem. J. **64**, 754 (1956).

[48] Slater, E. C., and K. W. Cleland: Biochem. J. **53**, 557 (1953).

[49] Slater, E. C.: Symp. Soc. exp. Biol. **10**, 110 (1957).

[50] Ernster, L.: Exp. Cell. Res. **10**, 704, 721 (1956).

[51] Ernster, L.: Biochem. Soc. Symposia **16**, 54 (1959).

[52] Boyer, P. D., W. W. Luchsinger and A. B. Falcone: J. biol. Chem. **223**, 405 (1956).

[53] Löw, H., P. Siekevitz, L. Ernster and O. Lindberg: Biochim. biophys. Acta (Amst.) **29**, 392 (1958).

[54] Klingenberg, M., and P. Schollmeyer: Biochem. Z. **335**, 231, 243 (1961).

[55] Boyer, P. D., A. B. Falcone and W. H. Harrison: Nature (Lond.) **174**, 401 (1955).

[56] Slater, E. C.: Nature (Lond.) **172**, 975 (1953).

[57] Grabe, B.: Biochim. biophys. Acta (Amst.) **30**, 560 (1958).

Discussion

With 5 Figures

Klingenberg: Die von Dr. *Ernster* berichteten Untersuchungen über die succinatabhängige Acetoacetat-Reduktion müssen als ein wichtiger Fortschritt besonders im Hinblick auf die in dieser Hinsicht negativen Ergebnisse des Arbeitskreises von *Krebs* angesehen werden. Obwohl die

Ergebnisse von Dr.*Ernster* die Succinat-Acetoacetat-Reduktion sehr wahrscheinlich machen, liefern sie jedoch keinen direkten Beweis. Seit einiger Zeit untersuchen auch wir dieses System und haben dabei von Beginn an die vollständige Bilanz der Substrat- und Energieumsätze angestrebt, um Gegenargumente auszuschließen. Besonders unsere Versuche unter Ausschluß der Atmung geben klare Resultate über die Redoxumsätze. Zum Bei-

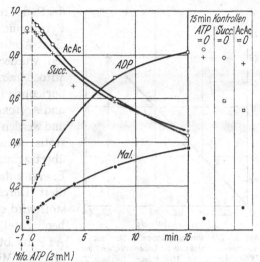

Abb. 1. Die ATP-abhängige Succinat → Acetoacetat-Reduktion in atmungsgehemmten Lebermitochondrien (inkubiert unter N_2)

spiel zeigt eine Versuchsserie in Abb.1, wie nach Zugabe von ATP Succinat und Acetoacetat verschwinden und Malat als Oxydationsprodukt des Succinat entsteht. Dagegen ist der Succinatverbrauch ohne Acetoacetat nur sehr gering. Dieser Versuch zeigt in Kürze und aller Klarheit die energieabhängige Wasserstoffüberführung vom Succinat zum Acetoacetat und widerlegt die Argumente von *Krebs* et al. Auch in dem komplizierteren System der atmungsabhängigen Reduktion gelang die Aufklärung der Substratumsätze. In Gegenwart von Acetoacetat wird mehr Succinat verbraucht, als Sauerstoff aufgenommen wird (Abb.2). Dieser Extra-Succinatverbrauch entspricht der Reduktion des Acetoacetat (Abb. 3). Auch hier gibt die erste Dehydrogenierung des Succinat den Wasserstoff für das Acetoacetat. Alle Fragen der „über alles"-Umsätze, Stöchiometrie, Wasserstoff, Energie

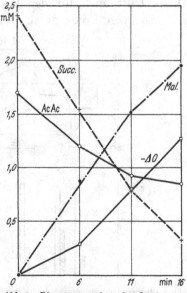

Abb. 2. Die atmungsgekoppelte Succinat → Acetoacetat-Reduktion in Lebermitochondrien. [*Klingenberg, M.*, u. *H. v. Haefen:* Abstract Fed. Proc. **21**, 55 (1962).]

können durch derartige Untersuchungen beantwortet werden. Die Reaktion wurde auch auf der Ebene der Mitochondrien verfolgt, indem

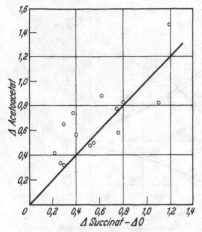

Abb. 3. Die atmungsgekoppelte Succinat →
Acetoacetat-Reduktion in Lebermitochondrien
[*Klingenberg, M.*, u. *H. v. Haefen:* Biochem. Z.
(im Druck)]. Vergleich zwischen dem Aceto-
acetatverbrauch und dem „Extra"- Verbrauch
von Succinat (Differenz zwischen dem
Verbrauch von Succinat und Sauerstoff)

der Redoxzustand der mitochondrialen Pyridinnucleotide während der Succinat-Acetoacetat-Reduktion gemessen wurde (Abb. 4). In atmenden Mitochondrien sind die Pyridinnucleotide in Gegenwart von Succinat und Acetoacetat weitgehend reduziert und werden nach Verbrauch des Sauerstoffs, wenn auch die Wasserstoffübertragung vom Succinat mangels Energiezufuhr aufhört, langsam oxydiert. Durch Zugabe von wenig Sauerstoff wird eine kurzzeitige Reduktion beobachtet, und nach Zugabe des ATP bleibt die Reduktion des DPN erhalten. Mitochondriales DPN ist also während der Succinat-Acetoacetat-Reduktion weitgehend reduziert, sei es, daß die Energie endogen durch die oxydative Phosphorylierung oder exogen durch ATP zugeführt wird. Dieses trifft auch für den Einfluß von verschiedenen Hemmstoffen zu. So wird die durch ATP ausgelöste Succinat-Acetoacetat-

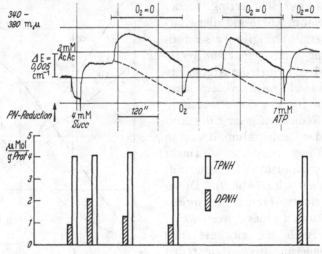

Abb. 4. Redoxzustand der mitochondrialen Pyridinnucleotide während der Succinat → Acetoacetat-Reduktion. Registrierung an der Mitochondrien-Suspension und Analyse des Gehaltes von DPNH und TPNH

Reduktion durch Oligomycin, Magnesium, Amytal und Dinitrophenol gehemmt, und gleichzeitig bleibt das DPN weitgehend oxydiert. In atmenden Mitochondrien haben dagegen Oligomycin und Magnesium keinen Effekt, und entsprechend bleibt DPN auch in Gegenwart dieser Substrate reduziert.

Ernster: Wie hoch ist ihre Succinatkonzentration? Wir haben gefunden, daß die Geschwindigkeit der Acetoacetatreduktion von der Succinatkonzentration stark abhängt.

Klingenberg: 1 bis 4 mM. Wir arbeiten mit nicht zu hoher Succinatkonzentration, um den Succinatverbrauch genau messen zu können. Außerdem könnten sehr hohe Konzentration stark geladener Moleküle die Mitochondrien schädigen.

Ernster: Wir benutzen 10—20 mM Succinat. Nur dann bekommen wir eine maximale Geschwindigkeit der Acetoacetat - Reduktion (Abb. 5). Diese relativ hohe Succinatkonzentration wird wahrscheinlich benötigt, um eine Sättigung der Succinodehydrogenase zu erhalten, wie es die Atmungswerte in der Abbildung andeuten. Die Ursache, warum Acetoacetat in Ihrem System mit derselben Geschwindigkeit aerob und

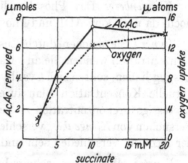

Fig. 5. Effect of succinate concentration on rate of succinate-linked acetoacetate reduction in rat liver mitochondria

anaerob reduziert wird, mag darin liegen, daß das System durch eine unvollständige Sättigung der Succinodehydrogenase begrenzt ist. Unter unseren Bedingungen wird die Acetoacetat-Reduktion durch Anaerobiose (in Gegenwart von ATP) etwa 70% gehemmt.

Klingenberg: Bei unseren Versuchen ist die Geschwindigkeit der ATP-abhängigen Reaktion im Anaeroben fast so hoch wie im Aeroben. Im Anaeroben ist nur die Anfangsgeschwindigkeit auszuwerten, da rasch ADP akkumuliert und die Reaktion hemmt. Diese Geschwindigkeiten der ATP-abhängigen Acetoacetat-Reduktion sind ganz erheblich.

Ernster: Ich möchte zufügen, daß die obengenannte starke Hemmung nur in Gegenwart von Mg^{++} vorhanden ist. Wenn wir, wie Sie es tun,

Table 1. *Effect of respiratory block on succinate-linked acetoacetate reduction*

Agent	Mg^{++}				EDTA			
	−ATP		+ATP		−ATP		+ATP	
	AcAc removed, μmoles	% inhibition	AcAc removed, μmoles	% inhibition	AcAc removed, μmoles	% inhibition	AcAc removed, μmoles	% inhibition
None . . .	6.6		6.8		5.1		4.0	
Antimycin A	0.7	89	1.9	72	0.9	82	2.8	30
Cyanide . .	0.9	86	2.0	71	0.9	82	2.6	35
Anaerobiosis	0.8	88	1.8	74	1.0	80	2.1	48

EDTA anstatt Mg^{++} zusetzen, wird die prozentuale Hemmung niedriger, etwa 30% (Tabelle 1). Dann wird aber auch die aerobe Acetoacetat-Reduktion langsamer.

Martius: Könnte es nicht daran liegen, daß das thermodynamische Potential des ATP niedriger ist als das des energiereichen Zwischenproduktes?

Ernster: Wir haben aber einen guten Austausch zwischen Orthophosphat und ATP.

Klingenberg: Das Phosphorylierungspotential des ATP ist zuerst hoch, da noch kein ADP und Phosphat vorliegen.

Lynen: Sie machen durch Zusatz von Blausäure anaerob. Welche Konzentration wenden Sie an? Da Sie gleichzeitig Acetessigsäure in der Lösung haben, sollten sich Cyanhydrine bilden. Sie wissen nicht, welche aktuelle Konzentration Blausäure vorliegt. Es ist daher wichtig, die Acetessigsäurekonzentration zu kennen, die vielleicht in Ihren und den Versuchen von *Klingenberg* verschieden sind. Damit könnte die Hemmung der Atmung verschieden sein und die Unterschiede erklärt werden.

Ernster: Wir haben zehnmal mehr Acetoacetat als Cyanid. Die Atmung war weitgehend gehemmt. Außerdem haben wir auch Versuche unter Stickstoff, ohne Zusatz von Cyanid, ausgeführt (s. Tabelle 1, S. 115).

Klingenberg: Unsere Versuche sind zum großen Teil auch anaerob, d.h. unter Stickstoff ausgeführt worden.

Estabrook: We know of two other systems which can be used to demonstrate succinate linked pyridine nucleotide reduction: one being the heart mitochondria system and the other the particles reported by *Low et al.* (Biochem. Biophys. Res. Comm. **5**, 201 (1961)]. There is also disagreement between these different systems (Table 2). First, magnesium inhibits the heart mitochondria system while in the sonic particles it is obligatory. ATP in the liver system is obligatory according to Dr. *Klingenberg* and has no effect according to Dr. *Ernster*. Phosphate may be obligatory, inhibitory or, according to Dr. *Ernster*, have no effect. Antimycin A is inhibitory both in the heart mitochondrial system and in sonic particles yet it has no effect in the liver system.

Table 2. *Comparison of conditions for energy-linked DPN-reduction*

Preparation	Heart Sonic Particles	Heart Mitochondria	Liver Mitochondria
Effect Mg^{++}	obligatory	inhibitory	beneficial/inhibitory
External ATP	obligatory	activating	no effect
Pi (−CN)	not tested	activating	inhibitory
Pi (+CN)	obligatory	inhibitory	no reaction
Pyridine Nucleotide	external	endogenous	endogenous
Antimycin A	inhibits	inhibits	no effect

I might add that Dr. *Hommes* [Biochem. Biophys. Res. Comm. **8**, 248 (1962)] in our laboratory has purified 300 times a cofactor for the succinate linked DPN reduction from sonic particles. *Sanadi et al.* [Biochem. Biophys. Res. Comm. **8**, 299 (1962)] has purified a similar factor. Of interest is the question of how this factor is related to the cofactor described by Dr. *Green.* We know that our cofactor is not comparable to that prepared by Dr. *Racker.* It is obvious that more experiments are required to clarify this dilemma.

Ernster: My impression is that most of the discrepancies come from those systems in which external ATP has been used as the source of energy for the succinate-linked DPN reduction. This may be related to the apparently great complexity of the factors involved in the coupling of the phosphate-ADP-system to the respiratory chain; Dr. *Green* has three factors, *Racker* has two, and you have one. When, as in our case, high-energy compounds generated in the respiratory chain are used directly for the succinate-linked DPN reduction, without the participation of the phosphate-ADP-system, the results seem to be unambiguous and easily reproducible from one laboratory to another.

Hasselbach: Sie können also die Inaktivierung ihrer Zwischenverbindung durch Phosphat mit AMP verhindern. Es macht Schwierigkeiten, da Magnesium von AMP nicht besser als von Phosphat gebunden wird.

Ernster: Wir wissen nicht, warum AMP noch einen Effekt haben kann. AMP, ADP, ATP wirken alle bei gleicher Konzentration, 1 mM. Wir wissen nicht, ob Magnesium oder Mangan das Metallion ist. Wie bindet AMP Mangan?

Hess: Is your ATP potential not too low for the succinate-DPN reduction? Since you have 10 mM phosphate present your phosphorylation potential may be rather low. An ATP/ADP · P ratio of at least 10^3 is required.

Ernster: Yes. However, we have used also an ATP regenerating system, consisting of phosphoenolpyruvate, pyruvic kinase and catalytic amounts of ATP, and obtained no improvement in the succinate-linked acetoacetate reduction. Therefore, under our conditions, I do not think the phosphate potential is very important.

Green: If you form from succinate a high energy compound not involving phosphate, this compound can reverse all the steps and the chain becomes oxidized and the electrons go back to DPN which then can reduce acetoacetate. It is also possible that in other systems ATP may lead to a modification in the chain which leads to the formation of DPNH but not by reversal. We have very good evidence for this and also in Oxford, they have shown that the most unphysiological case is the formation of a phosphorylated DPNH by interaction with ATP.

We know that this is not the reversal. Further a colleague of Dr. *Wieland* told me that ATP forms with reduced coenzyme Q a phosphorylated intermediate. And again we know that this cannot be an intermediate. Thus you may have the right system chosen, and other systems, where ATP interacts, may have nothing to do with the reversal.

Ernster: Well, we feel that our system may be simpler, in a way, than those using added ATP as the source of energy for the succinate-linked DPN reduction.

Klingenberg: We have heard often from various sides that our ATP effects are not reflecting the true reversal of oxidative phosphorylation and that these effects are unphysiological. To our opinion, it is unphysiological to incubate mitochondria without ATP. High ATP concentrations, about 5 mM, are physiological conditions of mitochondria in the cell. Thus we regard as unphysiological where ATP is omitted. However, we believe that both conditions reflect the reversibility of oxidative phosphorylation. The complete reversal is obtained only by interaction with ATP, whereas in the absence of ATP only partial reactions of the energy transfer are reversed.

Borst: Dr. *Tager* has used in our laboratory ketoglutarate plus NH_3 as an acceptor for hydrogen. He found that not only with succinate but also with malate energy is required for formation of glutamate [*J. M. Tager:* Biochem. J. **84**, 64 (1962)]. Have you done similar experiments with malate and acetoacetate?

Ernster: We have used malate plus pyruvate and acetoacetate but then we do not need the energy. However, in the dismutation where the oxidation of α-ketoglutarate to succinate is coupled to the aminative reduction of α-ketoglutarate to glutamate, in that system we need energy. Our tentative explanation is that there exist different pyridine nucleotide compartments in the mitochondria. We have to transfer hydrogen from one compartment of DPN to another and that may require energy.

Borst: A similar explanation has been proposed by *Tager*.

Observations on mitochondrial pyridine nucleotides during oxidative phosphorylation

By

Ronald W. Estabrook[1] and *S. Peter Nissley*

With 10 Figures

The extent of reduction of the pyridine nucleotides of the cell reflects the integrated metabolic interrelationships operative during substrate oxidations. Thus the interplay of coupled enzyme systems, either dehydrogenases and cytochrome systems aerobically or two or more dehydrogenase systems during anaerobiosis is directly reflected by an alteration of the steady state reduction of the endogenous pyridine nucleotides [1]. It is generally accepted that two distinct pools of pyridine nucleotide [2] are present in the cell — a cytoplasmic compartment (C-Raum) and a mitochondrial compartment (M-Raum) — and that in some cells there is little or no communication between the pyridine nucleotides in the two compartments.

Mitochondria, when isolated from a number of tissues, characteristically retain high concentrations of pyridine nucleotide [3]. This pyridine nucleotide occupies a central role in the oxidative metabolism of mitochondria presumably participating in reactions related to one locus of energy conservation associated with the phosphorylation reactions of ATP formation. A number of studies have been undertaken in an attempt to better define the role of pyridine nucleotide in these reactions. These include: a) the spectrophotometric studies by *Chance* and *Williams* [4], as well as *Klingenberg* [5]; b) the chemical analytical studies exemplified by the investigations of *Klingenberg* [5], *Purvis* [6, 7] and *Slater et al.* [8]; and c) the fluorometric measurements of *Chance* and *Baltscheffsky* [9], *Avidor et al.* [10] and *Estabrook* [11]. Recently the associated reduction of pyridine nucleotide occurring during succinate oxidation has occupied considerable attention [12, 13].

The present report summarizes the development of a series of studies carried out to determine some of the characteristics of mitochondrial pyridine nucleotide, as observed during various metabolic states associated with oxidative phosphorylation. These studies define some of the

[1] This study was carried out during the tenure of a USPHS Research Career Development Award (GM-K 3-4111).

unique properties of reduced pyridine nucleotide of mitochondria and may serve as a basis for a more definitive demonstration of the participation of pyridine nucleotide in oxidative phosphorylation.

The cross-over phenomenon and DPNH ~ I

During their classical studies on the kinetics of the respiratory carriers of isolated mitochondria, *Chance* and *Williams* [14] described changes in the extent of oxidation and reduction of the carriers depending upon the presence or absence of phosphate and phosphate acceptor [ADP]. These changes in steady state reduction were directly correlated with the transitions of oxygen utilization from the inhibited state (absence of phosphate acceptor) (state 4) to the activated state (presence of phosphate acceptor) (state 3) and *vice-versa*. These spectrophotometric studies further revealed that the greatest excursions in oxidation-reduction were reflected in the changes associated with pyridine nucleotide reduction. An example of the extent of reduction of mitochondrial pyridine nucleotide as observed during betahydroxybutyrate oxidation is illustrated by the spectra

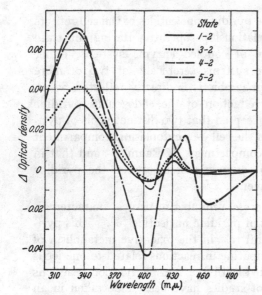

Fig. 1. Spectrophotometric measurement of pyridine nucleotide reduction with rat liver mitochondria. A sample of rat liver mitochondria was diluted to 6.0 ml with isotonic buffer and divided into two cuvettes. ADP was added to one cuvette and the difference in light adsorbancy recorded (states 2—1). ADP was then added to the other cuvette to give equal light absorbancy (baseline). An aliquot of beta-hydroxybutyrate was then added to one cuvette and the system allowed to deplete the reaction mixture of ADP (states 4—2). A second addition of ADP was added and the spectrum (states 3—2) recorded. Upon attainment of anaerobiosis the spectrum (states 5—2) was recorded

presented in Fig. 1. This demonstrates the high degree of reduction of pyridine nucleotide observed in the phosphate acceptor limited state (state 4) and the consequent oxidation of pyridine nucleotide observed upon addition of ADP to this system (state 3). From studies of this type, *Chance and Williams* [14] established the pattern of oxidation-reduction changes observed under a variety of conditions and developed the concept of the cross-over phenomenon. An integral part of this concept was the requirement for an inhibited state of various carriers whose reactivity with the next member of the respiratory chain was obligatorily linked, albeit indirectly, with the presence of phosphate acceptor. The interpretation (cf. reference [14, 15] for a detailed discussion) of the spectrophotometric observations in terms of this crossover hypothesis established the reduced form of pyridine nucleotide as one of the carriers present in the requisite inhibited or unreactive state. This form of pyridine nucleotide was termed DPNH~I. There has not been unanimity [16, 17] in acceptance of this hypothesis of an inhibited form of reduced pyridine nucleotide associated with mitochondria, with suggestions of an inhibited form of oxidized pyridine nucleotide [DPN~I] or, alternatively, an inhibited form of flavoprotein. Few experiments are available, however, which attempt to directly investigate the reality of such a form of reduced pyridine nucleotide. The studies to be described here may serve as one approach to define the nature of DPNH~I of mitochondria.

Studies with potassium ferricyanide as electron acceptor

One of the few artificial electron acceptors which have been successfully employed for the study of oxidative phosphorylation is potassium ferricyanide. *Cross et al.* [18], as well as *Copenhaver* and *Lardy* [19]

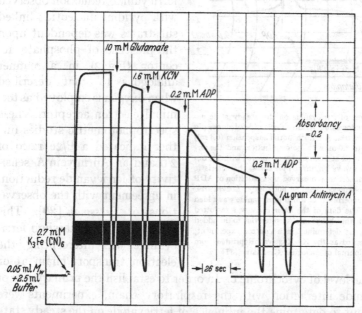

Fig. 2. The controlled reduction of ferricyanide with rat liver mitochondria. Rat liver mitochondria were diluted in isotonic buffer and placed in the reaction cuvettes. Potassium ferricyanide was added followed by additions of potassium cyanide and potassium glutamate as indicated. The subsequent addition of ADP stimulates the rate of ferricyanide reduction for a short period of time until the ADP is phosphorylated. A second addition of ADP is followed by the addition of Antimycin A to inhibit the rate of ferricyanide reduction. The P/e ratio demonstrated by this recording is 1.05. The reduction of ferricyanide was determined at 420 mμ. Temperature, 26°. Reprinted from Biochemica et Biophysica Acta [31]

described the use of this agent as the terminal acceptor of electrons in a phosphorylating system. *Pressman* [20] extended these studies and obtained results in contrast to those of the aforementioned authors (*i. e.*, *Pressman* [20] observed P/2e ratios of 2 with an Antimycin A sensitive reduction of ferricyanide, while *Copenhaver* and *Lardy* [19] obtained a P/2e ratio of nearer 1 with an Antimycin A insensitive reduction of ferricyanide). About this time we were also interested in applying artificial acceptors as a means of dissecting the respiratory chain and establishing some characteristics for the phosphorylation reactions associated with various segments of the respiratory chain. These studies revealed [21] that the rate of ferricyanide reduction observed with pyridine nucleotide linked substrates was dependent upon the presence of phosphate acceptor (Fig. 2) in a manner analogous to that described when oxygen is employed as terminal electron acceptor. These spectrophotometric studies further indicated a P/2e ratio of 2.0 and an Antimycin A sensitivity of ferricyanide reduction, in agreement with the observations of *Pressman* [20]. This suggested that potassium ferricyanide was intercepting the electron transport chain at or

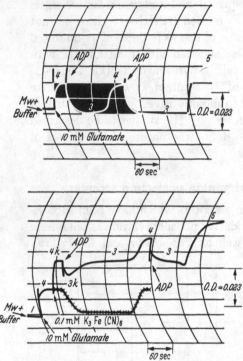

Fig. 3. Effect of ferricyanide on the steady state reduction of endogenous pyridine nucleotide of guinea pig liver mitochondria. A mitochondrial suspension (0.1 ml) was diluted to 2.0 ml with isotonic buffer, and the absorbancy changes at 340 mμ were monitored with 365 mμ as a reference wave length. *Upper curve*, characteristic changes in absorbancy observed upon addition of ADP to glutamate-reduced pyridine nucleotide. *Lower curve*, comparable experiment to which ferricyanide was added in state 4. The data of the *lower curve* was replotted correcting for the change in absorption due to the added ferricyanide, as determined in a control experiment, and is presented as the X—X curve. Reprinted from the Journal of Biological Chemistry [31]

about the level of cytochrome c. In order to establish the primary site of ferricyanide interaction with the respiratory chain, experiments were carried out to determine the influence of ferricyanide on the steady state reduction of the various respiratory carriers. These studies revealed [21] that the cytochromes, as well as flavoprotein, were oxidized on adding ferricyanide to mitochondria. This oxidation was independent of the presence or absence of phosphate acceptor, although the duration of the cycle of oxidation initiated by ferricyanide was dependent on the presence of ADP. This result appeared inconsistent with the observation of an ADP-controlled ferricyanide reduction (cf. Fig. 2) until the steady state changes of pyridine nucleotide were investigated. As shown in Fig. 3, the addition of ferricyanide does not cause an oxidation of reduced pyridine nucleotide until ADP is added to the reaction mixture. This established reduced pyridine nucleotide as a possible control component for maintaining respiratory control in the presence of ferricyanide. This observation was compatible with the concept of a DPNH~I unreactive with flavoprotein unless phosphate acceptor was present. This reinforced the suggestion of the unique character of reduced pyridine nucleotide of mitochondria.

Fluorescence emission spectra

Reduced pyridine nucleotide, when irradiated with ultraviolet light, is characterized by a fluorescence emission spectrum with a maximum at about 460 mμ. As shown by *Boyer* and *Theorell* [22], as well as *Duysens* and *Kronenberg* [23], the binding of reduced pyridine nucleotide to a protein such as alcohol dehydrogenase results in about a two-fold enhancement in the pyridine nucleotide fluorescence and a concomitant shift in the maximum of the fluorescence emission spectrum to about 445 mμ. Aware of this characteristic of reduced pyridine nucleotide, *Chance* and *Baltscheffsky* [9] investigated the nature of the fluorescence emission spectrum of the reduced pyridine nucleotide associated with mitochondria and found that the corrected maximum was located at 445 mμ. The fluorescence emission spectra obtained with mitochondria in various metabolic states is illustrated in Fig. 4. They [9] therefore concluded that the reduced

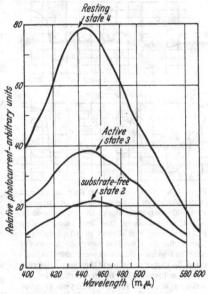

Fig. 4. Fluorescence spectra of mitochondria in three metabolic states. Mitochondria diluted 10-fold in phosphorylating medium. State 4 treated with succinate, state 3 treated with succinate and ADP (4 mM), state 2 treated with ADP only (1 mM). Excitation wave length 330 mμ. Reprinted from the Journal of Biological Chemistry [9]

pyridine nucleotide of mitochondria may be bound to a) substrate dehydrogenase, b) flavoprotein, or c) a special component of the phosphorylation system. Recently, *Avidor et al.* [10] have repeated these experiments, confirming the nature of the emission spectrum of the reduced pyridine nucleotide of mitochondria. As will be described below, *Avidor et al.* [*10*], as well as *Estabrook* [*11*], also carried out associated chemical analyses of the reduced pyridine nucleotide and determined a fluorescence enhancement far greater than that observed with free DPNH or DPNH bound to a purified enzyme such as alcohol dehydrogenase. These observations established another characteristic of the reduced pyridine nucleotide of mitochondria, i.e., the measurements of the fluorescence emission spectrum established that reduced pyridine nucleotide is bound in a highly fluorescent form in mitochondria.

Development of microanalytical techniques for pyridine nucleotide determinations

In order to better assess the nature of the changes in pyridine nucleotide concentrations, as well as distinguish the relative contributions of TPNH and DPNH, it was recognized that a simple and convenient microanalytical method would be required which would permit a reliable assay of the various forms of pyridine nucleotide. With the guidance of Professor *Theodor Bücher*, the application of coupled enzymatic systems linked to pyridine nucleotide reduction or oxidation (cf. *Klingenberg* and *Slenczka* [*24*]) was investigated using the fluorescence of pyridine nucleotide as the parameter to be measured. For this study an Eppendorf fluorometer was adapted [*25*] for automatic recording of small changes in pyridine nucleotide fluorescence. This method provided a successful technique for measuring levels of pyridine nucleotide as low as 10^{-10} mole/ml in acid or alkaline extracts of mitochondrial suspensions. In addition the Eppendorf provided an excellent method for monitoring fluorometrically [*11*] the changes in pyridine nucleotide steady states when turbid suspensions of

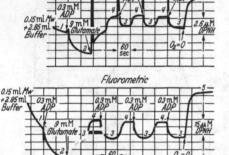

Fig. 5. A comparison of the fluorometric and spectrophotometric measurement of pyridine nucleotide reduction of rat liver mitochondria. A 0.15 ml sample of rat liver mitochondria (6.3 mg protein) was diluted to 3.0 ml with isotonic buffer in a reaction cuvette. Aliquots of ADP and sodium glutamate were added as indicated. The upper recording is the change observed spectrophotometrically by measuring the absorbancy at 340 mμ relative to 375 mμ as reference wave length. A comparable sample was assayed in the same manner fluorometrically (lower recording) using the Eppendorf fluorometer with 366 mμ excitation light and a filter transmitting 400—3000 mμ. The various metabolic states are indicated using the terminology suggested by *Chance* and *Williams* [*14*]. A solution of standardized DPNH was employed for calibration of the fluorometer and spectrophotometer. Reprinted from Analytical Biochemistry [*11*].

cells or mitochondria were employed. An example of the type of recordings obtainable and the comparable spectrophotometric recording of pyridine nucleotide oxidation and reduction is presented in Fig. 5. Studies of this type established the highly fluorescent characteristic of mitochondrial reduced pyridine nucleotide.

Fluorescence enhancement of mitochondrial reduced pyridine nucleotide

With the requisite analytical techniques and the associated methods of fluorometrically measuring the steady state changes of reduced pyridine nucleotides associated with particulate enzyme systems, a series of studies were undertaken to evaluate the fluorescence enhancement of reduced pyridine nucleotide obtainable with intact liver mitochondria during various states of respiration and oxidative phosphorylation. An example of this type of experiment is illustrated in Fig. 6. Mitochondria are diluted in an isotonic buffer and ADP added to oxidize the pyridine nucleotide. As indicated from the associated analytical data, some reduced pyridine nucleotide remains even in the presence of ADP and absence of added substrate. In general, this is largely TPNH and requires an incubation time for periods greater than 5 minutes before becoming largely oxidized. When a substrate such as betahydroxybutyrate or a

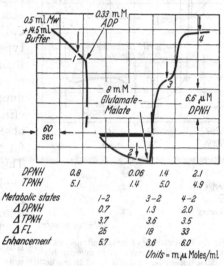

DPNH	0.8		0.06	1.4	2.1
TPNH	5.1		1.4	5.0	4.9
Metabolic states	1-2		3-2	4-2
Δ DPNH	0.7		1.3	2.0
Δ TPNH	3.7		3.6	3.5
Δ Fl.	25		18	33
Enhancement	5.7		3.6	6.0

Units = m μ Moles/ml

Fig. 6. The fluorometric measurement of mitochondrial pyridine nucleotide during various metabolic states of oxidative phosphorylation. A sample of rat liver mitochondria (0.5 ml) was diluted to 15.0 ml with isotonic buffer in a special cuvette adapted for the Eppendorf fluorometer. Aliquots of ADP and a mixture of glutamate-malate were added as indicated. The positions indicated by the vertical arrows represent points where 2 ml samples were removed from the reaction cuvette and added to 0.5 ml of a 3 N-alcoholic-KOH solution. These samples were neutralized with triethanolamine buffer and assayed for DPNH and TPNH as described previously [25]

mixture of glutamate-malate is added to initiate respiration, one observes the characteristic pattern of pyridine nucleotide reduction. After establishment of the various metabolic states, samples were removed and the reaction terminated with perchloric acid or alcoholic KOH. The neutralized samples were centrifuged and assayed for DPN, TPN, DPNH and TPNH. The change in fluorescence of pyridine nucleotide associated with the mitochondrial suspension was then related to a comparable change obtained when a sample of DPNH solution was added to a turbid suspension. These studies revealed that the total reduced pyridine nucleotide of mitochondria has a fluorescence enhancement between 3 and 6. The extent of fluorescence enhancement was also found to be directly related to the metabolic state, *i.e.*, reduced pyridine nucleotide in state 4 is more highly fluorescent than that in state 3. Of interest is the calculation of the relative contribution of DPNH and TPNH to the observed fluorescence enhancement. Although considerably more data will be required,

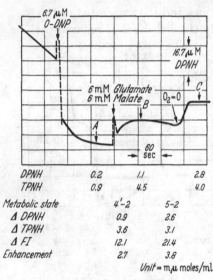

DPNH	0.2	1.1	2.8
TPNH	0.9	4.5	4.0
Metabolic state		4'-2	5-2
Δ DPNH		0.9	2.6
Δ TPNH		3.6	3.1
Δ FI		12.1	21.4
Enhancement		2.7	3.8

Unit = mμ moles/ml

Fig. 7. The influence of octyl dinitrophenol on the fluorescence enhancement of mitochondrial pyridine nucleotide. A sample of rat liver mitochondria was diluted in isotonic buffer and reagents added as indicated. Samples were withdrawn from the reaction cuvette at the times indicated by the vertical arrows. Octyl dinitrophenol was selected as an uncoupler because of the low concentrations required and the minimal interference in pyridine nucleotide fluorescence observed at these levels with this uncoupler. State 4' indicates the metabolic state obtained in the presence of uncoupler and absence of phosphate acceptor

these preliminary results show that DPNH is the component principally responsible for the high fluorescence observed in state 1 or state 4. Calculations from the data of the type presented in Fig. 6 indicates a fluorescense enhancement as great as twenty-fold for DPNH. This implies an increase in quantum efficiency for DPNH from the 2% observed in solution to about 40% for that contained in mitochondria. This certainly assigns a special and unique characteristic to the reduced pyridine nucleotide associated with mitochondria.

To further ascertain whether the fluorescence enhancement observed was related in any manner to the phosphorylation reactions, studies were carried out in which mitochondria were pretreated with suboptimal levels of octyl-DNP to partially uncouple the respiratory chain from the phosphorylation reactions. One example of the type of fluorometric recording obtained in the presence of uncoupler is illustrated in Fig. 7. These studies revealed, as illustrated in Fig. 8, that the extent of fluorescence enhancement decreases as increasing concentrations of uncoupler were added. In a similar manner the extent of fluorescence observed when mitochondria attain anaerobiosis is decreased when increasing concentrations of uncoupling agent have been added to the reaction mixture. These studies lend support to the hypothesis of a direct correlation of fluorescence enhancement and a proposed DPNH ∼ I form of mitochondrial pyridine nucleotide.

These observations on the fluorescence enhancement of the reduced pyridine nucleotide of mitochondria raise the interesting question ot the possible mechanism of bonding or binding (to protein) and whether this energy can be reflected in the energy conservation reactions required for ATP formulation. One possible sequence is as follows:

$$\text{Protein} + \text{DPN} \rightarrow \text{Protein} \cdot \text{DPN} \tag{1}$$
$$\text{Protein} \cdot \text{DPN} + \text{AH}_2 \rightleftharpoons \text{Protein} \cdot \text{DPNH} + \text{A} \tag{2}$$
$$\text{Protein} \cdot \text{DPNH} \rightleftharpoons \text{Protein} \cdot \text{DPNH}^* \tag{3}$$
$$\text{Protein} \cdot \text{DPNH}^* + \text{X} \rightarrow \text{X}^* + \text{Protein} + \text{DPNH} \tag{4}$$
$$\text{DPNH} + \text{fp} \rightarrow \text{DPN} + \text{rfp} \tag{5}$$

The addition of an uncoupling agent such as octyl-DNP would alter the equilibrium of reaction [4] by converting X* to X, resulting in a higher level of DPNH and a lower level of protein · DPNH*. Studies are in progress to test the validity of this hypothesis by determining the ratio of DPN to DPNH with various ratios of substrate couples such as BOH and AcAc, both in the presence and absence of uncoupling agent.

Of considerable interest is the interpretation of the observed fluorescence and what form DPNH* may represent. There are at the present time a number of related observations which may give some indication as to the eventual answer to this intriguing problem. These are as follows:

1. *Weber* [28] has studied the fluorescence of DPNH in solution and shown that the energy absorbed by the adenine moiety can be transferred to the pyridinium ring

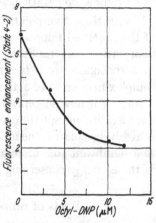

Fig. 8. Relation of fluorescence enhancement to uncoupler concentration. A series of experiments of the type illustrated in Fig. 7 were carried out employing varying concentrations of the uncoupler octyl dinitrophenol. The fluorescence enhancement of the reduced pyridine nucleotide obtained in state 4′ is plotted as a function of uncoupler concentration

of reduced pyridine nucleotide. This is interpreted as evidence for a folded structure of DPNH with a superimposed adenine ring over the pyridine ring. *Weber* [28] further showed that DPNH suspended in solutions of high viscosity, such as concentrated sucrose solutions, hindered this transfer of energy from the adenine to the pyridine ring.

2. Studies by *Avidor et al.* [10] have shown that such an energy transfer (*i. e.*, from the adenine ring to the pyridine ring) is not demonstrable for the reduced pyridine nucleotide of mitochondria. Energy absorbed by aromatic amino acids, such as tyrosine or tryptophan, however, can be transferred to this reduced pyridine nucleotide. This implies an unfolded structure for the mitochondrial reduced pyridine nucleotide and a close association with aromatic amino acids of protein.

3. *Winer* and *Theorell* [29] have observed that the fluorescence of DPNH bound to alcohol dehydrogenase can be enhanced by the addition of imidizole, presumably through the formation of a ternary complex.

4. *Boyer* [30] has recently isolated a phosphohistidine complex from mitochondria which appears to fulfill the necessary requirements as an intermediate in oxidative phosphorylation.

5. *Griffiths* and *Chaplain* [32] have recently reported evidence for a DPNH ∼ P generated during succinate oxidation by a phosphorylating heart muscle preparation.

With these five points in mind, perhaps one possible interpretation of the observed fluorescence studies and its relation to oxidative phosphorylation may reside in the presence of a DPNH-histidine complex in mitochondria or a free radical form of DPNH (*i.e.*, DPNH*). This complex may serve to activate one of the imidizole nitrogens of histidine rendering it now susceptible to interaction with phosphate, resulting in the histidine-phosphate compound discovered by *Boyer*. Although this is highly speculative the increasing body of evidence accumulating points to a significant role of reduced pyridine nucleotide as a key component in these energy conserving reactions.

Pools of mitochondrial pyridine nucleotide

One criticism [16] of the DPNH ∼ I concept is the presence in mitochondria of relatively high concentrations of DPN even in the respiratory inhibited state (state 4). When experiments of the type illustrated in Fig. 6 were carried out with BOH as substrate and samples removed for the assay of oxidized pyridine nucleotide (Table 1), results similar to those obtained by *Klingenberg* and *Slenczka* [24] were observed. Of interest is the observation that a large concentration of DPN remains even in the anaerobic state (state 5). Subsequent experiments revealed, however, (Fig. 9) that this DPN was reducible by succinate (cf. *Chance*

Table 1. *Analysis for pyridine nucleotide of rat liver mitochondria during β-hydroxybutyrate oxidation*

Metabolic state	Pyridine nucleotide (mole/mg protein)	
	DPN	TPN
2	2.1×10^{-9}	2.4×10^{-9}
3	1.9	1.1
4	1.1	0.1
3	1.8	1.1
5	1.0	0.05

and *Hollunger* [26]) supporting the hypothesis that two distinct pools of pyridine nucleotide exist in the mitochondria: one available to substrate dehydrogenases such as BOH and a second available to succinate. This division is most pronounced in pigeon heart sarcosomes where the preponderant pool of pyridine nucleotide is that accessible to succinate but not BOH. Experiments illustrating this additional reduction of DPN by succinate with either rat liver mitochondria or pigeon heart sarco-somes are illustrated in Figs. 9 and 10[1].

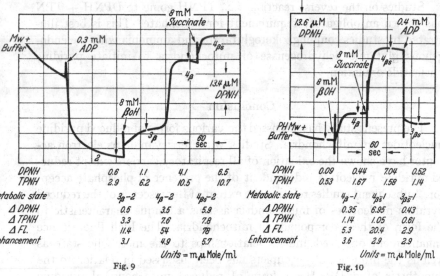

DPNH	0.6	1.1	4.1	6.5
TPNH	2.9	6.2	10.5	10.7
Metabolic state	3_β-2	4_β-2	$4_{\beta s}$-2	
Δ DPNH	0.5	3.5	5.9	
Δ TPNH	3.3	7.6	7.8	
Δ Fl.	11.4	54	78	
Enhancement	3.1	4.9	5.7	

Units = mμMole/ml

Fig. 9

DPNH	0.09	0.44	7.04	0.52
TPNH	0.53	1.67	1.58	1.14
Metabolic state	4_β-1	$4_{\beta s}$1	$3_{\beta s}$1	
Δ DPNH	0.35	6.95	0.43	
Δ TPNH	1.14	1.05	0.61	
Δ Fl.	5.3	20.4	2.9	
Enhancement	3.6	2.9	2.9	

Units = mμMole/ml

Fig. 10

Fig. 9. The reduction of rat liver mitochondrial pyridine nucleotide pool by succinate. A sample of rat liver mitochondria were diluted to 15 ml as described in Fig. 6. ADP, betahydroxybutyrate and succinate were added as indicated

Fig. 10. The succinate reduction of pyridine nucleotide of pigeon heart sarcosomes. Experimental conditions are comparable to that described in Fig. 9 except that the isotonic buffer contained 225 mM mannitol, 75 mM sucrose, 20 mM triethanol amine buffer, 0.05 mM EDTA, and 10 mM phosphate buffer of pH 7.0

Energy linked TPN reduction

Klingenberg [5], as well as our own studies [27], has shown that TPN, as well as DPN, is rapidly reduced during betahydroxybutyrate oxidation (compare to Fig. 9 above). *Klingenberg* [5] has proposed that this represents an energy linked reduction of TPN, presumably by a reversal of the transhydrogenase reaction. Recently we have confirmed these studies by showing an oligomycin sensitive, ATP requirement for TPN reduction during BOH reduction of pyridine nucleotide with liver mito-chondria. This is also evident from the studies with various concentrations

---

[1] During the Symposium a discussion with Dr. *Vogell* revealed a similarity between the ratio of the cristae to matrix volumes as determined from electron micrograph studies to the extent of pyridine nucleotide reducible by BOH and succinate as determined fluorometrically. This correlation would assign the locus of pyridine nucleotide reducible by BOH to the matrix, while the additional pyridine nucleotide reducible by succinate would be confined to the intercristae spaces. The analytical studies would suggest, therefore, that DPN and TPN were localized in the matrix fluid and only DPN would be present in the cristae volume (cf. *Chance* and *Hollunger* [26]).

of uncoupler (Fig. 7). In this case, the extent of TPN reduction is inversely related to the concentration of uncoupling agent.

Studies on the reverse reaction, *i.e.*, TPNH going to DPNH + TPN has shown an obligatory requirement for phosphate. This is best illustrated by studies coupling α-ketoglutarate and ammonia with the endogenous glutamic dehydrogenase of mitochondria to initiate pyridine nucleotide oxidation.

Conclusion

The present study has discussed the various forms of reduced pyridine nucleotides in mitochondria. Studies with ferricyanide as electron acceptor have shown the oxidation of all respiratory carriers except reduced pyridine nucleotide independent of the presence of phosphate acceptor. Subsequent studies relating the extent of fluorescence of the reduced pyridine nucleotides of mitochondria assigns a unique characteristic to the form of these compounds in mitochondria. The high fluorescence enhancement observed and its relationships to the metabolic state as well as the influence of uncouplers has been discussed in relation to the hypothesis of a DPNH∼I form of reduced mitochondrial pyridine nucleotide. In addition, the presence of two pools of mitochondrial pyridine nucleotide has been discussed.

This work was supported in part by a U.S. Public Health Service Grant RG 9956.

References

[1] *Chance, B.:* In *W. D. McElroy* and *B. Glass* (ed.), The Mechanism of Enzyme Action. Baltimore: Johns Hopkins Press 1954.
[2] *Bücher, Th.,* and *M. Klingenberg:* Angew. Chem. **70**, 552 (1958).
[3] *Klingenberg, M.,* and *Th. Bücher:* Ann. Rev. Biochem. **29**, 669 (1960).
[4] *Chance, B.,* and *G. R. Williams:* J. biol. Chem. **217**, 409 (1955).
[5] *Klingenberg, M.:* Internat. Congr. Biochem. V[th] Congr., Moscow, USSR 1961.
[6] *Purvis, J. L.:* Nature **182**, 711 (1958).
[7] *Purvis, J. L.:* Biochim. biophys. Acta (Amst.) **38**, 435 (1960).
[8] *Slater, E. C., M. J. Bailie* and *J. Bouman:* In First IUB/IUBS Symposium on Biological Structure and Function Stockholm, vol. II, p. 207. London: 1961.
[9] *Chance, B.,* and *H. Baltscheffsky:* J. biol. Chem. **233**, 736 (1958).
[10] *Avidor, Y., J. M. Olson, M. D. Doherty* and *N. O. Kaplan:* J. biol. Chem. **237**, 2377 (1962).
[11] *Estabrook, R. W.:* Anal. Biochem. **4**, 231 (1962).
[12] *Chance, B.,* and *G. Hollunger:* Nature (Lond.) **185**, 666 (1960).
[13] *Klingenberg, M.:* 11. Mosbacher Kolloquium Freie Nukleotide und ihre biologische Bedeutung, S. 82. Berlin-Göttingen-Heidelberg: Springer 1961.
[14] *Chance, B.,* and *G. R. Williams:* Advanc. Enzymol. **17**, 65 (1956).
[15] *Chance, B.:* J. biol. Chem. **234**, 1563 (1959).
[16] *Ernster, L.:* Discussion Contribution to Symposium on "Intracellular Respiration: Phosphorylating and Non-Phosphorylating Reactions", V[th] Intern. Congr. Biochem., Moscow 1961.

[17] Discussion between *B. Chance* and *E. C. Slater* in IUB Symposium on Haematin Enzymes, *J. E. Falk, R. Lemberg* and *R. K. Morton* (ed.), Part 2, p. 622. London: Pergamon Press 1961.
[18] *Cross, R. J., J. V. Taggert, G. A. Covo* and *D. E. Green:* J. biol. Chem. **177**, 655 (1949).
[19] *Copenhaver jr., J. H.,* and *H. A. Lardy:* J. biol. Chem. **195**, 225 (1952).
[20] *Pressman, B. C.:* Biochim. biophys. Acta (Amst.) **17**, 274 (1955).
[21] *Estabrook, R. W.:* J. biol. Chem. **236**, 3051 (1961).
[22] *Boyer, P. D.,* and *H. Theorell:* Acta chem. scand. **10**, 447 (1956).
[23] *Duysens, L. N. M.,* and *G. H. M. Kronenberg:* Biochim. biophys. Acta (Amst.) **26**, 437 (1957).
[24] *Klingenberg, M.,* and *W. Slenczka:* Biochem. Z. **331**, 334 (1959).
[25] *Estabrook, R. W.,* and *P. K. Maitra:* Anal. Biochem. **3**, 369 (1962).
[26] *Chance, B.,* and *G. Hollunger:* J. biol. Chem. **236**, 1534 (1961).
[27] *Estabrook, R. W., U. Fugmann* and *E. M. Chance:* Vth Internat. Congr. Biochem., Moscow. USSR 1961.
[28] *Weber, G.:* Nature (London) **160**, 1409 (1957).
[29] *Winer, A. D.,* and *H. Theorell:* Acta chem. scand. **14**, 1729 (1960).
[30] *Boyer, P.:* Personal communication.
[31] *Estabrook, R. W.:* Biochim. biophys. Acta (Amst.) **60**, 236 (1962).
[32] *Griffiths, D. E.,* and *R. A. Chaplain:* Biochem. biophys. Res. Commun. **8**, 501 (1962).

Discussion

With 2 Figures

Green: I may be able to explain the question why there is more DPNH reduced when you add succinate than by adding DPN-linked substrates. Each elementary particle is associated with a different dehydrogenase. Each particle can interact with succinate. Only a limited number of elementary particles is associated with β-hydroxybutyrate dehydrogenase. It follows that you cannot reduce much DPN starting with β-hydroxybutyrate. But with succinate you can reduce them all.

The high fluorescence observed by Dr. *Estabrook* under conditions for reversal of electron flow (from succinate to DPNH) may be explained as follows. Under the conditions of reversed electron flow the complex which oxidizes DPNH (DPNH-Q reductase) is in the reduced form. It is conceivable that DPNH can combine with the reduced complex to form a compound with a high fluorescence intensity. This compound would not be formed under the conditions of normal electron flow.

Estabrook: This may be an interpretation. We know however from Dr. *Klingenberg's* experiments, that acetoacetate can oxidize succinate linked pyridine nucleotide. Do you have evidence that in liver the distribution of hydroxybutyrate dehydrogenase elementary particles is much different from that in heart?

Green: We only know about heart. There may be less than one hydroxybutyrate dehydrogenase for 10 elementary particles.

Estabrook: I have a question about the "unitarian concept" of the elementary particles. Do you consider that cytochrome of one elementary particle reacts with that of the other?

Green: Yes. It may be slow.

Estabrook: We see the same amount of cytochrome reduced with hydroxybutyrate as with succinate. Thus there is interaction from the hydroxybutyrate dehydrogenase to cytochromes from various elementary particles. How do you define slow?

Green: Preparation of elementary particles may be treated so as to contain only 1/40 of the amount of succinic dehydrogenase. Nonetheless with succinate you can reduce all the cytochromes in all the elementary particles. These particles are interacting not on the direct line, but perhaps through small diffusable molecules. We have made our measurements only several minutes after addition of substrate.

Estabrook: Of interest are some recent experiments in our laboratory by Dr. *C. P. Lee.* She is using a succinic dehydrogenase deficient heart muscle preparation of the type described by *Tsoo King.* One can add to this particle purified succinic dehydrogenase and restore respiration

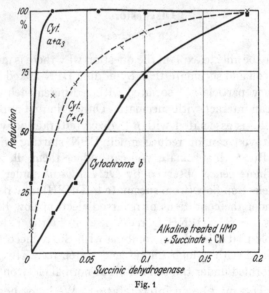

Fig. 1

with succinate. When the extent of cytochrome reduction is followed as a function of added succinic dehydrogenase concentration, results of the type illustrated in Fig. 1 are obtained. Very little succinic dehydrogenase is required for the reduction of cytochrome a, progressively more for the reduction of cytochrome c and much more for cytochrome b. As shown in the schemes presented in Fig. 2, there would be only one cytochrome b, c, and a reduced by succinic dehydrogenase if succinic dehydrogenase were recombined with only one respiratory chain assembly which could not interact with its neighbours. The lower half shows an interconnecting type of network in which 1b, 3c, and 9a are reduced. This latter case corresponds to the experimental data presented

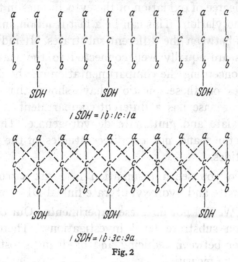

Fig. 2

in Fig. 1 and describes the possible types of interlinkages operative between respiratory chains.

Green: The experiments quoted by Dr. *Estabrook* on the reconstituted succinic oxidase are most interesting. Since more cytochrome *a* is reduced than cytochrome *c* and more *c* than *b* the conclusion was drawn that interparticle interactions can play as significant a role as intraparticle reactions. According to our own data on the composition of the elementary particle, i.e. a unit that contains one complete electron transfer chain, there are six molecules of cytochrome *a*, one molecule of cytochrome c_1 and three molecules of *b*. In the intact mitochondrion there is $2-3$ times as much cytochrome *c* as c_1. Thus, in one chain six molecules of cytochrome *a*, $2-3$ molecules of cytochrome $(c + c_1)$ and three molecules of cytochrome *b* would be reduced if all these cytochromes are fully reducible. Cytochrome *b* is rarely completely reducible even under anaerobic conditions (perhaps no more than 50%). Thus, ratios we observe on the basis of composition compare well with the ratios observed by Dr. *Estabrook*. Our conclusion would be that these data support the view that the extent of reduction of cytochromes is consistent with the molar proportions of these cytochromes in the respiratory chain (allowing for the partial reducibility of cytochrome *b* under anaerobic conditions).

Klingenberg: Concerning the positions of the cytochromes to the dehydrogenases, I should like to mention experiments where we do not reduce but oxidize the cytochromes from the substrate side, by adding hydrogen accepting substrates. If one offers to the anaerobic mitochondria ATP and oxaloacetate, acetoacetate or ketoglutarate plus ammonia, we have a high degree of oxidation of the cytochromes in the reversal of oxidative phosphorylation. This can be a fast reaction and there are no great differences between the different substrates. It indicates that all the cytochromes are equally well connected to the various dehydrogenases. Now, concerning the compartmentation on the dehydrogenase level, our studies on these questions have shown that the hydroxybutyrate dehydrogenase has a different compartment of DPN as compared to the malate and glutamate dehydrogenase. This is based on substrate interactions and not on direct studies of the mitochondrial pyridine nucleotides.

Estabrook: Do you see a summation in heart sarcosomes in the malate — glutamate and hydroxybutyrate linked DPN reduction?

Klingenberg: We did not do these experiments. Our conclusions are drawn mainly on substrate level investigations. There the rate of hydrogen transfer between reducing and oxidizing substrates and the redox equilibria are measured.

Green: When a citric cycle substrate is added to mitochondria, in time every conceivable intermediate of the cycle will be present at least in catalytic amount. Thus, the reduction of cytochromes eventually observed cannot be referred exclusively to the particular substrate employed. It would seem to me that one way of achieving rapid and complete reduction of DPN would be by adding simultaneously all the substrates of the pyridinoprotein enzymes of the mitochondrion.

Klingenberg: That is not easy, because of the conditions for the redox potentials. For example, it is difficult to reduce all the DPN associated with malate dehydrogenase by malate.

Green: Yes. You may have to put a fixative in.

Ernster: Dr. *Estabrook,* I do not like your equations in your preprint which describe the formation of Protein $\sim$ DPNH:

$$\text{Protein} + \text{DPN} \rightarrow \text{Protein} \cdot \text{DPN} \tag{1}$$

$$\text{Protein} \cdot \text{DPN} + \text{AH}_2 \rightarrow \text{Protein} \sim \text{DPNH} + \text{A} \tag{2}$$

$$\text{Protein} \sim \text{DPNH} + \text{X} \rightarrow \text{X}^* + \text{Protein} + \text{DPNH} \tag{3}$$

$$\text{DPNH} + \text{fp} \rightarrow \text{DPN} + \text{rfp} \tag{4}$$

What you are proposing is that the primary high-energy intermediate involved in the first respiratory chain phosphorylation is formed at the expense of the reduction of DPN by substrate (sum of reactions $1 + 2$), and not, as is believed on thermodynamic grounds, at the expense of the oxidation of DPNH by flavin (reaction 4).

De Duve: In the reduction of DPN by substrate the redox potential of both compounds have about the same level, whereas at the second step, the transfer from DPNH to flavoprotein there is a sufficient redox potential difference to provide the energy for making the high energy phosphate bond. X when binding with the DPN may form the oxidized complex, following Dr. *Greens* suggestion or when binding with the flavoprotein forms the complex with reduced flavoprotein according to Dr. *Ernster.* Now, these complexes discharge the energy to ATP before free DPN becomes available. The *Chance* school finds considerable accumulation of DPNH and there is no acceptor present for ATP synthesis. If we have only one X which can combine with one DPN, then all the rest of the DPN may be available for reduction by substrates. They cannot be reoxidized because X is not available. This was essentially in the scheme of Dr. *Green* or Dr. *Ernster.* How does Dr. *Estabrook* reconcile this scheme with the thermodynamics?

Estabrook: I may question the thermodynamic arguments, since I do not know the redox potential of DPN in mitochondria. For example Dr. *Klingenberg* says that DPN is about 40 mV more positive than the TPN couple although the textbooks say they are the same. There is a dilemma. Other questions concern the stöichiometry and the measurement of the amount of X. This involves the ATP jump experiments which presumably represent the discharge of the accumulated intermediate. This has a concentration of 2 μM/g protein which is 10 times the concentration of cytochrome and about equal to the DPN content of mitochondria. Comparable studies with the arsenate stimulation of respiration give similar values. In addition *Slater* finds by oligomycin titration 1.4 mM/mg protein.

Ernster: Are the ATP jumps different with hydroxybutyrate and glutamate plus malate as substrates?

Estabrook: We do not know.

Green: When DPNH is oxidized to DPN$^+$ by the respiratory chain, the energy released in this oxidation is utilized for the synthesis of ATP. If you will go along with my assumption that the high energy intermediate that is formed as a consequence of the oxidation of DPNH in the initial segment of the chain contains pyridine dinucleotide linked to a coupling factor, then it is difficult to imagine how the energy of oxidation could be trapped in the form of a high energy compound when the dinucleotide is in the same reduced form as when added. Obviously no oxidation could have taken place if the dinucleotide is still in the form of DPNH in the high energy intermediate.

Ernster: I was interested in the remark in Dr. *Estabrook's* verbal presentation that the increased DPNH fluorescence observed by him in the controlled respiratory state may be related to an "unfolding" of the adenine and pyridine moieties of the DPNH molecule. *Grabe* has formulated the theory [Biochim. biophys. Acta (Amst.) **30**, 560 (1958)] that DPNH and flavin enter a charge-transfer complex, DPNH$^+$...$^-$FAD. The formation of this complex would according to this theory constitute part of the energy-conservation mechanism involved in the DPN-flavin-linked phosphorylation (*cf.* also *Ernster*, Symposium on Intracellular Respiration, Vth Internatl. Congr. Biochem., Moscow, 1961. Oxford: Pergamon Press 1962, Vol. 5, p. 115). From quantum-mechanical evidence *Grabe* has arrived at the conclusion that in the charge-transfer complex, the pyridine ring of DPNH and the isoalloxazine moiety of FAD probably are situated in two parallel planes, with a distance of 3.3 Å [Ark. Fysik **5**, 97 (1960)]. Very probably then, the DPNH molecule in this complex must be present in the "unfolded" form. May it not be that it is DPNH engaged in such a charge-transfer complex that accounts for the highly-fluorescent DPNH species observed by Dr. *Estabrook?*

Estabrook: There is one instance where the charge transfer occurs: In experiments of *Ehrenberg* and *Ludwig* with DPNH and the old yellow enzyme. There you see a very large absorption band in the green which we have no evidence for in the mitochondria. It is a question whether there is a reaction between DPNH and flavin. The evidence now based partly on Dr. *Macklers* studies is that there is another component, possibly a sulfhydryl group mediating the reaction between DPNH and flavin.

III. Korrelationen zwischen Zellkompartimenten

Hydrogen transport and transport metabolites

By

Piet Borst

Introduction

In this paper an outline is given of the available pathways for the reoxidation by the mitochondria of DPNH formed by glycolysis in various tissues. The following points will be discussed: The DPN content and the DPNH/DPN$^+$ ratio of mitochondria and cell sap; the oxidation of extra-mitochondrial DPNH by the respiratory chain DPNH dehydrogenase, by menadione reductases, by DPNH-cytochrome c reductases, by the glycerolphosphate cycle and other substrate cycles; the oxidation of DPNH in tumours and two aspects of the reoxidation of extra-mitochondrial TPNH.

DPN content and DPNH/DPN$^+$ ratio of mitochondria and cell sap

The following observations now support the concept that the intact mitochondrial membrane limits the direct interaction of mitochondrial and extra-mitochondrial DPN in the intact cell:

1. Intact mitochondria are unable to oxidize added DPNH (see next section).

2. Extra-mitochondrial DPN$^+$ cannot be reduced by the mitochondrial dehydrogenases of intact mitochondria [1—4].

3. Intact mitochondria retain their DPN against a concentration gradient [5].

4. The rate at which the DPN of rat-liver mitochondria is replaced *in vivo* was calculated from experiments with ^{14}C nicotinic acid to be only 62% per hour [6].

5. Fluorescence measurements of *Chance* and *Thorell* on single grasshopper spermatids indicate that "a change in the oxidation-reduction state of the mitochondrial pyridine nucleotide by a factor > 3 has no measurable effect upon that of the cytoplasm" [7].

Since the mitochondrial membrane apparently functions as a fairly efficient permeability barrier to DPN the theoretical possibility exists that the DPNH/DPN$^+$ ratio and even the total DPN concentrations of the mitochondria and the cell-sap are different. The latter possibility becomes unlikely in view of the figures presented in Tables 1—3. In four

Table 1. *The DPN content of different tissues*

Tissue (mmoles/kg fresh weight)	"Supernatant" (% of tissue value)
Rat liver	0.87 (0.65—1.15)	71 (67—75)
Rat heart	0.79 (0.73—0.85)	
Ehrlich ascites cells .	0.48 (0.45—0.50)	
Flight muscle	0.8 (0.7 —0.85)	89

"Supernatant" = supernatant fraction of homogenate after sedimenting particulate fractions at high speed. The values — given as mean (range) — are taken from
the following sources: Rat liver: Tissue, refs. [8—16]. "Supernatant", refs. [12 and
17]. — Rat heart: refs. [8, 10 and 12]. — Ehrlich ascites cell, refs. [10 and 18]. —
Flight muscle: Tissue, mean of two values for locust [19] and blowfly [20]. The latter
value has been obtained by adding the figures given in ref. [20] for the cell sap and
the sarcosomes. It is therefore almost certainly too low. "Supernatant", ref. [20].

Table 2. *The DPN content of mitochondria isolated from different tissues*

Mitochondria from	Total DPN (μmoles/g protein)	Gram protein per L mitochondrial pellet	DPN conc. in pellet (mmoles/L)
Rat liver	3.0 (1.9—4.2)	152	0.5 (0.3—0.6)
Rat heart	5.7 (4.2—6.5)	140	0.8 (0.6—0.9)
Ehrlich ascites cells . . .	5.5	162	0.9
Flight muscle	3.8 (3.0—4.8)	137	0.5 (0.4—0.7)

The values for total DPN have been taken from the following sources: Rat liver:
refs. [12, 17, 21—24]. The values of ref. [24] obtained by three different workers
in *Slater's* laboratory have been pooled and counted as one figure. — Rat heart:
refs. [21, 24, 25]. — Ehrlich ascites cells: ref. [26]. — Flight muscle: Mean of
3 values obtained with locust [21], blowfly [20] and the giant silk moth [27]. The
values in the second column are taken from ref. [28]. Since no figure was available
for the protein content of the mitochondrial pellet of ascites cell mitochondria,
I have used the average of all figures for mitochondria of different tissues given
in ref. [28].

Table 3. *DPN concentration in mitochondria and cell sap expressed as mmoles/L*

	Cell sap	Mitochondria
Rat liver	1.7 (1.3—2.3)	0.9 (0.6—1.3)
Rat heart	1.6 (1.5—1.7)	1.6 (1.2—1.8)
Ehrlich ascites cells . . .	1.0	1.8
Flight muscle	1.6 (1.4—1.7)	1.0 (0.8—1.3)

The values — given as mean (range) — have been calculated by multiplying the
values in the first column of Table 1 and the last column of Table 2 by 2. This
factor is based on the following assumptions: The main fractions of the cell containing pyridine nucleotides are the cell sap and the mitochondria. Assuming that
the concentrations in these fractions are approximately equal, the DPN concentration of the tissue is a reliable estimate of the DPN concentration in the cell sap.
Of the tissue weight 70% is H_2O (cf. [29]) and 30% of this is blood and extracellular
fluid (cf. [16]). Of the mitochondrial pellet 70—80% is H_2O (cf. [30]) and 60—70%
of this is present in the mitochondria (cf. [28]).

widely different tissues the DPN concentrations of mitochondria and cell-sap are very close, the maximal difference being a factor two. In view of the variation of the figures given in Table 1 and 2 and the assumptions involved in the calculation, this can be accepted as good evidence that the concentrations *in vivo* are equal.

The DPNH/DPN$^+$ ratio in the two cell compartments can also be determined by direct analysis of the cell fractions. A selection of the values for liver available in the literature is given in Table 4. These values are of limited use in the context of this article. In the first place the reduction state of DPN is very sensitive to changes in the metabolic state of the tissue; these changes are bound to occur during fractionation of the tissue. Secondly, the analyses of extracts presented in Table 4 always include nucleotides bound to protein or present in the form of (hypothetical) labile high-energy intermediates. This is unfortunate because the interaction of pyridine nucleotides in different compartments will be governed by the concentrations of *free* DPN$^+$ and DPNH, not by the *total* concentrations.

To overcome this difficulty *Bücher and coworkers* have calculated the free DPNH/DPN$^+$ ratio of the extra-mito-chondrial compartment of rat liver by an indirect method first introduced in experiments on yeast by *Holzer, Schultze* and *Lynen* [33]. This method is based on the following assumptions:

Table 4. *The* $\dfrac{DPNH}{DPN^+ + DPNH}$ *ratio in whole rat liver, rat-liver "super-natant" and rat-liver mitochondria*

	Average (range)
Whole liver. . .	0.3 (0.2—0.5)
"Supernatant" .	0.1
Mitochondria . .	0.5 (0.3—0.6)

The values have been taken from the following sources: Whole liver: refs. [8, 11—16]. — "Super-natant": refs. [12] and [17]. — Mitochondria: refs. [12, 17, 24, 31 and 32]. (The three values for mito-chondria given in ref. [24] have been pooled and counted as one figure.)

1. The reactions catalyzed by the cell-sap lactate, malate and glycerol-phosphate dehydrogenases are in thermodynamic equilibrium in the intact cell.

2. The metabolite levels determined in the tissue can be used to calculate the metabolite concentrations in the cell sap.

3. The intracellular p_H is 7.0.

With these assumptions the free DPNH/DPN$^+$ ratio in the cell sap can be calculated from the lactate/pyruvate, malate/oxalacetate and glycerolphosphate/dihydroxyacetonephosphate ratio's and the equili-brium constants of the respective dehydrogenase reactions.

Since only metabolite *ratio's* are used in this calculation assumption 1 is the critical one. *Bücher and coworkers* [16, 34, 35] have presented convincing evidence that it holds in rat liver under a variety of metabolic conditions[1] and they calculate a free DPNH/DPN$^+$ ratio of approximately 1/2000 for the normal rat-liver cell sap [16]. This is a factor 100—1000 lower than the figures given in Table 4 for the *total* DPNH/DPN$^+$ ratio of liver and liver "supernatant". The main reasons for this difference must be the preferential binding of DPNH by the cell-sap dehydrogenases and, in the case of the whole liver, the — presumably — high mitochondrial total DPNH/DPN$^+$ ratio.

From the figures in Table 3 it follows that the free DPNH concentration in the cell sap is about 10^{-6} M. Whether this value can be extrapolated to other tissues is not known. The lactate/pyruvate ratio's of rat heart [19] and Ehrlich ascites cells [18] are in the same order of magnitude as that of rat liver and we may therefore provisionally assume that the free DPNH concentration of these tissues is also about 10^{-6} M, even though there is no direct evidence that in these cases the reaction catalyzed by lactate dehydrogenase is in thermodynamic equilibrium. On the other hand, with flight muscle these calculations cannot be used [19]: The activity of lactate dehydrogenase is too low and the reaction catalyzed by the cell-sap glycerolphosphate dehydrogenase is probably not in equilibrium because the rate of glycerolphosphate oxidation by the mitochondria is high. From reconstruction experiments on teased locust flight muscle with metabolites and glycerolphosphate dehydrogenase added in physiological amounts *Zebe et al.* [36] conclude that the steady state glycerolphosphate concentration found *in vivo* can only be reached if the free DPNH concentration of the cell sap is at least

---

[1] It should be noted that the third assumption, $p_H = 7.0$, may not be justified in the experiments of *Hohorst et al.* [34], in which changes in the DPNH/DPN$^+$ ratio of rat liver were studied during a 60 second period of ischaemia. Under these conditions the total DPNH/DPN$^+$ ratio remained constant while the lactate/pyruvate ratio rose from about 10 to about 80. *Hohorst et al.* draw the conclusion from this experiment that the free DPNH/DPN$^+$ ratio of the cell sap increases markedly during ischaemia "indicating an accumulation of hydrogen in the extramitochondrial DPN system of the tissue". I find it difficult to accept this interpretation. If the DPNH/DPN$^+$ ratio of the extramitochondrial compartment goes up while the DPNH/DPN$^+$ ratio of the whole liver remains constant, this can only mean that the mitochondrial DPNH/DPN$^+$ ratio must go down during ischaemia. This is rather improbable. It seems more likely to me that the rapid increase in the lactate concentration results in a fall in the intra-cellular p_H. Since the calculation of the free DPNH/DPN$^+$ ratio is made from the equation

$$\frac{(DPN^+)}{(DPNH)} = \frac{(H^+)}{K \text{ lact.}} \times \frac{(pyruvate)}{(lactate)}$$

it is clear that a drop of p_H from 7 to 6 would more than compensate for the 8-fold decrease in the pyruvate/lactate ratio. Consequently in my opinion ischaemia leads to the following changes: a fall in p_H, a slight decrease in the cell sap DPNH/DPN$^+$ ratio, an increase in the mitochondrial DPNH/DPN$^+$ ratio and no change in the total DPNH/DPN$^+$ ratio.

12 μM. This value is a factor 10 higher than that calculated from the glycerolphosphate/dihydroxyacetonephosphate ratio found in the tissue. As pointed out by *Zebe et al.* [36] this value should only be used as a rough approximation.

The determination of the DPNH/DPN⁺ ratio of the mitochondrial compartment is more difficult and no conclusive results have yet been presented. Studies in different laboratories have shown that the total DPNH/DPN⁺ ratio determined in mitochondrial extracts varies markedly according to the substrates used and the metabolic conditions chosen [19, 21, 24, 32, 37, 38]. Assuming that under normal conditions *in vivo* the rate of ATP breakdown is lower than the maximal capacity of the mitochondria to synthesize ATP, it seems reasonable to conclude from the data available that the *total* DPNH/DPN⁺ ratio of the mitochondria *in vivo* will probably be larger than 0.1 in most tissues and possibly larger than 1 in tissues like liver.

It is doubtful whether these figures can be used as an estimate of the *free* DPNH/DPN⁺ ratio in mitochondria. The fluorimetric studies of *Chance and coworkers* [7, 38, 39] indicate that the mitochondrial DPNH is largely in a bound form and the experience gained with the extra-mitochondrial compartment has shown that preferential binding of DPNH may shift the DPNH/DPN⁺ ratio by a factor of 100.

No attempt has yet been made to calculate the intramitochondrial free DPNH/DPN⁺ ratio from metabolite pairs. A possible way of doing this may be inferred from a recent suggestion of *Klingenberg* [40]. *Klingenberg* has drawn attention to the similar position of lactate and D-β-hydroxybutyrate dehydrogenase in metabolism. The products of both reactions can easily penetrate the cell wall and both lactate and D-β-hydroxybutyrate are dead ends in metabolism. According to *Bücher* and *Klingenberg* [19] the permeability of the cell membrane for the lactate-pyruvate couple results in an equalization of the DPNH/DPN⁺ ratio in the extra-cellular compartments of all tissues. *Klingenberg* has now suggested that the β-hydroxybutyrate-acetoacetate couple plays the same part for the mitochondrial compartment. An obvious consequence of this interesting suggestion is that it should be possible to calculate the intramitochondrial free DPNH/DPN⁺ ratio from the steady-state β-hydroxybutyrate/acetoacetate ratio found in the tissue. An attempt to do this for rat heart is illustrated in Table 5. In this Table I have summarized data of *Williamson* and *Krebs* [41] for a rat heart perfused with an initial concentration of 2 mM D-β-hydroxybutyrate. The initial high β-hydroxybutyrate/acetoacetate ratio rapidly falls to a level of about 9 which is kept constant even though the β-hydroxybutyrate concentration after 120 min is less than 1/3 of the value after 30 min. Assuming that thermodynamic equilibrium has been established in the

Table 5. *β-Hydroxybutyrate/acetoacetate ratio's during D-β-hydroxybutyrate oxidation by a perfused rat heart*

Time (min)	β-hydroxybutyrate (mM)	acetoacetate (mM)	$\dfrac{\text{β-hydroxybutyrate}}{\text{acetoacetate}}$
0	2.00	0.053	38
15	1.57	0,140	11.2
30	1.28	0.133	9.6
45	1.03	0.110	9.4
60	0.86	0.103	8.4
75	0.72	0.085	8.5
90	0.61	0.073	8.4
105	0.51	0.060	9.2
120	0.39	0.043	9.1

The figures are taken from Table 3 of *Williamson* and *Krebs* [41], except for the last column.

β-hydroxybutyrate dehydrogenase reaction and that the concentrations found in the perfusion fluid are equal to the concentrations in the mitochondrial H_2O, an intramitochondrial free DPNH/DPN$^+$ ratio of about 0.1 can be calculated[1], employing the equilibrium constant for β-hydroxybutyrate dehydrogenase of *Krebs et al.* [42] (1.42×10^{-9} at 25°). It is obvious that these calculations can be criticized on many grounds. They have only been included because no other estimate of the mitochondrial free DPNH/DPN$^+$ ratio is available at the moment. Further experiments on perfused organs and isolated mitochondria are necessary to decide whether this estimate has any significance.

In summary, the data discussed in this section permit the following conclusions:

1. The total DPN concentrations of cell sap and mitochondria are equal.

2. The free DPNH concentration of the cell sap of rat liver is approximately 10^{-6} M. A similar value may provisionally be used for rat heart and Ehrlich ascites cells.

3. The free DPNH/DPN$^+$ ratio of the mitochondria is probably higher than that of the cell sap, but this has not been proved.

Oxidation of DPNH by the DPNH oxidizing flavoprotein of the respiratory chain

It is now generally accepted that added DPNH is not directly oxidized by intact mitochondria. This was first shown by *Lehninger* [43] for rat-liver mitochondria and later confirmed for mitochondria from insect

---

[1] Since the evidence obtained with isolated mitochondria indicates that mitochondrial DPN is compartmentized, this calculation only holds for the DPN present in the same compartment as β-hydroxybutyrate dehydrogenase. Whether the DPNH/DPN$^+$ ratio's of different compartments may differ *in vivo* is not known.

flight muscle [44, 45], kidney [46] and tumours [46, 47]. Evidently extramitochondrial DPNH cannot reach the DPNH oxidizing flavoprotein of the respiratory chain in vitro and it seems likely that the situation in vivo will be the same. There are some types of mitochondria that do oxidize added DPNH — notably heart sarcosomes [46] — but in my opinion it is likely that this is due to damage, since vigorous homogenization is required to isolate these sarcosomes.

Reoxidation of extramitochondrial DPNH by menadione reductases

In recent years enzymes have been described in liver [48—57], brain [58, 59] and other animal tissues [51] which oxidize DPNH and TPNH in the presence of quinones or dyes and which are inhibited by low dicoumarol concentrations. The intracellular role of these menadione reductases — called menadione reductase [48, 49], vitamin K reductase [50—52], DT diaphorase [53—57] or brain diaphorase [58, 59] — is not clear at the moment and earlier suggestions [50] that the liver enzyme has a role in mitochondrial electron transport have not been confirmed [57]. The bulk of the enzyme activity is found in the cell sap and since the K_3 used as acceptor for these enzymes can be reoxidized by mitochondria [56, 60] the possibility might be considered that a menadione reductase catalyses the oxidation of cell sap DPNH by the mitochondria. As Conover [54] has pointed out this is unlikely in rat liver for two reasons:

a) The menadione reductase has a low substrate affinity. The Michaelis constants are 0.18 mM for DPNH and 0.13 mM for TPNH (0.08 mM and 0.04 mM respectively in the presence of albumin). This makes active DPNH oxidation unlikely if we accept that the free DPNH concentration in rat-liver cell sap is 10^{-6} M.

b) Although rat-liver slices have a considerable Amytal-resistant respiration, this is not sensitive to dicoumarol and it is not increased by adding K_3 under physiological conditions.

Similar arguments may be presented for Ehrlich ascites tumour cells. In an unpublished experiment in collaboration with Mr. L. de Groot we have found that an enzyme is present in the 100000 × g supernatant of the ascites-cell homogenate, which is able to catalyse the reduction of K_3 by DPNH and TPNH and which is completely inhibited by 10^{-5} M dicoumarol. The specific activity at p_H 7.4 in the testsystem of Märki and Martius [51] is about half the activity reported for ox liver at p_H 6.0 [51]. As in liver the bulk of the enzyme activity is present in the cell sap and the substrate affinity of the enzyme is low. The following arguments (cf. ref. [61]) indicate that this enzyme does not take part in the oxidation of extramitochondrial reduced pyridine nucleotides by the mitochondria:

a) The rate of incorporation in CO_2 of ^{14}C from ^{14}C-labeled glucose by ascites cells was studied by *Wenner and coworkers* [62, 63]. They observed that electron acceptors like phenazine methosulfate (see also ref. [64]), methylene blue and menadione stimulated C-1 oxidation 6—30 times with only a slight stimulatory effect on C-6 oxidation. They conclude that the reoxidation of TPNH is the rate-limiting step in the operation of the pentose-phosphate shunt in these cells and that the artificial electron acceptors somehow accelerate this reoxidation. It seems likely that the menadione reductase is responsible for this effect and the results indicate that under physiological conditions the enzyme cannot function for want of a suitable acceptor.

b) The effects of dicoumarol and dinitrophenol on respiration and on the relative rates of glucose C-1 and C-6 oxidation are very similar [63]. Apparently then the inhibition of the menadione reductase has no measurable effect on the reoxidation of extramitochondrial pyridine nucleotides.

c) The respiration of ascites cells in the presence of glucose has been found by some authors [63, 65] to be completely inhibited by Amytal, which does not inhibit DPNH oxidation catalysed by the menadione reductase from liver [55]. Although in my hands thoroughly washed ascites cells have a small Amytal-resistant respiration, this is not influenced by the addition of glucose [47, 61]. This makes it unlikely that the oxidation of extramitochondrial reduced pyridine nucleotides is contributing to the Amytal-resistant respiration (cf. [61]).

Although these arguments are not conclusive, they make it unlikely that the menadione reductase is a major pathway for the reoxidation of extramitochondrial DPNH in either liver or ascites cells. The interesting suggestion [63] that changes in the intracellular concentration of an endogenous quinone might influence the speed of the pentose-phosphate shunt deserves further investigation.

DPNH oxidation by DPNH-cytochrome c reductases

Two types of DPNH-cytochrome c reductases able to react with extramitochondrial DPNH have been described: a microsomal system and a system present on the surface of the mitochondria [2, 66, 67]. Both are insensitive to inhibition by Amytal or antimycin and require extramitochondrial cytochrome c for activity. Several authors [66—68] have suggested that these enzymes may have a function in the reoxidation of extramitochondrial DPNH by the mitochondria. However, this seems unlikely because it has now been firmly established that in the tissues investigated cytochrome c is not present in the cell sap [65, 69, 70] and no other physiological electron acceptor for the enzyme has yet been demonstrated. A further argument leading to the same conclusion may be derived from experiments on ascites cells, which contain active anti-mycin- and Amytal-insensitive DPNH-cytochrome c reductases [47]. As discussed in the previous section intact ascites cells have no glucose-induced antimycin- and Amytalresistant respiration [47, 61, 65].

Oxidation of DPNH by means of type 1 substrate cycles

The evidence discussed in the previous sections indicates that direct oxidation pathways for extramitochondrial DPNH are unimportant in the intact cell. This has led to increasing interest in the possibilities of indirect hydrogen transport by means of substrate cycles. In principle, any oxidation reaction which can take place both in and outside the mitochondria and in which at least the extramitochondrial reaction involves the oxidation of DPNH may function as a cycle transmitting reducing equivalents from one compartment to the other. Two types of substrate cycles should be distinguished: In type 1 the sum-reaction involves a large change in free energy. In type 2 cycles the over-all change is zero. In this section I shall discuss type 1 cycles.

The only example of this type described up till now is the glycerol-phosphate cycle, summarized in the following equations:

Cell sap:	$DPNH + H^+ + dihydroxyacetone\text{-}P \rightleftharpoons DPN^+ + glycerol\text{-}P$	
Mitochondria:	$Glycerol\text{-}P + {}^1/_2 O_2$	$\rightarrow dihydroxyacetone\text{-}P + H_2O$
Sum:	$DPNH + H^+ + {}^1/_2 O_2$	$\rightarrow DPN^+ + H_2O$

This cycle was discovered in insect flight muscle by *Zebe et al.* in 1957 [71] and it has been studied in a variety of tissues in several laboratories [19, 36, 37, 44, 46, 47, 61, 72—84]. Since the equilibrium of the mitochondrial glycerolphosphate oxidase system is strongly in favour of the oxidized metabolite, while the reaction in the cell sap is in favour of the reduced metabolite it is clear that this system can work as an oxidation pathway for DPNH, even if the mitochondrial DPNH/DPN$^+$ ratio is much higher than that of the cell sap [36]. Direct evidence for the catalytic effect of glycerolphosphate + glycerolphosphate dehydrogenase on the oxidation of extramitochondrial DPNH was briefly reported for liver mitochondria from thyrotoxic rats [83] and a more detailed study was presented for ascites-cell mitochondria [47, 61].

In the context of this paper two questions are of interest: (a) Do the conditions found *in vivo* allow the operation of the cycle? (b) Can the glycerolphosphate cycle account for all the mitochondrial oxidation of DPNH formed in glycolysis in all tissues?

To answer the first question it is necessary to known at least the following facts: The steady state concentrations of glycerolphosphate and dihydroxyacetonephosphate in the cell sap; the activity and the Km

values of the cell sap glycerolphosphate dehydrogenase and the mitochondrial glycerolphosphate oxidase system; and the free DPNH and
DPN⁺ concentrations of the cell sap. A selection of the figures available
for rat liver, rat heart, Ehrlich ascites cells and flight muscle is given in
Table 6. It should be noted that the glycerolphosphate oxidase activities
of liver and heart are almost certainly too high, because they have not
been corrected for endogenous substrate oxidation. No Km values are

Table 6. *Data concerning the function of a glycerolphosphate cycle in the intact cell*

	Rat liver	Rat heart	Ehrlich ascites cell	Flight muscle
Cell-sap glycerolphosphate deh. activity (μmoles/g fresh w./h) .	5000 [73]	720 [73]	variable	7500 [36]
$\dfrac{\text{Triosephosphate deh.}}{\text{Glycerolphosphate deh.}}$ activity	1.7 [73]	17 [73]	variable	1.6 [36]
Glycerolphosphate oxidase act. mitochondria (μat. 0/mg pr./h)	0.82 [83] 0.65 [85]	0.14 [85]	8.3 [86]	67 [45] 21 [85]
Max. glycerolphosphate Q_{O_2} mit	0.19 [83]			1.2 [45]
Max. DPN-linked substr. Q_{O_2} mit.	0.30 [85]	0.02 [85]	0.86 [86]	1.9 [85]
Aerobic steady state conc. glycerolphosphate (μmoles/g fresh w.)	0.25 [16]	0.09 [19]	?	0.1 − 0.5 [19]
Km glycerolphosphate oxidase system of intact mit.	?	?	1 mM [47]	1 mM ? [19, 76]

The figures between brackets are references.

available for these mitochondria and they are arbitrarily assumed to be
1 mM. Taking again a factor 2 for the conversion of μmoles/g fresh weight
to mmoles/L cell sap, this leads to the conclusion that in rat liver and
rat heart the glycerolphosphate concentration is below the Km of the
glycerolphosphate oxidase system. This means that the oxidase activity
in vivo must be much lower than the values given in Table 6. For
glycerolphosphate dehydrogenase this difficulty is even greater, and the
question whether the dehydrogenase activity measured is high enough
to account for the steady state glycerolphosphate concentration found
in the tissue can only be solved by three types of experiments: (a) Reconstruction experiments, as presented for locust flight muscle by *Zebe et al*.
[36]. (b) Measurements of the initial rate of glycerolphosphate formation
after transition from aerobiosis to anaerobiosis (cf. [81]). (c) Demonstration that the reaction catalysed by the cell-sap glycerolphosphate
dehydrogenase is in thermodynamic equilibrium, as in rat liver [16].

Bearing these reservations in mind the provisional conclusion may
be drawn from Table 6 that the glycerolphosphate cycle can account

for all glycolytic DPNH oxidation in flight muscle, for part of it in rat liver[1], while it is of little importance in rat heart[2]. The situation in ascites cells will be discussed in one of the following sections. High activities both for the cell sap and the mitochondrial glycerolphosphate dehydrogenase have also been found in brain [19, 36, 73, 77] and skeletal muscle [19, 72—74, 87, 88]. On the other hand the cell-sap dehydrogenase activity is low in some tumours [73, 78, 80] and in smooth muscle [75].

From this limited survey it seems doubtful whether the glycerolphosphate cycle can account for all the mitochondrial oxidation of DPNH formed in glycolysis in all tissues.

The possibility that other type 1 cycles might work in the cell has never been seriously considered, probably because the other known cytochrome-linked dehydrogenases — succinate dehydrogenase, choline dehydrogenase and acyl-CoA dehydrogenase — have no pyridine nucleotide-linked counterpart in the cell sap. I shall therefore briefly discuss a possible candidate, the proline cycle, represented by the following equations:

Cell sap: $DPNH + H^+ + \Delta'\text{-pyrroline-5-carboxylate} \rightleftharpoons DPN^+ + proline$

Mitochondria: $Proline + {}^1/_2 O_2 \rightarrow \Delta'\text{-pyrroline-5-carboxylate} + H_2O$

Sum: $DPNH + H^+ + {}^1/_2 O_2 \rightarrow DPN^+ + H_2O$

The cell-sap pyrroline-5-carboxylate reductase required for this cycle has been partly purified from liver [89—91]. The equilibrium of the reaction is so far towards proline formation that the reverse reaction could not be demonstrated. That liver mitochondria contain a proline oxidase system not requiring pyridine nucleotides is not generally known and even disputed (cf. refs. [92 and 93]). The following evidence supports this concept: In unpublished experiments done 2 years ago in collaboration with Mr. *Frieke*, I have found that rat-liver mitochondria, depleted of pyridine nucleotides by "aging" at 37° were still able to oxidize proline. The oxidation was Amytal insensitive. Similar results were obtained with sonic particles of liver mitochondria. In the latter system the formation of stoichiometric amounts of a compound reacting with

---

[1] It is interesting that in rat liver, where the glycerolphosphate oxidase is apparently rate-limiting, the activity is increased 5 times by feeding rats desiccated thyroid [83, 84]. The cell-sap dehydrogenase, which is present in large excess, is not influenced. How this change is related to the clinical picture of hyperthyroidism has not yet been elucidated.

[2] If the conclusion that the glycerolphosphate oxidase system of heart is insufficiently active to be of importance under physiological conditions were correct, one would expect that the reaction catalysed by the cell-sap dehydrogenase was in equilibrium. This is apparently not the case [19], the low glycerolphosphate/dihydroxyacetonephosphate ratio indicating that glycerolphosphate is removed too rapidly for equilibrium to be attained. How this removal is effected is not clear and further work on this problem is indicated (see also p. 197—200).

10*

o-amino-benzaldehyde could be demonstrated, indicating formation of pyrroline-5-carboxylate [*94*]. Comparable results have been reported by *Johnson* and *Strecker* [*95, 95a*].

The marked inhibition of proline oxidation by intact mitochondria by 2 mM Amytal (80%) is not in contradiction with this concept because 80% of the O_2 uptake with this substrate is associated with the rapid further oxidation of pyrroline-5-carboxylate (see also ref. [*96*]). We have found that the Q_{O_2} of the one-step oxidation proline → pyrroline-5-carboxylate is only about 10 compared with a value of about 50 found for proline oxidation by fresh rat-liver mitochondria in the absence of inhibitors [*97*].

Whether this proline cycle (or hydroxyproline cycle because the enzymes involved also react with hydroxypyroline) can promote the reoxidation of cell-sap DPNII *in vivo* is doubtful because pyrroline-5-carboxylate reductase also reacts with TPNH [89, 91]. Since the TPNH concentration in the cell sap is probably much higher than the DPNH concentration, the cycle would be more important for TPNH than for DPNH oxidation.

Type 2 substrate cycles

The second type of substrate cycle in which the ΔG_0 of the over-all reaction is zero has recently been stressed by American authors as a pathway for the oxidation of extramitochondrial DPNH. It should however be realized that if these cycles work *in vivo* they can only *equalize* the DPNH/DPN+ ratio in mitochondria and cell sap[1], they can never work against a ratio difference as the cycles discussed in the former section. This raises interesting problems which will be briefly considered after discussing the cycles proposed up till now.

A β-hydroxybutyrate shuttle was proposed by *Devlin* and *Bedell* [*98*]. They observed in manometric experiments that catalytic amounts of β-hydroxybutyrate or acetoacetate stimulate the oxidation of DPNH by rat-liver mitochondria and they explain this effect by assuming the presence in rat-liver mitochondria of two types of D-β-hydroxybutyrate dehydrogenases, an "external" one reacting with external DPN and an "internal" one reacting with mitochondrial DPN. The experimental evidence presented by *Devlin* for this interesting shuttle is not completely convincing. His experiments were done with mitochondria that had been incubated for 8 minutes at 30° in the absence of substrates, a treatment which might have damaged the mitochondrial membrane. Indeed,

[1] This has been emphasized already by *Delbrück et al.* [*72*] in 1959: "Wenn also Malat und Oxalacetat in gleicher Weise durch die cytoplasmatisch-mitochondriale Schranke permeieren können, dann ist eher mit einer ausgleichenden Fluktuation als mit einem stets einsinnigen Wasserstofftransport zu rechnen."

using fresh mitochondria *Lehninger et al.* [*99*] did not observe any effect of acetoacetate on the oxidation of added DPNH. In my opinion more experiments are therefore required before the existence of a β-hydroxy-butyrate shuttle in intact mitochondria can be accepted.

The malate-oxaloacetate cycle, studied by *Sacktor* [*100*], is represented by the following equations:

Cell sap: oxaloacetate + DPNH + H⁺ ⇌ malate + DPN⁺

Mitochondria: malate + DPN⁺   ⇌ oxaloacetate + DPNH + H⁺

Sum: DPNH + DPN⁺   ⇌ DPNH + DPN⁺

That malic dehydrogenase, which catalyzes both reactions, is present both in the cell sap and in the mitochondria is well documented [*37*]. It is not clear from the published data of *Sacktor* whether he has actually been able to demonstrate a catalytic effect of malate or oxaloacetate on the oxidation of extramitochondrial DPNH by the mitochondria.

The importance of this system is limited in my opinion by the fact that intact mitochondria are very poorly permeable to oxaloacetate. This is evident from two types of experiments: *Chappell* [*101*] has observed that succinate oxidation in intact liver and kidney mitochondria could only be inhibited with 1 mM oxaloacetate although 10 μM was sufficient with mitochondrial fragments. With ascites-cell mitochondria addition of malate + malate dehydrogenase has no effect on the oxidation of extramitochondrial DPNH although these mitochondria oxidize malate with an average Q_{O_2} of 33 at 25° [*86*].

To overcome these difficulties I have modified the malate-oxalo-acetate cycle to include a double transamination [*61*]. This malate-aspartate cycle can be represented by the following equations:

Cell sap: Aspartate + oxoglut.   ⇌ ox.acetate + glutamate
                ox.acetate + DPNH + H⁺ ⇌ malate + DPN⁺

Mitochondria: malate + DPN⁺   ⇌ ox.acetate + DPNH + H⁺
                ox.acetate + glutamate   ⇌ aspartate + oxoglut.

Sum: DPNH + DPN⁺   ⇌ DPN⁺ + DPNH

The aspartate transaminase required for this reaction is present both in the mitochondria and in the cell sap in the tissues investigated (cf. [*102* and *102a*]). Since all the metabolites required are rapidly oxidized by mitochondria it has been impossible to demonstrate the function of this cycle experimentally. However, the evidence available indicates that the isolated mitochondria of most tissues are permeable to the transport-metabolites of this cycle, aspartate and malate (cf. [*102*]).

From this brief survey it is clear that the direct experimental evidence for the existence of type 2 cycles is meagre. It is impossible however to exclude that the malate-aspartate cycle could work *in vivo*, if not as a transport cycle, then still as an equalizing cycle. The presence of this type of cycle raises theoretical difficulties which can be demonstrated by an example: If the free DPNH/DPN$^+$ ratio of the mitochondria is a factor 100 higher than that of the cell sap the mitochondrial malate/oxalo-acetate ratio must also be 100 times higher than that of the cell sap. Assuming that malate can freely pass the mitochondrial membrane the oxaloacetate concentration of the mitochondria would be $1/100 \times 14$[1] μM $= 0.14 \,\mu$M. This figure is more appropriate for mitochondrial metab-olism than the $14 \,\mu$M found for whole liver because the latter concen-tration might[2] prevent the functioning of the Krebs cycle by inhibiting succinate dehydrogenase. However, if aspartate transaminase is present on both sides of the mitochondrial membrane difficulties arise, because the malate-aspartate cycle will then always equalize concentration diffe-rences for one of the reactants. This dilemma may be solved in several ways:

a) The intramitochondrial transaminase is far from thermodynamic equilibrium. This is not impossible although it can be shown that in rat liver the over-all system in both compartments is close to equilibrium. From the equilibrium constants for the aspartate and alanine trans-aminases given by *Krebs* [*103*] it can be calculated that

$$\frac{\text{(aspartate)}}{\text{(alanine)}} \times \frac{\text{(pyruvate)}}{\text{(oxaloacetate)}} = 4.4 \text{ at } 38°.$$

Using the figures published by the *Bücher* group [*35, 104*], correcting the $\frac{\text{(pyruvate)}}{\text{(oxaloacetate)}}$ ratio for the contribution by blood and intercellular fluid (cf. [*16*]), a value of 10 is found for normal liver and 5 for the diabe-tic liver. This is in good agreement with the value of *Krebs* considering the difficulties involved in the individual determinations.

b) The mitochondrial aspartate transaminase has no free access to mitochondrial oxaloacetate; according to this interpretation the forma-tion of aspartate during glutamate oxidation would be due to the over-flow of the mitochondrial oxaloacetate compartment. This possibility is unlikely in view of the marked stimulation of malate oxidation in the presence of arsenite by the addition of glutamate [*101, 102*].

c) The mitochondrial compartment is poorly permeable to the trans-port metabolites involved. This elegant solution of the problem appears to be employed by the house fly. *Van den Bergh* and *Slater* [*45*] have

---

[1] This figure has been taken from *Hohorst et al.* [*16*], assuming that μM $= 2 \times$ μmoles/Kg fresh weight.

[2] Data on the intramitochondrial oxaloacetate concentration required to inhibit succinate dehydrogenase in intact mitochondria are sadly lacking.

discovered that pyruvate and glycerolphosphate are the only substrates which are rapidly oxidized by these sarcosomes. Isocitrate, oxoglutarate, malate, glutamate or DPNH can only be oxidized after the sarcosomal membrane has been broken up by sonic vibration. As *Van den Bergh* and *Slater* point out glycerolphosphate and pyruvate are the only products of the sarcoplasmic metabolism *in vivo* that need to penetrate rapidly into the sarcosomes. The permeability barrier to other substrates will effectively prevent loss of mitochondrial reducing equivalents to the cell sap.

It is generally accepted that this situation in flight muscle is exceptional. Mitochondria from other tissues are able to oxidize all Krebs-cycle intermediates at high rates, even when all precautions are taken to prevent damage to their structure. Moreover it is difficult to see how liver mitochondria could fulfill their synthetic function if metabolites like glutamate could not freely move through the mitochondrial membrane. On the other hand there are observations that can only be explained by assuming some sort of permeability barrier. Isolated mitochondria from various animal tissues contain large amounts of amino acids and citrate, and smaller amounts of other Krebs-cycle intermediates, although they have been washed with large volumes of sucrose [105]. In addition, evidence was obtained by *Dickman* and *Speyer* [106] that even at 38° rat-liver mitochondria are poorly permeable to aconitate and isocitrate. These observations have never been satisfactorily explained and further investigations in this direction are indicated. For instance, it would be interesting to know whether the endogenous citrate and amino acids are also retained by the mitochondria in other suspension media than sucrose and at higher temperature (keeping the suspension strictly anaerobic to prevent substrate oxidation).

d) The free DPNH/DPN$^+$ ratio of the mitochondria is equal to that of the cell sap. As pointed out before, this possibility cannot be discounted on the evidence available, although it would seem unlikely.

It is clear that none of these 4 possibility gives a satisfactory solution for the problems raised by the possible presence of type 2 cycles in the intact cells and the matter must be left open.

From the evidence discussed in this section it might be inferred that type 2 substrate cycles — if they exist — will never be able to contribute materially to the transfer of reducing equivalents from the cell sap to the mitochondria, because the mitochondrial free DPNH/DPN$^+$ ratio is probably higher and certainly not lower than that of the cell sap. This conclusion is not correct because under special conditions the differences in the DPNH/DPN$^+$ ratio may be more than compensated for by large differences in metabolite ratio's. These can be obtained by coupling a type 2 cycle on one side of the mitochondrial membrane with an energy expending reaction, as the following hypothetical example shows:

Cell sap:

$$\text{Citrate} + \text{ATP} + \text{CoA} \rightleftharpoons \text{oxaloacetate} + \text{acetyl-CoA} + \text{ADP} + P_i \quad (1)$$

$$\text{oxaloacetate} + \text{DPNH} + \text{H}^+ \rightleftharpoons \text{malate} + \text{DPN}^+ \quad (2)$$

Mitochondria:

$$\text{malate} + \text{DPN}^+ \rightleftharpoons \text{oxaloacetate} + \text{DPNH} + \text{H}^+ \quad (3)$$

$$\text{oxaloacetate} + \text{acetyl-CoA} \rightleftharpoons \text{citrate} + \text{CoA} \quad (4)$$

Sum: $\quad \text{DPNH} + \text{DPN}^+ + \text{ATP} \rightleftharpoons \text{DPN}^+ + \text{DPNH} + \text{ADP} + P_i \quad (5)$

Reaction 4 is catalyzed by citrate synthase, reaction 1 by the citrate cleavage enzyme of *Srere* [107, 108]. If we assume for the sake of the argument that the transport metabolites involved (malate, citrate and acetyl-CoA) can freely penetrate the mitochondria while oxaloacetate cannot, this cycle provides a mechanism for the oxidation of extramitochondrial DPNH even if the DPNH/DPN$^+$ ratio of the mitochondria is higher than that of the cell sap. Although this malate-citrate cycle is only paper biochemistry the possibility should not be overlooked that similar cycles work in the intact cell.

The oxidation of extra-mitochondrial DPNH in tumours

The low cell-sap glycerolphosphate dehydrogenase content of most tumours discovered by *Bücher and coworkers* [71, 73] and confirmed by others [78, 80] has led *Boxer* and *Devlin* [46] to formulate a new hypothesis to explain the high aerobic lactate formation of tumours. They state that normal tissues have three possibilities to dispose of their glycolytic DPNH: the glycerolphosphate cycle, the β-hydroxybutyrate shuttle and reduction of pyruvate to lactate.

Since the first two pathways are not available to malignant cells, "the reduction of pyruvate to lactate would become a metabolic necessity for the malignant cell in resupplying DPN for steadystate glycolysis" [46]. I have already discussed some of the arguments against this interesting hypothesis before it was formulated (cf. ref. [61]). The following points are of importance:

1. The glycerolphosphate dehydrogenase activity is not low in all tumours. As noted already by *Holzer et al.* [109], *Delbrück* et al. [73] and *Boxer* and *Shonk* [80] some strains of the Ehrlich ascites cell tumour have a high glycerolphosphate dehydrogenase activity, the ratio lactate dehydrogenase/glycerolphosphate dehydrogenase sometimes approaching 1. Moreover, *Emmelot and Bos* [110] have recently reported that the test system used for the assay of glycerolphosphate dehydrogenase in tumours is unsatisfactory. Especially when the enzyme concentration in the tissue extract examined is low, the values found are far too low, presumably

because the enzyme successfully competes with EDTA for the heavy metals present. In three rat-hepatoma strains *Emmelot* and *Bos* could detect no glycerolphosphate dehydrogenase activity in the usual test system; addition of $5 \cdot 10^{-4}$ M KCN brought the activity to the same order of magnitude as that found in liver. Since the mitochondria of these tumours oxidized glycerolphosphate at a higher rate than rat-liver mitochondria it seems probable that the glycerolphosphate cycle is operating in these hepatoma's. A similar conclusion can be drawn for those strains of the Ehrlich ascites cell tumour which have a high glycerolphosphate dehydrogenase activity, since the mitochondria isolated from at least two ascites-cell tumours [47, 110] oxidize glycerolphosphate at a high rate.

2. Although tumours do convert pyruvate to lactate aerobically, part of the pyruvate formed is oxidized. This means that an equivalent amount of DPNH is oxidized by the mitochondria, assuming that the use of DPNH for reductive syntheses is quantitatively unimportant certainly when uncoupling agents are present. This proves that a pathway for the oxidation of glycolytic DPNH by the mitochondria must be present even though the glycerolphosphate cycle is inactive[1].

3. The hypothesis of *Boxer* and *Devlin* would in practice mean that the mitochondrial pyruvate oxidation system cannot compete with lactate dehydrogenase for the pyruvate formed in glycolysis. According to present concepts this is not so, the competition between glycolysis and respiration being due to the limited availability of P_i and ADP (cf. paper read by Dr. *Hess* to this symposium).

These arguments make it difficult for me to accept the hypothesis of *Boxer* and *Devlin*. On the contrary, from arguments [2] and [3] it is probable that tumors must contain a very efficient pathway for the reoxidation of glycolytic DPNH by the mitochondria and further investigations will undoubtedly bring this to light.

[1] In view of the results obtained by *Emmelot* and *Bos* [110] the question may be raised whether any of the low glycerolphosphate dehydrogenase levels reported in the literature can be accepted as correct. We have therefore repeated our experiments on a strain of Ehrlich ascites cell tumour, in which we had not been able to demonstrate any activity before [47, 61]. Although we have now found in two experiments a low glycerolphosphate dehydrogenase activity, KCN had only a small effect on this, and the lowest ratio lactate/glycerolphosphate dehydrogenase that we have observed was 200. Therefore the puzzling discrepancy of a low glycerolphosphate dehydrogenase activity + a high mitochondrial glycerolphosphate oxidase activity, which I have reported before for this tumour, remains unresolved.

In addition, *Ciaccio et al.* [81] have found that the ascites form of the *Novikoff* hepatoma *in situ* accumulates only lactate and no glycerolphosphate when the host is killed. Under the same conditions equal amounts of lactate and glycerolphosphate accumulate in the liver of the animal. This experiment directly proves that in this tumour the glycerolphosphate dehydrogenase concentration is so low that the enzyme cannot successfully compete with lactate dehydrogenase for the DPNH available.

Two aspects of TPNH reoxidation

Although a discussion of the reoxidation of extramitochondrial TPNH is outside the scope of this paper, I want to draw attention to two points:

1. As shown in Table 7 the DPN/TPN ratio of isolated liver and heart mitochondria is lower than that of the whole tissue. If we accept the conclusion drawn from Table 3 that the DPN concentration in mitochondria and cell sap is equal, the results given in Table 7 can only mean that the TPN concentration in the mitochondria is higher than that in the cell sap (cf. also Table 6 of Dr. *Klingenberg's* paper).

Table 7. *DPN/TPN ratio's in whole tissue and in isolated mitochondria*

	Rat liver		Rat heart	
	tissue	mitochondria	tissue	mitochondria
Glock and *McLean* [8] . . .	3.0		15	
Glock and *McLean* [17] . . .		0.8 and 1.0		
Jacobson and *Kaplan* [12] .	1.3	0.5	5.8[1]	2.0
Holzer et al. [14]	3.3			
Klingenberg et al. [21] . . .		0.6		4.2
Bassham et al. [15]	2.3			
Birt and *Bartley* [31]		1.2		

[1] Value for homogenate.

2. Fatty acid synthesis is generally accepted to be an extramitochondrial process and an important pathway for the reoxidation of extramitochondrial TPNH (cf. ref. [111]). This concept now appears to be untenable in view of recent experiments by *Hülsmann and coworkers* [112—117]. In 1960 *Hülsmann* [112] discovered that rat-heart sarcosomes rapidly incorporate ^{14}C-acetate into long-chain fatty acids when supplied with ATP, CoA, TPNH and an oxidizable substrate. Bicarbonate was not required for this synthesis which led *Hülsmann* to suggest that the malonyl-CoA involved in this pathway was formed from acetyl-CoA by transcarboxylation from oxalosuccinate or oxaloacetate. This original suggestion has been confirmed by more recent experiments with partly purified enzymes [116, 117].

To determine the relative contribution of "soluble" and mitochondrial enzyme systems to the total fatty acid synthesis of the cell, *Christ* and *Hülsmann* [115] have done fractionation studies with rabbit heart and pigeon liver. Rather surprisingly, they found that in both tissues fatty acid synthesis was confined to the mitochondrial fraction, provided that precautions were taken to wash the cut liver as free from bile as possible. If these precautions were omitted, as in older work on fatty acid synthesis, the fatty acid synthesizing system was readily extracted from the pigeon-liver mitochondria and appeared in the supernatant.

It is obvious that this sudden migration of fatty acid synthesis from the cell sap to the mitochondria necessitates some drastic modifications of present day ideas about metabolic interrelations and their derangement in diseases like diabetes.

I wish to thank professor E. C. Slater for his encouragement.

References

[1] Christie, G. S., and J. D. Judah: Proc. roy. Soc. B, 141, 420 (1953).
[2] Ernster, L., and O. Lindberg: Ann. Rev. Physiol. 20, 13 (1958).
[3] Ziegler, D. M., and A. W. Linnane: Biochim. biophys. Acta (Amst.) 30, 53 (1958)
[4] Bendall, D. S., and C. de Duve: Biochem. J. 74, 444 (1960).
[5] Huennekens, F. M., and D. E. Green: Arch. Biochem. 27, 418 (1950).
[6] Purvis, J. L., and J. M. Lowenstein: J. biol. Chem. 236, 2794 (1961).
[7] Chance, B., and B. Thorell: Nature (Lond.) 184, 931 (1959).
[8] Glock, G. E., and P. McLean: Biochem. J. 61, 388 (1955).
[9] Glock, G. E., and P. McLean: Biochem. J. 65, 413 (1957).
[10] Jedeikin, G. A., and S. Weinhouse: J. biol. Chem. 213, 271 (1955).
[11] Jedeikin, G. A., A. J. Thomas and S. Weinhouse: Cancer Res. 16, 867 (1956).
[12] Jacobson, K. B. ,and N. O. Kaplan: J. biol. Chem. 226, 603 (1957).
[13] Lowry, O. H., N. R. Roberts and J. I. Kappahn: J. biol. Chem. 224, 1047 (1957).
[14] Holzer, H., D. Busch u. H. Kröger: Hoppe-Seylers Z. physiol. Chem. 313, 184 (1958).
[15] Bassham, J. A., L. M. Birt, R. Hems and U. E. Loening: Biochem. J. 73, 491 (1959).
[16] Hohorst, H. J., F. H. Kreutz u. Th. Bücher: Biochem. Z. 332, 18 (1959).
[17] Glock, G. E., and P. McLean: Exp. Cell Res. 11, 234 (1956).
[18] Chance, B., D. Garfinkel, J. Higgins and B. Hess: J. biol. Chem. 235, 2456 (1960).
[19] Bücher, Th., u. M. Klingenberg: Angew. Chem. 70, 552 (1958).
[20] Price, G. M., and S. E. Lewis: Biochem. J. 71, 177 (1959).
[21] Klingenberg, M., W. Slenczka u. E. Ritt: Biochem. Z. 332, 47 (1959).
[22] Birt, L. M., and W. Bartley: Biochem. J. 75, 435 (1960).
[23] Purvis, J. L.: Biochim. biophys. Acta (Amst.) 38, 435 (1960).
[24] Slater, E. C., M. J. Bailie and J. Bouman: Proc. Ith IUB/IUBS Internat Symp. on "Biological Structure and Function", Eds. T. W. Goodwin and O. Lindberg, vol. II, p. 207. New York: Academic Press 1961.
[25] Holton, F. A., W. C. Hülsmann, D. K. Myers and E. C. Slater: Biochem. J. 67, 579 (1957).
[26] Borst, P., and J. P. Colpa-Boonstra: Biochim. biophys. Acta (Amst.) 56, 216 (1962).
[27] Michejda, J., and J. L. Purvis: Biochim. biophys. Acta (Amst.) 49, 571 (1961).
[28] Estabrook, R. W., and A. Holowinsky: J. biophys. biochem. Cytol. 9, 19 (1960).
[29] Davies, M.: J. cell. comp. Physiol. 57, 135 (1961).
[30] Werkheiser, W. C., and W. Bartley: Biochem. J. 66, 79 (1957).
[31] Birt, L. M., and W. Bartley: Biochem. J. 76, 328 (1960).
[32] Klingenberg, M., u. W. Slenczka: Biochem. Z. 331, 486 (1959).
[33] Holtzer, H., G. Schultz u. F. Lynen: Biochem. Z. 328, 252 (1956).

156 *Piet Borst:*

[34] *Hohorst, H. J., F. H. Kreutz* and *M. Reim:* Biochem. biophys. Res. Commun. **4**, 159 (1961).
[35] *Hohorst, H. J., F. H. Kreutz, M. Reim* and *H. J. Hübener:* Biochem. biophys. Res. Commun. **4**, 163 (1961).
[36] *Zebe, E., A. Delbrück* u. *Th. Bücher:* Biochem. Z. **331**, 254 (1959).
[37] *Klingenberg, M.,* and *Th. Bücher:* Ann. Rev. Biochem. **29**, 669 (1960).
[38] *Chance, B.,* and *G. Hollunger:* J. biol. Chem. **236**, 1534 (1961).
[39] *Chance, B.,* and *H. Baltscheffsky:* J. biol. Chem. **233**, 736 (1958).
[40] *Klingenberg, M.:* Unpublished discussion in colloquium on ,,Biochemical aspects of metabolic regulation", Louvain, Belgium, June 8—9, 1962.
[41] *Williamson, J. R.,* and *H. A. Krebs:* Biochem. J. **80**, 540 (1961).
[42] *Krebs, H. A., J. Mellanby* and *D. H. Williamson:* Biochem. J. **82**, 96 (1962).
[43] *Lehninger, A. L.:* J. biol. Chem. **190**, 345 (1951).
[44] *Sacktor, B.:* Ann. Rev. Entomol. **6**, 103 (1961).
[45] *Van den Bergh, S. G.,* and *E. C. Slater:* Biochem. J. **82**, 362 (1962).
[46] *Boxer, G. E.,* and *Th. M. Devlin:* Science **134**, 1495 (1961).
[47] *Borst, P.:* Biochim. biophys. Acta (Amst.) **57**, 270 (1962).
[48] *Wosilait, W. D.:* J. biol. Chem. **235**, 1196 (1960).
[49] *Wosilait, W. D.:* Fed. Proc. **20**, 1005 (1961).
[50] *Martius, C.:* In Ciba Found. Symp. on the "Regulation of Cell Metabolism", p. 194. London: Churchill Ltd. 1959.
[51] *Märki, F.,* u. *C. Martius:* Biochem. Z. **333**, 111 (1960).
[52] *Märki, F.,* u. *C. Martius:* Biochem. Z. **334**, 293 (1961).
[53] *Ernster, L.:* Proc. Ith IUB/IUBS Internat. Symp. on "Biological Structure and Function", Eds. *T. W. Goodwin* and *O. Lindberg,* vol. II, p. 139. London: Academic Press 1961.
[54] *Conover, Th. E.:* Proc. Ith IUB/IUBS Internat. Symp. on "Biological Structure and Function", Eds. *T. W. Goodwin* and *O. Lindberg,* vol. II, p. 169. London: Academic Press 1961.
[55] *Ernster, L., L. Danielson* and *M. Ljunggren:* Biochim. biophys. Acta (Amst.) **58**, 171 (1962).
[56] *Conover, Th. E.,* and *L. Ernster:* Biochim. biophys. Acta (Amst.) **58**, 189 (1962).
[57] *Danielson, L.,* and *L. Ernster:* Nature (Lond.) **194**, 155 (1962).
[58] *Levine, W., A. Giuditta, S. Englard* and *H. J. Strecker:* J. Neurochem. **6**, 28 (1960).
[59] *Giuditta, A.,* and *H. J. Strecker:* Biochim. biophys. Acta (Amst.) **48**, 10 (1961).
[60] *Colpa-Boonstra, J. P.,* and *E. C. Slater:* Biochim. Biophys. Acta (Amst.) **27**, 122 (1958).
[61] *Borst, P.:* Proc. Vth Internat. Congr. Biochem., Moscow 1961, vol. II. Oxford: Pergamon Press (in the press).
[62] *Wenner, C. E., J. H. Hackney* and *F. Moliterno:* Cancer Res. **18**, 1105 (1958).
[63] *Wenner, C. E.:* J. biol. Chem. **234**, 2472 (1959).
[64] *Birkenhäger, J. C.:* Biochim. biophys. Acta (Amst.) **31**, 595 (1959).
[65] *Chance, B.,* and *B. Hess:* Science **129**, 700 (1959).
[66] *Lehninger, A. L.:* Harvey Lect., Ser. 49, 176 (1953—54).
[67] *Ernster, L.:* Biochem. Soc. Symp. on the "Structure and Function of sub-cellular Components", vol. 16, p. 54, 1959.
[68] *Reif, A. E.,* and *V. R. Potter:* Arch. Biochem. **48**, 1 (1954).
[69] *Schneider, W. C.,* and *G. H. Hogeboom:* J. biol. Chem. **183**, 123 (1950).
[70] *Schollmeyer, P.,* and *M. Klingenberg:* Biochem. Z. **335**, 426 (1962).
[71] *Zebe, E., A. Delbrück* u. *Th. Bücher:* Ber. ges. Physiol. **189**, 115 (1957).
[72] *Delbrück, A., E. Zebe* u. *Th. Bücher:* Biochem. Z. **331**, 273 (1959).

[73] *Delbrück, A., H. Schimassek, K. Bartsch* u. *Th. Bücher:* Biochem. Z. **331**, 297 (1959).
[74] *Vogell, W., F. R. Bishai, Th. Bücher, M. Klingenberg, D. Pette* u. *E. Zebe:* Biochem. Z. **332**, 81 (1959).
[75] *Schimassek, H.:* Biochem. Z. **333**, 463 (1961).
[76] *Estabrook, R. W.,* and *B. Sacktor:* J. biol. Chem. **233**, 1014 (1958).
[77] *Sacktor, B., L. Packer* and *R. W. Estabrook:* Arch. Biochem. **80**, 68 (1959).
[78] *Sacktor, B.,* and *A. R. Dick:* Cancer Res. **20**, 1408 (1960).
[79] *Boxer, G. E.,* and *C. E. Shonk:* Biochim. biophys. Acta (Amst.) **37**, 194 (1960).
[80] *Boxer, G. E.,* and *C. E. Shonk:* Cancer Res. **20**, 85 (1960).
[81] *Ciaccio, E. J., D. L. Keller* and *G. E. Boxer:* Biochim. biophys. Acta (Amst.) **37**, 191 (1960)
[82] *Ciaccio, E. J.,* and *D. L. Keller:* Fed. Proc. **19**, 34 (1960).
[83] *Lee, Y.-P., A. E. Takemori* and *H. Lardy:* J. biol. Chem. **234**, 3051 (1959).
[84] *Lee, Y.-P.,* and *H. A. Lardy:* Fed. Proc. **20**, 224 (1961).
[85] *Klingenberg, M.,* and *W. Slenczka:* Biochem. Z. **331**, 334 (1959).
[86] *Borst, P.:* Een biochemisch onderzoek over mitochondriën geisoleerd uit een ascites cel tumor, M. D. thesis. Amsterdam: Jacob van Campen 1961.
[87] *Klingenberg, M.,* u. *P. Schollmeyer:* Biochem. Z. **333**, 335 (1960).
[88] *Young, H. L.,* and *N. Pace:* Arch. Biochem. **76**, 112 (1958).
[89] *Smith, M. F.,* and *D. M. Greenberg:* J. biol. Chem. **226**, 317 (1957).
[90] *Meister, A., A. N. Radhakrishnan* and *S. D. Buckley:* J. biol. Chem. **229**, 789 (1957).
[91] *Adams, E.,* and *A. Goldstone:* J. biol. Chem. **235**, 3499 (1960).
[92] *Lang, K.,* u. *H. Lang:* Biochem. Z. **329**, 577 (1958).
[93] *McMurray, W. C., G. F. Maley* and *H. A. Lardy:* J. biol. Chem. **230**, 219 (1958).
[94] *Strecker, H. J.:* J. biol. Chem. **235**, 2045 (1960).
[95] *Johnson, A. B.,* and *H. J. Strecker:* Fed. Proc. **20**, 5 (1961).
[95a] *Johnson, A. B.,* and *H. J. Strecker:* J. biol. Chem. **237**, 1876 (1962).
[96] *Ricaud, P.:* Bull. Soc. Chim. biol. (Paris) **36**, 827 (1954).
[97] *Borst, P.,* and *E. C. Slater:* Biochim. biophys. Acta (Amst.) **48**, 362 (1961).
[98] *Devlin, Th. M.,* and *B. H. Bedell:* J. biol. Chem. **235**, 2134 (1960).
[99] *Lehninger, A. L., H. C. Sudduth* and *J. B. Wise:* J. biol. Chem. **235**, 2450 (1960).
[100] *Sacktor, B.:* Proc. Vth Internat. Congr. Biochem., Moscow 1961. Abstract 23.54.2284. Oxford: Pergamon Press (in the press).
[101] *Chappell, J.B.:* Proc Ith IUB/IUBS Internat. Symp. on ,,Biological Structure and Function", Eds. *T. W. Goodwin* and *O. Lindberg,* vol. II, p. 71. New York: Academic Press 1961.
[102] *Borst, P.:* Biochim. biophys. Acta (Amst.) **57**, 256 (1962).
[112a] *Pette, D.,* and *W. Luh:* Biochem. biophys. Res. Commun. **8**, 283 (1962).
[103] *Krebs, H. A.:* Biochem. J. **54**, 82 (1953).
[104] *Kirsten, E., R. Kirsten, H. J. Hohorst* and *Th. Bücher:* Biochem. biophys. Res. Commun. **4**, 169 (1961).
[105] *Bellamy, D.:* Biochem. J. **82**, 218 (1961).
[106] *Dickman, S. R.,* and *J. F. Speyer:* J. biol. Chem. **206**, 67 (1954).
[107] *Srere, P. A.:* J. biol. Chem. **234**, 2544 (1959).
[108] *Srere, P. A.,* and *A. Bhaduri:* Biochim. biophys. Acta (Amst.) **59**, 487 (1962).
[109] *Holzer, H., P. Glogner* u. *G. Sedlmayer:* Biochem. Z. **330**, 59 (1958).
[110] *Emmelot, P.,* and *C. J. Bos:* Biochim. biophys. Acta (Amst.) **59**, 495 (1962).
[111] *Dickens, F., G. E. Glock* and *P. McLean:* In Ciba Found. Symp. on the *"Regulation of Cell Metabolism"*, p. 150. London: Churchill Ltd. 1959.

[*112*] *Hülsmann, W. C.:* Biochim. biophys. Acta (Amst.) **45**, 623 (1960).

[*113*] *Hülsmann, W. C.:* Nature (Lond.) **192**, 1153 (1961).

[*114*] *Hülsmann, W. C.:* Biochim. biophys. Acta (Amst.) **58**, 417 (1962).

[*115*] *Christ, E. J.,* and *W. C. Hülsmann:* Biochim. biophys. Acta (Amst.) **60**, 72 (1962).

[*116*] *Hülsmann, W. C.,* and *C. Benckhuijsen:* Biochem. J. (in the press).

[*117*] *Hülsmann, W. C.:* Biochim. biophys. Acta (Amst.) **62**, 620 (1962).

Discussion

Hohorst: Gleichgewichtsmessungen am System

$$\text{Lactat} + \text{DPN}^+ \rightleftharpoons \text{Pyruvat} + \text{DPNH} + \text{H}^+$$

in Gegenwart des isolierten Gesamtproteins der Rattenleber haben jetzt den direkten Nachweis erbracht, daß die starke Abweichung des totalen DPNH/DPN^+-Quotienten (Quotient der DPNH- und DPN^+-Gehalte) in der Leber vom berechneten Quotienten der Konzentrationen DPNH/DPN^+ allein auf eine unterschiedliche Bindung von DPN^+ und DPNH an Leberproteine (Dehydrogenasen) zurückgeführt werden kann.

Bezüglich der Bemerkung von Herrn *Borst*, in der auf unsere Is-chämie-Versuche (Biochem. Biophys. Res. Commun. **4**, 159, 1961) ein-gegangen wird, pflichten wir zunächst bei, daß für die Berechnung des Quotienten DPNH/DPN^+ die Annahme der Konstanz des p_H-Wertes wesentlich ist. Wir glauben, daß diese Annahme zumindest für die ersten 20 sec der Ischämie berechtigt ist, da der in dieser Zeit erfolgende Anstieg des Quotienten Lactat/Pyruvat zum großen Teil durch ein Ab-sinken von Pyruvat und nicht durch Anhäufung von Lactat bedingt ist. Im übrigen ist auch in diabetischen Lebern mit ausgeprägter Ketose, in denen man Quotienten Lactat/Pyruvat von über 100 sehen kann, die p_H-Änderung nicht größer als 0,3. Das heißt, daß wir bei der Annahme eines konstanten p_H maximal eine Unsicherheit vom Faktor 2 eingehen.

Borst: What you find is, that the total DPNH/DPN^+ ratio as deter-mined by extracting the whole liver remains constant, while the extra-mitochondrial DPNH/DPN^+ ratio, according to your calculations, goes up. Then we come to the dilemma, that the mitochondrial ratio must go down during the transition from aerob to anaerob. There is evidence that this is not true. That seems to me to suggest that a p_H-change would influence your calculations.

Hohorst: Eine Änderung des Quotienten der Konzentrationen wird bei einem Konzentrationsverhältnis von 1:1000 oder weniger praktisch keine meßbare Auswirkung auf den Quotienten der Gehalte haben. Bezüglich des Einflusses des mitochondrialen DPNH/DPN^+-Quotienten auf den Quotienten der Gehalte in der ganzen Leber während der Ischämie kann man nur diskutieren, daß entweder auch das mito-chondriale DPNH/DPN^+-Verhältnis bei der kurzzeitigen Ischämie konstant bleibt, oder daß der von *Borst* und *Klingenberg* berechnete Anteil des mitochondrialen DPN$^+$ und DPNH am Gesamt-DPN$^+$ und -DPNH zu hoch ist. Die Konstanz des DPNH/DPN$^+$-Quotienten der Gehalte während kurzdauernder Leber-Ischämie ist im übrigen schon von *Weinhouse* beobachtet worden.

Klingenberg: Wir haben auch den DPNH/DPN$^+$-Quotienten in verschiedenen Organen nach 3 min Ischämie bestimmt. In der Leber stieg das DPNH um 30—40% an. In anderen Geweben ist der Anstieg sehr viel ausgeprägter. Im Herzen fanden wir einen Anstieg um 500%, im Flugmuskel um 1000—2000%. Dieser Anstieg entspricht zumindestens beim Herzen dem berechneten mitochondrialen Anteil. Das würde bedeuten, daß dieser Anstieg im wesentlichen durch die Anaerobiose der Mitochondrien und nicht durch DPNH-Änderung im Cytoplasma bedingt ist[1].

Hohorst: Das von *Borst* aus den β-Hydroxybutyrat/Acetoacetat-Werten von *Williamson* und *Krebs* berechnete Redoxpotential von etwa —280 mV schließt in Anbetracht des wesentlich höheren Redoxpotentials des extramitochondrialen DPN-Systems von etwa —240 mV aus, daß das System β-Hydroxybutyrat/Acetoacetat für einen Wasserstofftransport vom cytoplasmatischen DPN-System in die Mitochondrien in Betracht kommt.

Borst: That is quite right. This is actually the proof that this cycle does not work under *in vivo* conditions.

Karlson: Bei dem Substrat-Cyclus Typ I wird der Wasserstoff über die Hilfssubstrate von DPNH auf Flavoprotein übertragen. Es würden also 2 Mole ATP in der Atmungskette gebildet. Bei den Gleichgewichtssystemen dagegen werden 3 Mol ATP gebildet. Bei dem Citrat-Malat-System dagegen werden wiederum netto 2 Mol ATP gebildet, weil 1 Mol ATP dabei verbraucht wird.

Meine Frage ist nun, ob man durch Messung des P/O-Quotienten zwischen den Beiträgen der verschiedenen Systeme zur Gesamtoxydation entscheiden kann?

Borst: That is indeed the clearest difference between the cycles, that in one case you get 3 ATP and in the other only 2. But experimentally you can show this only in the case of the glycerol-1-phosphate-cycle. In the more complicated systems where you have intermediates, which can also be metabolized by mitochondria, you cannot control the system. The best approach is that of Dr. *Klingenberg*, to show what is the concentration of metabolites in mitochondria and in the cell-sap by rapid

---

[1] *Klingenberg, M.:* In: Zur Bedeutung der freien Nukleotide. II. Colloquium d. Ges. f. Physiol. Chemie, S. 82—114. Berlin-Göttingen-Heidelberg: Springer 1961.

separation of the two fractions, and to see, whether the differences of concentrations can be reached, which make the cycles work.

Ernster: In experiments with aged mitochondria, which have been done many years ago, it has been shown that added DPN^+ can restore respiration but DPNH still cannot be handled. It seems to me, that the reason is not impaired permeability for DPNH in the common sense. I think it would be more correct to say, that DPNH cannot reach the "intramitochondrial" flavoprotein.

Borst: It is important to distinguish between the ability to oxidize DPNH and the ability of DPNH to get in. In experiments *in vivo* there is a very limited penetration of DPN^+, too, into the mitochondria.

Ernster: We have studied the cytochrome *c*-requiring DPNH-oxidation in the cytoplasma. That this "external pathway" would lack physiological significance usually is concluded from two findings, namely,

1. that in most tissues respiration usually is completely inhibited by Amytal or Antimycin A, although there are apparently important exceptions e.g. in rat liver as we have shown some years ago;

2. that there is no extramitochondrial cytochrome *c*.

With isolated rat and human skeletal muscle mitochondria we have found that

1. there *is* an Amytal- and Rotenone-sensitive oxidation of DPNH, depending on cytochrome *c*, although the sensitivity seems to differ with the origin of the tissue.

2. Coenzyme Q can replace cytochrome *c*. Q_0 shows a smaller stimulation than the higher derivatives of coenzyme Q. Vitamine K is absolutely ineffective. This stimulation by coenzyme Q is also completely inhibited by Amytal, Antimycine A and Rotenone. As *Staudinger* and his group have shown, coenzyme Q occurs outside the mitochondria in the microsomes. Because it is very difficult to prepare mitochondria free from endoplasmatic constituents, we have the feeling, that our experiments suggest a relationship of the mitochondria and the endoplasmatic membranes.

Estabrook: I would like to introduce into the discussion one other possibility which has not been mentioned. This is the reduction of cytochrome b_5 and its *in vitro* oxidation by a pigment such as the CO-binding pigment of liver microsomes described by Dr. *Klingenberg*.

Borst: Because isolated microsomes have a very low DPNH-oxidation, I doubt whether physiologically microsomes can really do this reaction.

Estabrook: This may result from the modification of this oxidase during preparation of microsomes.

Klingenberg: Eine Frage an Dr. *Ernster:* Kann Zusatz von Cytochrom *c* die Mitochondrien in einen unphysiologischen Zustand bringen, so daß DPNH in die Mitochondrien eindringen kann?

Ernster: An indication, that this would not be the case, is the fact that the cytochrome *c*-stimulated oxidation of DPNH gives no phosphorylation. On the other hand, addition of cytochrome *c* when other metabolites are oxidized does not alter the P/O ratio.

De Duve: Is there any evidence that at any time in the living cell there is an oxidation of extramitochondrial DPNH by the mitochondria? When glucose is oxidized, only a small fraction of the total DPNH is generated in the cytoplasma. Are there exact balances demonstrating that this small fraction is oxidized too by mitochondria?

Hess: In an actively synthesizing tissue only a small percentage of the glucose is oxidized (10—20%). The rest is assimilated or converted to lactate. Thus you cannot make a mole per mole balance for the full oxidation of glucose.

Borst: Any synthesizing reaction taking place outside the mitochondria which leads to substances which can be oxidized by mitochondria means oxidation of extramitochondrial hydrogen. But the difficulty is in getting really large scale synthesis with DPNH instead of TPNH.

Estabrook: One of the interesting examples of the problem of oxidation of cytoplasmatic reduced pyridine nucleotide by the mitochondrial respiratory chain is the oxidation of unsaturated alcohols by yeast. We know that 98% of the alcohol dehydrogenase is located in the cytoplasma and only 2% analyzable with the mitochondrial fraction, yet the addition of alcohol initiates a rapid rate of respiration and a simultaneous reduction of the cytochromes. This appears to be the simplest example of transport of DPNH from cytoplasma to mitochondria. A major question, however, is whether the mitochondria of yeast cells are impermeable to DPNH in the same manner as liver etc.

Klingenberg: Um die Notwendigkeit eines Substrat-Cyclus für die Oxydation von extramitochondrialem DPNH zu verstehen, braucht man keine Permeabilitäts-Barriere für den *Eintritt* von DPNH anzunehmen. Wichtiger scheint mir die Annahme, daß die Permeation des *intra*-mitochondrialen DPNH eingeschränkt sein muß, weil es sich auf einem viel negativeren Redoxpotential befindet als das extramitochondriale DPNH. Ich habe in meinem gestrigen Beitrag bereits angedeutet, daß wir für die Mitochondrien zwei verschiedene Kompartimente annehmen:

1. Einen Bereich, in dem das Redoxpotential wesentlich niedriger als im Cytoplasma ist und in dem β-Hydroxybutyrat umgesetzt wird.

2. Einen anderen Bereich mit dem gleichen Redoxpotential wie das des Cytoplasmas, in dem die Umsetzung Malat-Oxalacetat erfolgt.

Hieran sind angeschlossen das System Glutamat-Ketoglutarat und die Transaminierungs-Gleichgewichte.

Estabrook: Would Dr. *Green* care to discuss the availability of his elementary particles on the external membrane of the mitochondria? Would the inability of DPNH oxidation by mitochondria suggest that DPNH dehydrogenase may not be associated with these elementary particles? Also, are there any suggestions as to the dehydrogenases which may be associated with those particles external to the outer mitochondrial membrane?

Green: The DPNH dehydrogenase is unaccessible to extramitochondrial DPNH, even on the outside.

Let me add a remark to the suggestion made today that there may be a interrelationship between external membrane systems and the mitochondria, which is disturbed when you prepare the mitochondria. This suggestion looks very promising and must yet be explored more fully.

Ernster: We have recently found that with rat skeletal muscle mitochondria, added DPN^+ stimulates the aerobic oxidation of glycerol-1-phosphate by about 100%. No stimulation is found with DPN-linked substrates or with succinate. The stimulation of G-1-P oxidation by DPN is inhibited by Amytal and Rotenone, as well as by dinitrophenol. The P/O ratio with G-1-P is $1,5-1,7$, both in the absence and presence of DPN^+. These findings are consistent with the assumption that G-1-P in the muscle mitochondria is oxidized by a respiratory chain, which is separate from the main DPNH- and succinate-oxidizing respiratory chain, and which has its rate-limiting steps in the reoxidation of the reduced G-1-P dehydrogenase flavoprotein by oxygen. It appears, furthermore, that G-1-P reduces added DPN^+ by a reversal of oxidative phosphorylation and that the DPNH so formed transfers hydrogen to the main respiratory chain.

Klingenberg: In Lebermitochondrien, die infolge langdauernder Thyroxin-Behandlung eine hohe G-1-P-Oxydase-Aktivität haben, läßt sich eine Reduktion von DPN^+ durch G-1-P in Abhängigkeit vom ATP, d. h. also eine Umkehrung der oxydativen Phosphorylierung nachweisen. Im Gegensatz zu den Versuchen mit Succinat erfolgt hierbei keine Übertragung von Wasserstoff auf Substrate wie Oxalacetat, α-Ketoglutarat und Acetoacetat. Dies deutet ebenfalls auf das Vorliegen zweier verschiedener Wege in der Atmungskette hin.

Koordination von Atmung und Glykolyse[1]

Von

Benno Hess

Mit 7 Abbildungen

1. Einleitung

Der Titel des Symposiums weist auf die Problematik hin, die sich ergibt, wenn man den Versuch macht, die Vielzahl der Phänomene, die die analytische Biochemie und Biophysik zur Darstellung bringen, wieder zu einem geschlossenen Bild zu vereinen und die allgemeinen Regeln zu finden, nach denen die lebende Zelle funktioniert. Klassische Ansätze zur Untersuchung der koordinativen Prinzipien, die das Zusammenspiel von Gärung und Atmung beherrschen, findet man bereits vor über 100 Jahren in den Bilanzmessungen des stationären Zellstoffwechsels unter verschiedensten Milieubedingungen. Seit 15—20 Jahren, nach Beginn der Lynenschen Experimente an der Hefe [1] und mit der Entwicklung neuer Methoden der direkten und indirekten Metabolitanalyse geht man dazu über, neben den stationären Phasen auch die Übergangszustände des Zellstoffwechsels zu beachten, um in einem experimentellen Ansatz Änderungen der Flußgrößen und Metabolitspiegel über große Bereiche und damit die Mechanismen der Koordination erfassen zu können [2, 3].

Tabelle 1 zeigt eine Zusammenstellung verschiedener Erscheinungen, die an Zellen in Suspension oder Zellverbänden beobachtet worden sind. Es handelt sich jeweils um die Beobachtung verschiedener Fließgleichgewichte oder Übergänge des Stoffwechsels von einem Fließgleichgewicht zu einem anderen mit Übergangszeiten von wenigen Sekunden bis zu etwa 1 Minute. Wir können ruhig annehmen, daß der Fähigkeit der Zellen, Fließgleichgewichte umzustellen und für lange Zeit stationär zu erhalten, ein allgemeines Prinzip der Koordination zugrunde liegt, wenn auch die physiologische Funktion der einzelnen Zelltypen durch die Fähigkeit zum Wachstum oder zur Kontraktion unterschieden ist und damit spezielle Probleme liefert. Die folgende Diskussion konzentriert sich vor allem auf die Ascites-Tumorzelle, an der fast alle wichtigen dynamischen und statischen Größen der Koordination dargestellt werden können. Wir beschränken uns außerdem auf die kurzfristig einstellbaren Phänomene. Wir können damit alle indirekten Wirkungen, die den

---

[1] Herrn Prof. Dr. *A. Butenandt* zum 60. Geburtstag gewidmet

11*

Tabelle 1. *Koordinationserscheinungen von Atmung und Glykolyse*

Zelle	Zustand	Wirkung	Autoren
Hefe	stationär	Hemmung von Gärung durch Atmung	*Pasteur* [4]
Ascites-Tumor-zelle	stationär	Hemmung von Atmung durch Glykolyse	*Crabtree* [5]
	transient	Aktivierung der Atmung durch Glucose	*Chance* und *Hess* [6, 7]
	stationär	Umkehr der oxydativen Phosphorylierung	*Hess* [8], *Chance* [9]
Frosch-Sartorius-Muskel	transient-stationär	Aktivierung der Atmung durch elektrische Erregung des Muskels	*Chance, Connelly* [6, 10], *Weber* [11], *Jöbsis* [12]
Heuschrecken-Flugmuskel	stationär	Aktivierung der Atmung durch Glykolyse	*Bishai* und *Bücher* [13]

enzymsynthetischen Apparat der Zellen in Anspruch nehmen, ausklammern und mit einem nahezu statischen Enzymverteilungsmuster rechnen.

2. Lokalisation

Die Lokalisation von Atmung und Glykolyse im cytoplasmatischen oder mitochondrialen Kompartiment legt zunächst für jeden cellulären Typ die räumliche Ausdehnung der beiden Prozesse fest. Die Berechnung der Raumverhältnisse ist bis heute noch mit großen Unsicherheiten behaftet[1]. Die elektronen-optischen Bilder, die wir hier in Rottach-Egern gesehen haben, zeigen, wie stark die einzelnen Mitochondrien in ihrer Größe und wie stark die Verhältnisse der mitochondrialen zu den übrigen cellulären Räumen bei verschiedenen Species variieren können. Überschlagsmäßig kann man damit rechnen, daß bei Ascites-Tumorzellen der mitochondriale Raum etwa $1/5$ bis $1/2$ des cytoplasmatischen Raumes ausmacht. Sicher muß man weiter auch mit erheblichen Unterschieden bei den verschiedenen Stämmen rechnen. Auf Tabelle 2 sind die Volumina der Ehrlich-Lettré-Heidelberg-Philadelphia-Ascites-Tumorzelle (Chromosomen Nr. 46) zusammengestellt. Die Daten beruhen auf der Berechnung der Räume auf Grund von Zählungen von Mitochondrien, Messungen der Cytochrome von intakten Ascites-Tumorzellen und deren Mitochondrien sowie Angaben über die Mitochondrienvolumina. Abb. 1 gibt die Differenzspektren von intakten Ehrlich-Ascites-Tumorzellen sowie ihren Mitochondrien wieder. Sie bilden die Grundlage von Vergleichen des mitochondrialen Status in situ und nach Isolation.

Die Zahl der Mitochondrien pro Zelle ist relativ klein. Ihr Volumen nimmt bei dem großen Kernvolumen einen beträchtlichen Raum des

---

[1] Definition und Bestimmung der Räume siehe [24] und Diskussion.

Tabelle 2. *Architektur der Ehrlich-Ascites-Tumorzelle* [15]

	× 10⁻⁹ cm³ pro Zelle
Gesamtvolumen (V_{total}) [a]	2,65
Kernvolumen (V_{kern}) [b]	1,98
Cytoplasmavolumen ($V_{total} - V_{kern}$)	0,67
Mitochondrienvolumen [c]	0,23

Durchschnittswerte der Kugelform
[a] $\dfrac{\text{Hämatokrit \%}}{\text{Zellzahl}}$

[b] Mittlerer Kerndurchmesser [15] (über Länge und
Breite) . . . . 15,59 μm ($\pm$ 3,06, n = 100)

[c] Gehalt an Cytochrom a pro Mitochondrien-
Protein (mg) [14] . . . . 2 × 10⁻¹⁰ Mol × mg⁻¹
Gehalt an Cytochrom a pro Zellen (Frischgewicht) . 7 × 10⁻⁹ Mol × g⁻¹
Gehalt an Mitochondrien-Protein pro Zelle . . . . 3,5 × 10⁻⁸ mg
Zahl der Mitochondrien pro mg Mitochondrien-
Protein (nach [16, 17]) . . . . 7,2 × 10⁹
Zahl der Mitochondrien pro Zelle 250
Volumen eines Lebermitochondrions (nach [18]) . . 9,1 × 10⁻¹³ cm³
(Da die Cytochromgehalte von Leber- und Ascites-
zellenmitochondrien nahezu identisch sind [14], kann
man nach *Klingenberg* [19] gleiche Volumenverhält-
nisse annehmen.)

Cytoplasma ein. In Geweben mit relativ kleinerem Kernvolumen findet
man höhere Zahlen. *Allard* und seine Mitarbeiter [16] geben für die
normale Rattenleber 2480 Mitochondrien pro Zelle, für das Rattenleber-

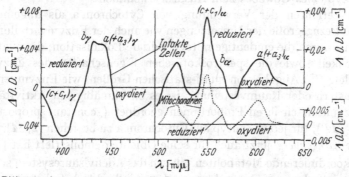

Abb. 1. Differenzspektrum von anaeroben Ascites-Tumorzellen und aeroben Zellen, die zur Oxydation der
Cytochrome mit Amytal behandelt wurden. Die gepunktete Kurve gibt das entsprechende Spektrum der
isolierten Mitochondrien an. (Aus [14])

hepatom 711 Mitochondrien pro Zelle an. Hier dürfte ein größeres
Cytoplasmavolumen relativ zum Kernvolumen zur Verfügung stehen.
Die Kapazität von Glykolyse und Atmung wird durch den maximalen
Cytochromumsatz (turnover von Cytochrom a) sowie die maximale
Geschwindigkeit der Glucoseaufnahme gegeben. Auf Tabelle 3 sind

166 Benno Hess:

Tabelle 3. *Kapazität von Atmung und Glykolyse*

Gewebe	Wechselzahl[1] Cytochrom [a] sec^{-1}	Maximale Glucoseeinfuhrrate[2] μMol × g^{-1} × sec^{-1}	Cytochrom [a] (Gehalt) 10^{-9} Mol × g^{-1}	Glykolyserate[3] Cytochrom [a] sec^{-1}
Flugmuskel, Schistocerca migratoria . .	33—61 [a]	0,33 [b]	45 [a]	7,3
Hefe	52 [d]	0,18 [c]	20 [d]	9
Ascites-Tumorzelle (Ehrlich-Lettré-Stamm)	10 [d]	0,28 [e]	7 [d]	40

[1] 4 × Mol O_2 pro Mol Cytochrom a pro sec. Die scheinbare Reaktionsgeschwindigkeitskonstante erster Ordnung für die Oxydation von reduziertem Cytochrom a durch Sauerstoff (16 μMol, 25^{0}C) liegt für Ehrlich-Ascites-Tumorzellen zweier verschiedener Stämme bei 150 und 180 sec^{-1}, für Hefe (Bäckerhefe) bei 500 sec^{-1} (aus [14]).

[2] μMol Glucose pro Gramm Frischgewicht ($\sim$10^9 Zellen) pro sec.

[3] Mol Glucose pro Mol Cytochrom a pro sec.

Literatur: a Aus [19]; b aus [20]; c aus [21]; d aus [14]; e aus [22].

einzelne Daten zusammengefaßt. Das Verhältnis von glykolytischer Funktion und Atmungsstruktur wird deutlich, wenn man die maximale Glucoseaufnahmerate auf den Cytochromgehalt des Gewebes bezieht. Man erkennt die relativ hohe, maximale Glucoseeinfuhr, bezogen auf die Atmung bei den Ascites-Tumorzellen im Gegensatz zum Flugmuskel. Hierin dürfte der Unterschied zwischen dem Wachstumstyp und dem Energietyp eines Gewebes zum Ausdruck kommen.

Das Verfahren der Verwendung von Cytochrom a als allgemeine celluläre Bezugsgröße der Umsetzungen wie auch der Enzymverteilungsmuster ist durch die eindeutige mitochondriale Lokalisation, die relative Unlöslichkeit sowie die spektroskopischen Eigenschaften des Enzyms begründet. Zur Angabe von quasi-statischen Größen, wie Enzymverteilungsmustern oder Raumverteilung, ist es zweckmäßig, die Aktivitäten der Enzyme, nach ihren Proportionen geordnet („constant proportion groups" [40]), für jeden Zelltyp auf Cytochrom a zu beziehen [2, 14], wie es Herr *Klingenberg* jetzt auch für seine Objekte demonstriert hat [19].

Als koordinierende Metaboliten müssen das Adenylsäuresystem sowie die Substratredoxpaare betrachtet werden, die direkt als Substrate oder im Rahmen eines Wasserstofftransportsystems funktionieren, und schließlich manche zweiwertigen Ionen. Man kann annehmen, daß die Koordinationsmetaboliten durch Diffusion ohne Überträgersystem zwischen den beiden Kompartimenten und Prozessen ausgetauscht werden.

Die Verteilung des Adenylsäuresystems auf die beiden Kompartimente kann für die Ehrlich-Ascites-Tumorzelle abgeschätzt werden. Die Summe der Gehalte an ATP, ADP, AMP beträgt bei intakten Zellen etwa

$7,7 \times 10^{-6}$ Mol pro Gramm Frischgewicht [8, 23, 24]. Das Verhältnis der einzelnen Adeninnucleotide zueinander hängt vom Stoffwechselzustand ab und sollte bei intakten Zellen mit einem Massenwirkungsverhältnis der Adenylatkinase-Partner von 5,0 ein ATP/ADP-Verhältnis von mindestens 5—7 aufweisen [8, 23]. Die räumliche Verteilung der beiden Nucleotide ergibt sich annähernd aus dem Gehalt der Mitochondrien an gebundenem ATP und ADP, der für Ehrlich-Ascites-Tumorzellen und Leberzellen in der Größenordnung von 10^{-8} Mol proMilligramm Mitochondrien-Protein beträgt [22]. Für die Mitochondrien der Ehrlich-Ascites-Tumorzellen ergibt sich daraus, daß etwa 3×10^{-7} Mol ATP + ADP pro Gramm Frischgewicht Ascites-Tumorzelle, also etwa 5% des Gesamtbestandes, gebunden sind. Da man annehmen kann, daß während der Mitochondrienpräparation vor allem ADP durch Diffusion verlorengeht, handelt es sich sicher um einen unteren Grenzwert. Wir haben maximal 40% des Gesamtbestandes an ATP der Zelle in den Mitochondrien gefunden.

Die Diffusionseigenschaften der Adeninnucleotide an der Phase Cytoplasma/Mitochondrien sind bisher nicht systematisch untersucht worden. Seit den Befunden von *Chance* [25] weiß man, daß ADP etwa fünfmal schneller zu seinen mitochondrialen Reaktionspartner gelangt als AMP. Neuere Untersuchungen über die Umkehr der oxydativen Phosphorylierung legen nahe, daß ATP sich wie ADP verhält [26]. Der Efflux von ADP scheint nach den Arbeiten von *Siekevitz* und *Potter* [27] unbehindert zu sein. Für einen limitierenden Efflux von ATP sprechen Beobachtungen an Ascites-Tumorzellen [22], die in den jüngsten Experimenten von *Hommes* [27 a] an isolierten Rattenleberzellmitochondrien eine weitere Stütze bekommen haben. Es ist unklar, ob anorganisches Phosphat homogen in der Zelle verteilt ist (s. [24].) Wir finden einen mittleren Gehalt von 9×10^{-6} Mol anorganisches Phosphat pro Gramm Frischgewicht.

Seit den Untersuchungen von *Lehninger* [28] weiß man, daß der Diffusion von DPNH durch die Mitochondrienmembran Grenzen gesetzt sind, und muß annehmen, daß die Beweglichkeit der Pyridinnucleotide auf den jeweiligen Raum beschränkt ist, in dem sie sich befindet. Bei Ehrlich-Ascites-Tumorzellen beträgt der mitochondriale Gehalt an DPN und DPNH $5,4 \times 10^{-8}$ Mol pro Gramm Frischgewicht, etwa 20% des Gesamt-DPN-Gehaltes der Zelle. Das Überalles-Verhältnis von DPN/DPNH pro Zelle beträgt in Anwesenheit von Sauerstoff und Glucose etwa 1.9 [15]. Das Spiegel-Verhältnis von DPN/DPNH beträgt im LDH-GAPDH-Raum des Cytoplasma nach den Substratquotienten annähernd 1000, liegt jedoch im mitochondrialen Kompartiment wahrscheinlich wesentlich (etwa drei Größenordnungen) niedriger ([8], siehe auch [30]). Der Gehalt an TPN ist minimal und spielt bei der Koordination von Atmung und Glykolyse zunächst keine direkte Rolle. Nach den Untersuchungen von *Bücher* und *Klingenberg* [29], *Borst* [30] und *Devlin* [31] findet der Austausch von Wasserstoff unter Vermittlung von leicht diffusiblen Substrattransportsystemen statt (ausführliche Diskussion s. Vortrag *Borst* [30]).

3. Glykolyse

In Gegenüberstellung der Arbeitsweise der beiden miteinander koordinierten Prozesse möchte ich zunächst auf die stationären Zustände der Glykolyse eingehen. Auf Tabelle 4 sind die stationären Konzentrationen der glykolytischen Intermediate unter dem Einfluß einer 10 mMolaren Glucoselösung zusammengestellt [8]. Man sieht, daß sich die Konzentrationen der Intermediate annähernd im Bereich von 10^{-3} bis 10^{-5} Molar bewegen und somit etwa im Michaelis-Bereich der meisten Enzyme liegen. Wir können annehmen, daß der Umsatz dieser Metaboliten nicht durch die Enzymkonzentrationen limitiert wird. Näheren Einblick in den Ablauf und die Koordinationspunkte der Glykolyse bekommt man, wenn man aus den stationären Konzentrationen für jede Reaktion die Massenwirkungsverhältnisse bildet und sie mit den scheinbaren Massenwirkungskonstanten vergleicht, wie auf Tabelle 5 dargestellt.

Tabelle 4. *Stationäre Konzentrationen von glykolytischen Intermediaten* (aus [8])

Metaboliten	Glucosegesättigt
Glucose+	10,0
Glucose-1-Phosphat	0,12
Glucose-6-Phosphat	2,10
Fructose-6-Phosphat	0,48
Fructose-di-Phosphat	2,42
α-Glycerophosphat	1,63
Dioxyaceton-Phosphat	0,21
Glycerinaldehyd-Phosphat	0,33
Diphosphorglycerat	0,08
3-Phosphorglycerat	0,57
2-Phosphorglycerat	0,25
Phospho-enol-pyruvat	0,39
Lactat+	9,3
Pyruvat+	0,13
Malat+	0,34
Oxalacetat+	0,0015 (ber.)
Σ ATP, ADP, AMP	7,80
Anorganisches Phosphat+	2,2

Bedingungen: p_H 7,4, $t + 22^0$C.
Daten in μMol pro Gramm
   Frischgewicht.
Bei + pro Milliliter Medium.

Die zusätzlich angegebenen Größen definieren das Phosphat-Potential sowie den Status der Dehydrogenasereaktionen, der sich aus dem Verhalten der Substratredoxpotentiale nach *Holzer, Schulze* und *Lynen* [32] sowie *Bücher, Klingenberg, Hohorst* und *Kreutz* [29, 33] nach der Nernstschen Gleichung erfassen läßt. Der Status der oxydierenden Gärungsreaktion ist bei Einsatz der aus den anderen Reaktionen berechneten DPN/DPNH-Verhältnissen angegeben [8].

Wir finden, daß bei diesen Zellen die Reaktionen der Phosphorylase, Phosphoglucomutase, Phosphohexoisomerase, Aldolase, Triosephosphat-

Tabelle 5. *Massenwirkungsverhältnisse bei intakten Zellen (aerobe Glykolyse,* aus [8])

Reaktion	K_{app} *	K_{ss} **
Phosphorylase	6,3	18,4
Phosphoglucomutase	$5,9 \times 10^{-2}$	$6,0 \times 10^{-2}$
Hexokinase	$5,5 \times 10^{3}$	$2,6 \times 10^{-2}$
Phosphohexoisomerase	0,47	0,23
Phosphofructokinase	$1,2 \times 10^{3}$	0,63
Aldolase	$6,8 \times 10^{-5}$	$2,87 \times 10^{-5}$
Triosephosphatisomerase	22	0,65
ALD × TIM	$1,5 \times 10^{-3}$	$1,84 \times 10^{-5}$
Glyceraldehyd-3-Phosphat-Dehydrogenase	0,1	0,33
Phosphoglyceratkinase	$3,1 \times 10^{3}$	54
GAPDH × PGK	$3,1 \times 10^{2}$	17,8
Phosphoglyceratmutase	0,17	0,43
Enolase	3,0	1,6
Pyruvatkinase	$1,58 \times 10^{4}$	2,8
Adenylkinase	0,44	5,0

* Nach *Burton* (1957) [37] für p_H 7,0, 25°C, wäßrige Lösung.
** exp.no. 30/8: 5′ stationärer Fluß unter Glucose (10 mMol), 22°C.
ATP/ADP 8,1; LAC/PYR 70; 1 GP/DAP 7,6; GAP/DPGA 3,9; DPN/DPNH
350 (ber.); E_h' —245 mVolt (ber.)

$$\frac{ATP}{ADP \times Pa} = 3,7 \times 10^{3}, \ p_H \ 7,4.$$

isomerase, Phosphoglyceratmutase, Enolase und Adenylatkinase nahe
dem Massenwirkungsgleichgewicht, und zwar über einen großen Bereich
von Flußraten verlaufen. Weiter ist, vor allem nach den Berechnungen
an anderen Objekten von *Hohorst* u. Mitarb. [33, 34] anzunehmen,
daß sich auch die Reaktionen der Dehydrogenasen gleich verhalten.
Ähnliche Befunde wurden schon früher von *Holzer* und *Holzer* [35, 36]
für die Phosphohexoisomerase und Aldolase an der Hefe und Ascites-
Tumorzellen sowie von *Hohorst* u. Mitarb. [38] kürzlich für die sog.
Zwei-Partner-Reaktionen an der Abdominalmuskulatur der Ratte
erhoben.

Im Gegensatz zu dieser Gruppe von Reaktionen ist der Lauf der
phosphatübertragenden Reaktionen zum Teil weit vom Gleichgewichts-
zustand verschoben: die Reaktion von Phosphofructokinase, von Pyruvatkinase und in geringerem Maße der Phosphoglyceratkinase. In Anwesenheit hoher Konzentrationen von Glucose muß die Hexokinase-
reaktion in diese Gruppe eingeordnet werden.

Ohne auf die thermodynamische Bedeutung, die Temperaturlabilität
oder topologische Abhängigkeiten der Abweichungen näher eingehen zu
können (s. [24] und Diskussion *Hohorst* (S. 201)), möchte ich ihre Signi-
fikanz für die kinetischen Eigenschaften der Glykolyse anschaulicher
herausstellen. Zunächst kann man die Daten zusammen mit den beobachteten Flußraten der Glykolyse dazu benutzen, für jede Reaktion

den Hin- und Rückfluß zu erfassen nach folgender Beziehung, die sich aus der Massenwirkungskinetik einfach ergibt:

$$K_{app} \times \left(\frac{v_{-1}}{v_1}\right) = K_{ss}. \qquad (1)$$

Die berechneten Fluxe sind auf Tabelle 6 zusammengestellt, soweit eindeutige Ergebnisse erzielt wurden. Man sieht, wie das Verhältnis der Hin- und Rückfluxe die stationäre Lage für jede Reaktion wiedergibt. Es wird weiter deutlich, worauf *Meyerhof* [39] bereits hingewiesen hat, daß die eine Gruppe leicht reversibel ist, während die Gruppe der phosphatübertragenden Reaktionen, wie Hexokinase und Phosphofructokinase, quasi-irreversibel sind, insbesondere, da in Ascites-Tumorzellen auch keine enzymatischen Gegenreaktionen möglich sind. Die Umkehr der Phosphoglyceratkinase und Pyruvatkinasereaktionen hängt vom Phosphat- und DPN/DPNH-Potential ab, die jedoch in Anwesenheit von Glucose bei einer hohen Nettoproduktion von Lactat die Umkehr des Weges nicht begünstigen.

Tabelle 6. *Hin- und Rückfluxe glykolytischer Reaktionen* [15]

Reaktion	v_1*	v_{-1}*
HK	$2,7 \times 10^1$	$1,3 \times 10^{-4}$
ISM	$1,8 \times 10^2$	$1,5 \times 10^2$
PFK	$2,7 \times 10^1$	$1,4 \times 10^{-2}$
ALD	$4,7 \times 10^1$	$1,9 \times 10^1$
TIM	$5,6 \times 10^1$	$1,6$
GAPDH	$1,4 \times 10^2$	$8,2 \times 10^1$
PGK	$5,5 \times 10^1$	$1,2$
PGM	$6,1 \times 10^1$	$3,4$
ENO	$4,4 \times 10^2$	$3,9 \times 10^2$
PK	$5,4 \times 10^1$	$9,7 \times 10^{-3}$

$$\frac{v_1}{v_{-1}} = \frac{K_{app}}{K_{ss}}$$

$$v_{net} = v_1 - v_{-1}$$

* in μMol $\times$ kg^{-1} $\times$ sec^{-1}.

In diesem Zusammenhang möchte ich darauf hinweisen, daß die Hin- und Rückfluxe über die Michaelis-Gleichung in enger Beziehung zur Maximalaktivität der jeweiligen Enzyme und damit zu den „Bücher"-mustern stehen. Bei Kenntnis der Michaelis-Konstanten läßt sich die Maximalaktivität der Enzyme errechnen. So finden wir eine maximale

Tabelle 7. *Maximalaktivitäten von Phosphoglyceratmutase und Enolase in der Ascites-Tumorzelle* [15]

Enzym	$v_1{}^a$	$K_m{}^b$	Substrat $(ss)^c$	$V_{max}{}^a$
Phosphoglyceratmutase	0,061	5×10^{-5}	$5,7 \times 10^{-7}$	$5,3^d$
Enolase	0,44	$1,5 \times 10^{-7}$	$2,5 \times 10^{-7}$	0,53

Dimensionen: [a] μMol $\times$ g^{-1} $\times$ sec^{-1}.
  [b] μMol $\times$ ml^{-1}.
  [c] stationäre Konzentrationen (ss) μMol $\times$ g^{-1}.
  [d] $= 1,9 \times 10^4 \mu$Mol $\times$ g^{-1} $\times$ h^{-1}.

Verhältnis: $V_{max} \dfrac{PGM}{ENO} = 10$.

Enolaseaktivität von $1,9 \times 10^3 \mu$Mol/Std/g Frischgewicht und ein Verhältnis der maximalen Aktivitäten von PGM zu ENO von 10 (s. Tabelle 7). Beide Werte liegen in der Größenordnung der von *Pette u. Mitarb.* [40] angegebenen „constant proportion groups".

Die glykolytischen Reaktionen werden somit in 3 Gruppen unterteilt, wobei jede Gruppe die kinetischen Eigenschaften eines offenen Systems hat und jeweils das letzte Intermediat einer Gruppe im quasi-Gleichgewicht mit seinen Vorläufern steht [41]. Der Umsatz ergibt sich damit aus dem Produkt des letzten Intermediates der Gruppe und der Reaktionsgeschwindigkeitskonstante der quasi-irreversiblen Reaktion entsprechend dem Mechanismus:

$$A \underset{k_{-1}}{\overset{k_1}{\rightleftarrows}} X_1 \underset{k_{-2}}{\overset{k_2}{\rightleftarrows}} \ldots X_n \overset{k_{n+1}}{\longrightarrow} B, \qquad (2)$$

wobei

$$k_{n+1} \ll k_{-2} \quad \text{und} \quad v = X_n \times k_{n+1}.$$

Da der Fluß und die stationären Konzentrationen der glykolytischen Intermediate bekannt sind, haben wir Näherungswerte für die Reaktionsgeschwindigkeitskonstanten der quasi-irreversiblen Reaktionen auf Tabelle 8 zusammengestellt.

Für die Berechnung der Konstanten der nahe dem Gleichgewicht verlaufenden Reaktionen wenden wir das Verfahren von *Alberty* [42] an, der auf der Grundlage der Behandlung der Eigenschen Relaxationsspektren [43] die Relaxationsbereiche enzymatischer Reaktionen zur Messung von Reaktionsgeschwindigkeitskonstanten benutzt hat. In der Albertyschen Entwicklung hat die stationäre Flußgleichung die folgende Form, auf deren Bedeutung *Bücher* [20] wiederholt hingewiesen hat:

Tabelle 8. *Reaktionsgeschwindigkeitskonstanten der aeroben Glykolyse*

Reaktion	Mol$^{-1} \times$ g$^{-1} \times$ sec^{-1}
Hexokinase	$4,2 \times 10^2$
Phosphofructokinase	$8,8 \times 10^3$
Phosphoglyceratkinase . . .	$8,0 \times 10^7$
Pyruvatkinase	$1,3 \times 10^5$
	sec^{-1} *
Phosphoglucomutase	$1,3 \times 10^2$
Phosphohexoisomerase . . .	$2,4 \times 10^4$
Triosephosphatisomerase . .	$6,8$
Phosphoglyceratmutase . . .	$1,3 \times 10^2$
Enolase	$2,2$

$$* = \frac{1}{\tau_{ss}} = \frac{V_s/K_s + V_p/K_p}{1 + \bar{s}/K s + \bar{p}/K p}.$$

$$\frac{d\Delta s}{dt} = \Delta s \times \frac{1}{\tau_{ss}}. \qquad (3)$$

Hierbei ist Δs die Abweichung der Substratkonzentration im Fließgleichgewicht von der Konzentration $(\bar{s})$ im statischen Gleichgewicht. τ_{ss} ist die stationäre Relaxationszeit bzw. die reziproke Reaktionsgeschwindigkeitskonstante 1. Ordnung und proportional der Enzym-konzentration. Diese Beziehung gilt nur für die Fließgleichgewichte, die nahe dem statischen Gleichgewicht verlaufen, sofern $s_0 \gg e_0$, und ist für die quasi-Gleichgewichtsintermediate der Glykolyse anwendbar. Soweit die Bilanzmechanismen der Reaktionen überschaubar sind, wurden die Relaxationszeiten bestimmt und auf Tabelle 8 für diese Gruppe in Form der reziproken Zeit deskriptiv angegeben. Eine Zuordnung dieser Zeiten zu einer limitierenden Reaktionsstufe ist nicht unbedingt möglich, da es sich um höherstufige Relaxationsvorgänge handelt. Die Zeit gibt entweder den Ausgleichsvorgang der Gleichgewichtsverteilung über die gesamte Reaktion wieder oder, nur soweit eine diskrete (z.B. anwachsende) Folge von Relaxationsvorgängen vorliegt, den limitierenden (z.B. letzten) Teilvorgang (siehe [43a]).

Durch diese Behandlung wird deutlich, daß bei der Glykolysekinetik von Ascites-Tumorzellen nur die Intermediate für den Fluß entscheidend sind, die eine quasi-irreversible Reaktion einleiten. Für das Problem der koordinativen Größen folgt, daß der Flux durch die stationären Spiegel von Fructose-6-Phosphat, Diphosphoglycerat, Phosphoenolpyruvat, ATP und ADP sowie Glucose als exogenes Substrat bestimmt wird, während alle anderen Intermediate unter Einschluß der Redoxpaare für die Größe der Flußrate keine unmittelbare Bedeutung haben (zur Rolle des Phosphats s. Diskussion in [24] und S. 196). Da der Substratdruck durch die Glucose erzeugt wird, ist die Fließgeschwindigkeit eine Abhängige der Konzentrationen von ATP und ADP, die zugleich die Kontrollparameter der oxydativen Phosphorylierung sind.

4. Atmung

Die Beobachtung der stationären Zustände der Atmungskettenkomponenten hat zu wertvollen Aufschlüssen über die Kinetik der oxydativen Phosphorylierung geführt, obwohl die einzelnen Komponenten dieses Systems oder die chemischen Reaktionsmechanismen noch unbekannt sind. Wie _Chance_ und _Williams_ [44] gefunden haben, lassen sich in isolierten Mitochondrien eine Reihe von Fließgleichgewichten einstellen, die durch den Redoxstatus einzelner Komponenten des Systems definiert sind.

Bei Sättigung der Atmungskette mit Substraten und Sauerstoff lassen sich zwei typische Zustände definieren: Der „aktive" Zustand [3] ist als Fließgleichgewicht durch einen raschen Elektronenfluß in Richtung zum Sauerstoff sowie einem relativ oxydierten Zustand der Redoxkomponenten (zunehmende Oxydation von Pyridinnucleotid zum Cytochrom a_3) charakterisiert und wird durch einen Überschuß an ADP und anorganisches Phosphat mit dem Nettoeffekt einer ATP-Synthese erzeugt. Der „inaktive" Zustand [4] ist nach _Klingenberg_ [45] als quasi-Gleichgewicht durch einen Fast-Stillstand des Elektronenflusses in Richtung zum Sauerstoff bei relativ reduziertem Zustand der Redoxkomponenten charakterisiert und wird durch einen relativen Mangel an ADP und anorganischem Phosphat sowie durch einen Überschuß an ATP eingestellt. Unter günstigen Bedingungen und einem hohen ATP-Potential von etwa 10^4 gelingt es, im Sinne einer Umkehr der oxydativen Phosphorylierung Elektronen in Richtung auf die Pyridinnucleotide von der Cytochromstufe her zu verschieben, insbesondere, wenn das System unter Ausschluß von Sauerstoff und oxydierbaren Substraten arbeitet. Beide Zustände der Atmungskette werden damit durch das ATP-System kontrolliert.

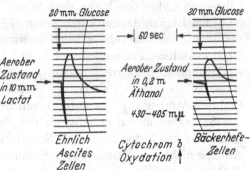

Abb. 2. Cytochrom b-Kinetik. Registrierung wie in Abb. 4 a, linke Kurve: stationärer aerober Zustand von Ehrlich-Ascites-Tumorzellen in Anwesenheit von 10 mM Lactat, rechte Kurve: stationärer aerober Zustand in 0,2 M Alkohol von Bäckerhefe. Beide Zelltypen reagieren nach Zugabe von 20 mM Glucose mit einem Übergangszustand von Cytochrom b (s. Text). (Aus [6, 7])

Nach Beobachtung der Übergangszustände, die von einem Fließgleichgewicht zu dem anderen führen [46], und unter Anwendung der cross-over theorems [47] lassen sich mindestens drei kinetische Kreuzungspunkte der Atmungskette identifizieren, an denen direkte oder indirekte Wechselwirkungen zwischen dem ATP-System und respiratorischen Komponenten ablaufen: im Bereich der Pyridinnucleotide, zwischen Cytochrom b und Cytochrom c_1 sowie Cytochrom c und Cytochrom a. Hier, wie bei der Glykolyse,

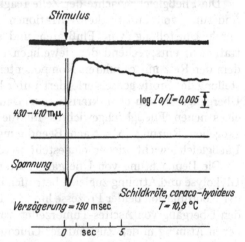

Abb. 3. Reaktion von Cytochrom b auf Kontraktion von Kröten-Muskel. Die obere Kurve zeigt die Registrierung der elektrischen Stimulation an, die mittlere Kurve die Reaktion von Cytochrom b (Abweichung nach oben = Oxydation von Cytochrom b), die untere Kurve gibt die Spannungsentwicklung des Vorgangs an. (Experiment von *F. Jöbsis* [12])

wird also eine Folge von teilweise unbekannten Reaktionen zu einer Gruppe so weit zusammengefaßt, wie ihr Umsatz durch ein Kontrollintermediat beherrscht wird.

Die kontrollierende Wirkung des ATP-Systems läßt sich an intakten Zellen nachweisen. Man beobachtet die Zustände [3] und [4] bei direkter

Spektrophotometrie der Atmungskettenkomponenten intakter Zellen,
wenn man den Stoffwechsel so beeinflußt, daß ADP-Überschuß vorübergehend oder stationär zustande kommen. Abb. 2 und 3 zeigen die Übergänge von Cytochrom b von dem Status 4 zu 3 nach Freisetzung von
ADP bei Ehrlich-Ascites-Tumorzellen [7] und Hefe [6] durch Glucose
und bei Skeletmuskulatur nach elektrischer Stimulation [12]. Bei
Ehrlich-Ascites-Tumorzellen und Hefe folgt auf den Zustand 3 wieder
ein Zustand 4. Bei Ehrlich-Ascites-Tumorzellen stellt sich der Zustand 4
stationär über lange Zeit ein und repräsentiert die Bedingungen der
Crabtree-Atmung [5]. Da unter diesen Bedingungen die Atmungskette
mit Sauerstoff und nach Ausweis des Reduktionsgrades der Pyridinnucleotide und Cytochrom b mit Substraten gesättigt ist, folgt, daß die
Atmung nicht durch einen Substratmangel limitiert wird und das ATP-
System für die Koordination der Atmung mit der Glykolyse zuständig
ist. Der Mechanismus des Übergangszustandes wird im nächsten Abschnitt näher erläutert.

5. Übergangszustände von Glykolyse und Atmung

Die Fließgleichgewichte der Zelle reagieren auf äußere Einflüsse wie
Änderung von Substratkonzentrationen oder elektrische Stimulation
durch Umstellung von Flußraten und stationären Metabolitkonzen-
trationen, entsprechend dem jeweiligen chemischen Mechanismus, mit
dem der Reiz mit cellulären Komponenten in Reaktion tritt. Die Umstellung des Stoffwechsels erfordert unter bestimmten Bedingungen eine
Übergangszeit von charakteristischer Dauer und führt zur Einstellung
eines neuen Fließgleichgewichtes für die Dauer der Wirksamkeit der
exogenen Reizung [8]. Nach Beendigung der Reizung kann das alte
Fließgleichgewicht wieder eingestellt werden.

Die Beobachtung von Übergangszuständen, bei denen der Fluß von
Glykolyse und Atmung zugleich betroffen ist, weist auf den Mechanismus
der Koordination beider Prozesse hin [3]. Betrachten wir daher in Abb. 4
den Übergang von Ascites-Tumorzellen von dem Zustand der sog. endogenen Atmung in den Zustand der Glucoseatmung. Die Zellen verbren-
nen in einem physiologischen Medium stationär über lange Zeit endogenes
Substrat. Setzt man Glucose hinzu, so wird innerhalb der Mischzeit von
etwa 1 sec der Beginn einer Übergangszeit registriert, der nach 40 sec
zur Einstellung eines neuen Fließgleichgewichtes führt, welches als
Glucoseatmung bezeichnet ist. Wie Abb. 4 zeigt, ist die Übergangszeit
durch eine Beschleunigung der Sauerstoffaufnahme, durch eine rasche
Glucoseaufnahme sowie einen cyclischen Übergang von Cytochrom b
unter Durchlauf eines stärker oxydierten Maximums gekennzeichnet und
wird unter Einstellung des neuen Fließgleichgewichtes durch eine Hemmung von Sauerstoff und Glucoseaufnahme bei Reduktion von Cyto-

chrom b als Repräsentant des Zustandes der Atmungskette beendet. Allein die Anwesenheit von Glucose unterscheidet äußerlich das neue Glucose-Fließgleichgewicht von dem vorher bestehenden endogenen Fließgleichgewicht. Wir können unterstellen, daß der Substratdruck, den Glucose in den ihr angeschlossenen Stoffwechselketten erzeugt, für die Umstellung von Meta-bolitspiegeln, für die stationäre Atmungshem-mung und die Eigenhem-mung der Glucoseauf-nahme zuständig ist.

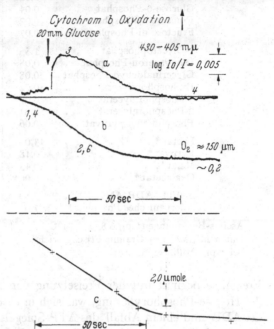

Die nähere Analyse dieses Vorganges weist wieder eindeutig das ATP-System als koordinieren-den Partner zwischen bei-den Prozessen aus, wobei die Affinitäten von ATP, ADP und anorganischem Phosphat zu den jeweili-gen Reaktionsorten ent-scheiden, wie groß der Fluß durch das eine oder andere System ist.

Betrachten wir zu-nächst kurz den Zustand der Metabolitenkonzen-trationen und der oxy-dativen Phosphorylierung unter den Bedingungen der endogenen Zellatmung [24]. Auf Tabelle 9 sind die wesentlichen Daten zusammengestellt. Es fällt

Abb. 4a—c. Sauerstoffverbrauch, Cytochrom b-Kinetik und Glucoseverbrauch von Ehrlich-Ascites-Tumorzellen nach Gabe von 20 mM Glucose. a Cytochrom b-Kinetik. Registrierung der Absorptionsdifferenz zwischen dem Maximum von Cytochrom b bei 430 mμ und dem isosbestischen Punkt bei 405 mμ mit dem Doppelstrahlspektrophotometer. Eine Abweichung der Kurve nach oben gibt eine Oxydation von Cytochrom b an. Die Zahlen an der Kurve (3 und 4) geben distinkte, stationäre Zustände entsprechend den Definitionen von [44] an. b Sauerstoffver-brauch: Registrierung mit der vibrierenden Platinelektrode. Die Zahlen geben den Sauerstoffverbrauch in den O_2 μM/sec an. c Glucoseverbrauch nach chemischer Analyse. (Aus [3])

auf, daß unter endogenen Bedingungen die Spiegel der Hexose-Phosphate niedrig sind im Gegensatz zu den C_3-Phosphaten. Die Quotienten der Substratredoxpaare zeigen einen Substratüberschuß an. Das ATP/ADP-Verhältnis liegt im Mittel in der Größenordnung von 7 mit einem Phosphatpotential von etwa 10^3. Die oxydative Phosphorylierung befindet sich in einem Zustand [4]. Man kann annehmen, daß die mitochondrialen Pyridinnucleotide und Flavin-nucleotide sich in einem stark reduzierten Zustand befindet. In diesem Augenblick wird die Zelle von der Glucose getroffen. Der Zeitplan der

Tabelle 9. *Stationäre Konzentrationen von Intermediaten in Mäuse-Ascites-Ehrlich-Lettré, 7 Tage alt* (aus [8])

Metaboliten	Endogen	Glucosegesättigt
Glucose *	0,10	10,0
Glucose-1-Phosphat . . .	0,02	0,12
Glucose-6-Phosphat . . .	0,04	2,10
Fructose-6-Phosphat. . .	0,02	0,48
Fructose-di-Phosphat . .	0,07	2,42
α-Glycerophosphat . . .	1,55	1,63
Dioxyaceton-Phosphat . .	0,08	0,21
Glycerinaldehyd-Phosphat	0,08	0,33
Diphosphorglycerat . . .	0,02	0,08
3-Phosphorglycerat . . .	0,07	0,57
2-Phosphorglycerat . . .	0,04	0,25
Phospho-enol-pyruvat . .	0,06	0,39
Lactat *	13,0	9,3
Pyruvat *	0,18	0,13
Malat *	0,43	0,34
Oxalacetat *	0,004	0,0015 (ber.)
Σ-ATP, ADP, AMP . . .	7,80	7,80
Anorganisches Phosphat *	7,0	2,2

Ascites-Bedingungen: p_H 6,8, $t + 31^0$C
Daten in μMol pro Gramm Frischgewicht.
bei * pro Milliliter Ascites.

Ereignisse beginnt mit der Freisetzung von ATP aus den Reaktionen der Hexose-Phosphorylierung, was sich in einem unmittelbaren Anstieg des ADP- und einem Abfall des ATP-Spiegels äußert. Der Anstieg des ADP aktiviert die oxydative Phosphorylierung unter Ausbildung der für diesen Zustand typischen kinetischen Kreuzungspunkte. Da die aktivierende Wirkung von ADP auf die oxydative Phosphorylierung auch in Gegenwart von Jod-Essigsäure oder auch durch Desoxyglucose beobachtet wird, ist sie unabhängig von glykolytischen Substratwirkungen [3, 8].

Dieser Zustand hält jedoch nicht an, sondern wird unvermutet bei Anstieg des ATP-Spiegels der Zelle und Absinken des ADP-Spiegels abgebrochen, womit die Atmungskettenkomponenten wieder in den ADP- limitierten Zustand [4] übergehen.

Der Grund für die Beendigung dieses Übergangszustandes wird verständlich, wenn man das Einschießen der Glykolyseintermediate unter dem Glucosedruck verfolgt. Die Spiegel der glykolytischen Intermediate steigen an und stellen sich auf stationäre Konzentrationen ein, die durch das Enzymverteilungsmuster der Zelle festgelegt sind. Wir finden, daß die Konzentrationen der Hexose-Phosphate auf das 15—20fache zu einem stationären Sättigungsniveau ansteigen. Im Gegensatz dazu steigen die Spiegel der C_3-Intermediate nur in einem kleineren Ausmaß um etwa

100% an. — Wir schließen daraus, daß auch unter den endogenen Bedingungen dieser Teil der Glykolyse aktiviert ist. Außerdem ist es bemerkenswert, daß Lactat, Glycerin-1-Phosphat sowie Malat auch unter endogenen Bedingungen in beträchtlichen Konzentrationen verfügbar sind, vermutlich durch Bildung aus Aminosäuren, Pentosen oder Citratcyclusintermediaten.

Abb. 5 zeigt die Kinetik des Übergangszustandes für Glucose-6-Phosphat und Fructosediphosphat [22]. Mit dem Anstieg der Hexosen und schließlich der Triosephosphate wird auch der untere Teil der Glykolyse aktiviert. In diesem Augenblick, mit einer Verzögerung von etwa 20 sec, tritt neben die oxydative Phosphorylierung die kompetierende Glykolyse als vollaktivierter Acceptor von ADP durch die Reaktionen der Phosphoglyceratkinase und Pyruvatkinase auf. Der ADP-Spiegel sinkt auf einen stationären Wert, der durch die Summe von respiratorischen und glykolytischen ADP-Umsatz bestimmt wird.

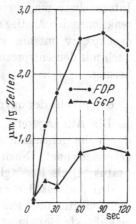

Abb. 5. Analyse von Fructose-Diphosphat (FDP) und Glucose-6-Phosphat (G6P) nach Zusatz von Glucose (7,5 mM) zu Ascites-Tumorzellen. (Aus [22])

Nach diesen Vorstellungen sollte man annehmen, daß der simultane Anstieg von ATP den hohen initialen Einstrom von Glucose aufrechterhalten kann. Tatsächlich wird jedoch der Einstrom stark verlangsamt. Die Ursache der Limitierung ist, in Anlehnung an die Vorstellungen von *Meyerhof* [48] sowie *Lynen* und *Königsberger* [49], in einer Kompartmentierung des ATP in den Zellräumen zu sehen. Sie führt unter diesen Bedingungen zu einer relativen Retention von ATP in den Mitochondrien, so daß quasi kein Nettoflux von ATP zwischen den Mitochondrien und dem Cytoplasma stattfindet. Ein Teil von ATP wird in den Mitochondrien, ein anderer Teil im Cytoplasma verbraucht. Diese Vorstellungen wurden von uns [22] und kürzlich von *Hommes* [27 a] durch experimentelle Ergebnisse gestützt.

Im Verlauf der Übergangsperiode übersteigt somit zunächst die Geschwindigkeit der Dephosphorylierung von ATP durch zugesetzte Glucose die Geschwindigkeit der Rephosphorylierung von ATP zu ADP durch die oxydative Phosphorylierung. Der Zustand hält an, bis ein entsprechender Teil von cytoplasmatischem ATP in der Nähe der Glucosephosphorylierung aufgebraucht ist. Ein Teil des freigesetzten ADP wird in den mitochondrialen Räumen zu ATP synthetisiert, ein anderer Teil schließlich durch die glykolytischen Phosphorylierungsreaktionen gebunden. Nach der Neuverteilung der Adeninnucleotide in den cellulären Räumen sind die Geschwindigkeiten von Phosphorylierung und Dephosphorylierung in einem neuen stationären Zustand wieder ausgeglichen.

Diese Befunde weisen darauf hin, daß die Koordinierung der durch Glucose aktivierten Glykolyse mit der Zellatmung allein durch die Bewegungen der Adeninnucleotid-Spiegel zustande gebracht wird. Das einförmige und zum Teil stumme Verhalten anderer Koordinationspartner wie der Redoxsubstratpaare weist darauf hin, daß diese Metaboliten keine limitierenden Funktionen zu übernehmen haben. Diese Intermediate machen offenbar als Partner von quasi-Gleichgewichtsreaktionen den Anstieg der übrigen Intermediate der Glykolyse sozusagen druckpassiv mit und koordinieren sich über die Transportmetaboliten auch mit den entsprechenden Redoxpaaren der oxydativen Phosphorylierung.

6. Umkehr der oxydativen Phosphorylierung in intakten Zellen

Die Atmungskette von glucosegesättigten Ascites-Tumorzellen ist durch die gehemmte Sauerstoffaufnahme sowie den Redoxstatus [4] gekennzeichnet. Nach den Messungen von *Klingenberg* [45] ist der Status [4] als Redoxgleichgewicht anzusehen. Daraus folgt, daß auch in den Asciteszellen zwischen dem Redoxstatus der Atmungskettenkomponenten und dem in den Mitochondrien wirksamen ATP-Potential eine direkte Beziehung bestehen muß, die je nach der Höhe des ATP-Potentials einen Stillstand bzw. eine Umkehr des Elektronenfluß in den oberen Teil der Atmungskette bewirken kann und weiterhin in Abhängigkeit von der Substratlage über die Wasserstoff-Transportsysteme einen Einfluß auf den cytoplasmatischen Redoxstatus ausübt.

Die Umkehr der oxydativen Phosphorylierung an Ascites-Tumorzellen unter dem Einfluß eines hohen ATP-Potentials läßt sich unter aeroben Bedingungen durch die Reduktion der Pyridinnucleotide nach Succinatzugabe nachweisen. Da die Umkehr der oxydativen Phosphorylierung eine Kopplung voraussetzt, ist diese Wirkung stark dicumarolempfindlich [8].

Die Bedeutung der Umkehr der oxydativen Phosphorylierung für die Koordination von Atmung und Glykolyse wird ferner deutlich, wenn man das Verhalten von Cytochrom c unter anaeroben Bedingungen beobachtet. Nach Befunden von *Chance* [9] zeigt sich nach Zugabe von Glucose zu sulfidvergifteten Zellen eine leichte dicumarolempfindliche Oxydation von Cytochrom c, die nach Aufbau eines starken ATP-Potentials durch die aktive Glykolyse stationär bleibt. Hier kontrolliert also ATP, welches im cytoplasmatischen Raum gebildet wird, direkt den Redoxstatus der Atmungskette.

Interessant ist die Frage nach den Beziehungen zwischen dem Redoxstatus der Atmungskette und den cytoplasmatischen Redoxsystemen unter diesen Bedingungen. Man sollte erwarten, daß der Zustand der Atmungskettenkomponenten die cytoplasmatischen Systeme beeinflußt. Diese Beziehung kommt in der Dicumarol-Empfindlichkeit des Lactat-pyruvat-Quotienten zum Ausdruck. Entkoppelt man nämlich die Atmungsketten-Phosphorylierung unter anaeroben Bedingungen mit Dicumarol, so wird der Lactat-Pyruvat-Quotient um fast die Hälfte kleiner [8]. Dies wird nur verständlich, wenn man die Wirkung des ATP-Potentials auf die Atmungskette auch unter anaeroben Bedingungen mit in Betracht zieht. Weitere Untersuchungen sind im Gange, um das Ausmaß der Abhängigkeit der cytoplasmatischen Intermediatspiegel unter anaeroben Bedingungen zu erfassen.

7. Mathematische Modelle

Auf der Grundlage der experimentellen Daten läßt sich ein mathematisches Modell entwickeln, welches die koordinativen Prinzipien des Stoffwechsels für den Fall der Ascitezelle in einfacher Weise demonstriert [3, 50]. Abb. 6 zeigt ein Blockdiagramm, in dem die Koordination von Atmung und Glykolyse unter der dominierenden Kontrolle des ATP-Cyclus dargestellt ist. Der Umsatz der Atmungskette (im Modell korrespondierend mit dem gemessenen Umsatz) wird in Abwesenheit von Glucose von dem endogenen ATP-Abbau aus dem cytoplasmatischen Speicher (I) bestimmt. Als Substrat der Atmung ist ein Pyruvatspeicher angegeben, der jedoch auch den Fettsäurecyclus repräsentieren kann.

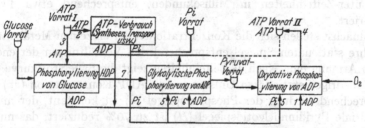

Abb. 6. Blockdiagramm der Koordination von Atmung und Glykolyse

Nach Zusatz von Glucose wird durch Anstieg der ADP-Bildung die Atmung erheblich aktiviert und ATP durch oxydative Phosphorylierung im Speicher II angehäuft. Ein Anteil von ADP reagiert in der glykolytischen Phosphorylierung unter Bildung von ATP für den Speicher I. Sobald der ATP-Speicher I durch die Überschußglucose entleert ist, kommt das System in den Zustand gehemmter Glucose und Sauerstoffaufnahme in Übereinstimmung mit den experimentellen Erfahrungen. Nach Entkopplung der Atmung wird die Sauerstoffaufnahme reaktiviert, ATP von dem Speicher II in den Speicher I durch Diffusion überführt unter Aktivierung einer maximalen glykolytischen Rate.

In den vergangenen Jahren hat die Arbeitsgruppe der Johnson-Foundation unter Leitung von Prof. Dr. *Britton Chance* ein Digital-Computer-Programm entwickelt, welches ein Multikomponenten-System des Stoffwechsels auf der Grundlage der Massenwirkungsgleichungen berechnen kann [50].

Das System enthält in 22 Gleichungen die chemischen Reaktionen von Glykolyse und Atmung in vereinfachter Form. So werden die Reaktionen der Glucose-Phosphorylierung, der glykolytischen und oxydativen Phosphorylierung von ADP, der ATP-Verwertung in der Form von Reaktionen erster, zweiter und dritter Ordnung zusammengefaßt. Es wird weiter zwischen zwei Formen von Pyridinnucleotiden und ATP jeweils für das cytoplasmatische wie mitochondriale System unterschieden. Reversibilität ist nur für den Fall der Redoxkopplung von DPN/DPNH-, α-Glycerophosphat/Dioxyacetonphosphat und Lactat/ Pyruvat gegeben. Der Fluß durch das System wird durch die adäquaten Konzentrationen und Reaktionsgeschwindigkeitskonstanten im stationären Zustand bestimmt.

Ohne auf die näheren Details in diesem Rahmen eingehen zu können, möchte ich kurz eine graphische Darstellung der Lösung der simultanen Differentialgleichungen des Systems durch die Rechenmaschine (UNI-VAC II) wiedergeben. Auf Abb. 7 sind die Konzentrationen von neun veränderlichen Intermediaten (Ordinate in %) über die Zeit (Abszisse in Computer-Zeiteinheiten in Millisekunden, entsprechend etwa 1 sec) registriert.

Zunächst stellen sich die Konzentrationen der einzelnen Metaboliten auf ihre stationären Spiegel entsprechend den Verhältnissen der endogenen Atmung ein. Nach 45 Zeiteinheiten zeigt die Sauerstoffkurve (O) einen niedrigen stationären Umsatz an, die ADP-Konzentration (#) ist entsprechend niedrig, der Phosphatspiegel ($) ist konstant, der mitochondriale Pyridinnucleotidspiegel (H) ist zu 70% reduziert, das mitochondriale (V) und cytoplasmatische (C) ATP sowie Pyruvat (R) sind stationär. Der Umsatz wird von dem ADP-Spiegel kontrolliert, der geschwindigkeitsbestimmende Schritt ist der endogene ATP-Abbau.

Nach 61 Zeiteinheiten wird die Glucosekonzentration maximal eingestellt. Es folgt ein zunächst rascher Glucoseumsatz (G), dementsprechend zunächst ein Anstieg von ADP #), der den raschen Sauerstoffverbrauch (O), eine gleichzeitige Phosphataufnahme ($), die Oxydation von mitochondrialem DPNH (H) induziert. Cytoplasmatisches ATP (C) fällt durch die Glucose-Phosphorylierung ab, und mitochondriales ATP(V) steigt durch die oxydative Phosphorylierung an. Allmählich werden Glucoseaufnahme und Sauerstoffverbrauch entsprechend dem Abfall des cytoplasmatischen ATP-Speichers gehemmt. Zusatz von DPB (Dibromphenol) simuliert nun den entkoppelten Zustand von Atmung

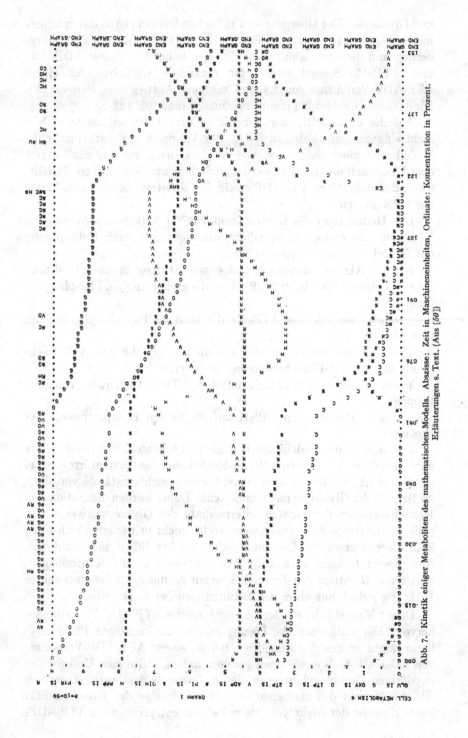

Abb. 7. Kinetik einiger Metaboliten des mathematischen Modells. Abszisse: Zeit in Maschineneinheiten, Ordinate: Konzentration in Prozent. Erläuterungen s. Text. (Aus [50])

und Glykolyse. Der Übergang von mitochondrialem (V) in das cytoplasmatische (C) ATP durch Diffusion aktiviert die Glucose-Phosphorylierung und die Glucoseaufnahme (G). Ein hoher stationärer ADP- ($\#$) und ATP-(C)-Spiegel sorgen für maximale Glykolyse bei einem ATP/ADP-Verhältnis von 1,5 und raschem Anstieg von Pyruvat (R). Die entkoppelte Atmung nimmt maximal Sauerstoff auf.

Auf die Einzelheiten der Kinetik anderer Intermediate kann hier nicht eingegangen werden (s. [50]). Der Vergleich des mathematischen Modells mit einer Suspension von Asciteszellen (von 0,17 g/ml) ergibt eine Übereinstimmung der stöchiometrischen und kinetischen Verhältnisse, der Affinitäten von ADP sowie der Substrat-Redox-Verhältnisse des DPN-Systems.

Das Modell zeigt die Koordination von Glykolyse und Atmung im Übergang von endogener zu Glucoseatmung sowie nach Entkopplung auf Grund folgender Eigenschaften:

1. einer ADP-Kontrolle der endogenen Atmung in einer Reaktion, die eine höhere Affinität für ADP als für die glykolytischen Phosphorylierungen hat,

2. einen Speicher von ATP für die schnelle Phosphorylierung der Glucose,

3. eine Retention von mitochondrialem ATP, die den ATP-Nachschub zur Glucose-Phosphorylierung limitiert,

4. ein Freisetzen von mitochondrialem ATP in Gegenwart von Entkopplern,

5. eine Verteilung von DPNH auf die beiden Kompartimente der Prozesse.

Die Grenzen des Modells sind in folgenden Eigenschaften zu sehen. Da mit Ausnahme der Substrat-Redox-Reaktionen das System irreversibel aufgebaut ist, werden wichtige quasi-Gleichgewichtszustände vor allem im Bereich der Glykolyse nicht eingestellt. Daher werden die stationären Konzentrationen der meisten Intermediate der Glykolyse, wie in Tabelle 10 für einige Fälle zusammengestellt, nicht in der entsprechenden Zeitdifferenz erreicht. Die Intermediatspeicher füllen sich nicht auf. Aus diesem Grunde auch zeigt das System zwar die Kontrolleigenschaften in Richtung von der Glykolyse zur Atmung, für die umgekehrte Richtung jedoch nur unter den Bedingungen der Entkopplung.

Dieser Mangel geht aus der Betrachtung des ATP/ADP-Verhältnisses hervor. Die mathematische Lösung ergibt eine konstante Phosphorylierungsrate in den Mitochondrien bis zu einem ATP/ADP-Verhältnis von nahezu 10^4. Wie wir oben gesehen haben, sollte eine Umkehr der oxydativen Phosphorylierung in diesem Zustande demonstriert werden. Gleichfalls zeigt das mathematische Modell infolge der Irreversibilität keine Umkehr der Glykolyse, die bei einem entsprechenden ATP/ADP-

Tabelle 10. *Stationäre Konzentrationen in Ascites-Tumorzellen und ihrem Modell*

	Glucoseaktiviert		Glucosegehemmt		Aerobe Glykolyse	
	CM*	Zelle	CM	Zelle	CM	Zelle
Lactat	10,0	24,0	10,0	24,0	10,3	50,0
Pyruvat . . .	0,9	0,94	0,92	0,94	1,4	5,7
Fructose-di-Phosphat . .	0,06	4,0	0,02	2,0	0,29	
α-Glycero-Phosphat . .	0,01		0,22	7,5	0,82	
Dioxyaceton-Phosphat . .	0,01	1,0	0,08	1,3	0,34	

* Computer-Modell. Daten aus [50].

Verhältnis im Abschnitt Lactat-Triosephosphat/Fructosediphosphat eintreten muß. In einem neuen mathematischen Modell, welches in 80 Gleichungen die reversiblen Reaktionen von Atmung und Glykolyse umfaßt, werden zur Zeit die Bedingungen der Reversibilität näher mit den Verhältnissen in der Ascites-Tumorzelle verglichen [51]. Das Modell soll ferner zur Darstellung von speziellen Verhältnissen dienen, die die Koordination von Atmung und Glykolyse in anderen Zelltypen beherrschen.

8. Ausblick

Der Stoffwechsel der Zelle kann als offenes System von vernetzten enzymatischen Prozessen betrachtet werden. Das System läßt sich als ein Spektrum von Reaktionsgeschwindigkeitskonstanten als Funktion der wirksamen Enzymkonzentrationen beschreiben, deren Produkte mit den dazugehörigen Intermediaten den Fluß in jedem Abschnitt des Systems ergeben. Das System wird durch exogene Substrate des Stoffwechsels (Glucose, Aminosäuren, Lactat, Sauerstoff usw.) aktiviert und führt zur Ausbildung von induzierten Fließgleichgewichten (*Higgins* [52]). Durch chemische Vernetzung der einzelnen Prozesse sowie Membranfunktionen (Kompartimente) wird der allgemeine Ablauf des Stoffwechsels koordiniert. Koordinierende Metaboliten sind gleichzeitige Reaktionspartner mehrerer Prozesse und reagieren an den Kontrollpunkten des Stoffwechsels.

Die Einstellung der Fließgleichgewichte hängt davon ab, welche Prozesse der Zelle durch exogene Substrate aktiviert bzw. gesättigt werden und welche „Aktivitätslinie" sich jeweils einstellt. Ist ein Prozeß (endogene Atmung) aktiviert, so stellt sich ein entsprechendes Fließgleichgewicht ein. Wird ein zweiter Prozeß aktiviert (Glykolyse), so wird das erste Fließgleichgewicht durch Wirkung gemeinsamer Metaboliten an den Kontrollpunkten in eine neue Stellung verzogen (Glucoseatmung).

Die Analyse von Flußgrößen und Metabolitspiegel unter transienten und stationären Bedingungen bei Ehrlich-Zellen, bei Hefe oder bei der Wanderheuschrecke demonstriert die jeweilige Type der Fließgleichgewichte, deren physiologischer Sinn als Wachstumstendenz oder Flugleistung erkennbar wird.

Die Aufdeckung von quasi-irreversiblen Reaktionen innerhalb von Gruppen von nahezu-Gleichgewichtsreaktionen zeigt, wo die jeweiligen Kontrollpunkte des Stoffwechsels sind und welche Intermediate den Fluß und seine Richtung bestimmen.

Die Entwicklung mathematischer Modelle, die auf dem Boden fundamentaler Gesetze der Massenwirkung oder Diffusion beschrieben und durch Rechenmaschinen gelöst werden können, ermöglicht die Ausarbeitung kritischer experimenteller Ansätze zur Prüfung von allgemeinen und speziellen Theorien der Zellkinetik.

Unsere Arbeiten werden von der Deutschen Forschungsgemeinschaft Bad Godesberg bei Bonn im Rahmen des Schwerpunktprogramms Biochemie sowie von der Research Corporation, New York, unterstützt. Wir danken beiden Organisationen für ihre wertvolle Hilfe.

Literatur

[1] *Lynen, F.:* Justus Liebigs Ann. Chem. **546**, 120 (1941).

[2] *Chance, B.,* and *B. Hess:* Science **129**, 700 (1959).

[3] *Hess, B.,* u. *B. Chance:* Naturwissenschaften **46**, 238 (1959).

[4] *Pasteur, L.:* Bull. Soc. Chim. Paris, 79—80 (1861).

[5] *Crabtree, H. G.:* Biochem. J. **23**, 536 (1929).

[6] *Chance, B., C. M. Conelly* and *B. Hess:* J. cell. comp. Physiol. **46**, 358 (1955).

[7] *Chance, B.,* and *B. Hess:* Ann. N.Y. Acad. Sci. **63**, 1008 (1956).

[8] *Hess, B.:* Proc. Vth int. Congr. of Biochemistry, Moscow 1961 (im Druck).

[9] *Chance, B.:* Symposium Löwen, Juni 1962.

[10] *Chance, B.,* and *C. M. Connelly:* Nature (Lond.) **179**, 1235 (1957).

[11] *Weber, A.:* Fed. Proc. **16**, 1144 (1957).

[12] *Jöbsis, F. F.,* and *B. Chance:* Fed. Proc. **16**, 293 (1957).

[13] *Bishai, F. R.,* u. *Th. Bücher:* Siehe in [20].

[14] *Chance, B.,* and *B. Hess:* J. biol. Chem. **234**, 2404 (1959).

[15] *Hess, B.:* Unveröffentlicht.

[16] *Allard, C., G. de Lamirande* and *A. Cantero:* Cancer Res. **12**, 407 (1952).

[17] *Allard, C., G. de Lamirande* and *A. Cantero:* Canad. J. med. Sci. **30**, 543 (1952).

[18] *Estabrook, R. W.,* and *A. Holowinsky:* J. biophys. biochem. Cytol. **9**, 19 (1961).

[19] *Klingenberg, M.:* Dieses Symposium.

[20] *Bücher, Th.:* Intermediärstoffwechsel der Glucose unter zellphysiologischem Aspekt. In: 7. Symposium Dtsch. Ges. für Endokrinologie in Homburg (Saar), hrsg. v. H. Nowakowski, S. 129. Berlin-Göttingen-Heidelberg: Springer 1961.

[21] *Lynen, F., G. Hartmann, K. Netter* u. *A. Schuegraf:* In *G. E. W. Wolstenholme* and *C. M. O'Connor* (eds.). Ciba Foundation Symposium on the Regulation of Cell Metabolism, p. 256. London: J. & A. Churchill 1959.

[22] *Hess, B.,* and *B. Chance:* J. biol. Chem. **236**, 239 (1961).

[23] *Hess, B.:* J. gen. Physiol. **45**, 603 A. (1962).

[24] *Hess, B.:* Control of Metabolic rates. In: Control mechanism in respiration and fermentation, hrsg. v. *B. Wright.* New York: Ronald Press 1962 (im Druck).

[25] *Chance, B.:* J. biol. Chem. **226**, 595 (1957).

[26] *Chance, B.:* J. biol. Chem. **236**, 1569 (1961).

[27] *Siekevitz, P.:* Proc. Vth Intern. Congr. of Biochemistry, Moscow 1961.

[27a] *Hommes, F.:* Fed. Proc. **21**, 142 (1962).

[28] *Lehninger, A. L.:* J. biol. Chem. **190**, 345 (1951).

[29] *Bücher, Th.,* u. *M. Klingenberg:* Angew. Chem. **70**, 552 (1958).

[30] *Borst, F.:* Dieses Symposium.

[31] *Boxer, G. E.,* and *Th. M. Devlin:* Science **134**, 1495 (1961).

[32] *Holzer, H., G. Schulze* u. *F. Lynen:* Biochem. Z. **328**, 252 (1956).

[33] *Hohorst, H. J., F. H. Kreutz* u. *Th. Bücher:* Biochem. Z. **332**, 18 (1959).

[34] *Hohorst, H. J., F. H. Kreutz* and *M. Reim:* Biochem. biophys. Res. Commun. **4**, 159 (1961).

[35] *Holzer, H.:* Ergebn. med. Grundlagenforsch. **1**, 189 (1956).

[36] *Holzer, H., E. Holzer* u. *G. Schulze:* Biochem. Z. **326**, 385 (1955).

[37] *Krebs, H. A.,* u. *H. L. Kornberg:* Ergebn. Physiol. **49**, 212 (1957).

[38] *Hohorst, H. J., M. Reim* and *H. Bartels:* Biochem. biophys. Res. Commun. **7**, 137 (1962).

[39] *Meyerhof, O.:* Ann. N. Y. Acad. Sci. **45**, 377 (1944).

[40] *Pette, D., W. Luh* and *Th. Bücher:* Biochem. biophys. Res. Commun. **7**, 419 (1962).

[41] *Hearon, J. Z., S. L. Bernhard, D. J. Friess* u. *M. F. Morales:* In *P. D. Boyer, H. A. Lardy* and *K. Myrbäck* (eds.), The Enzymes, 2nd Edit., vol. I, p. 49. New York: Academic Press 1958.

[42] *Hammes, G. G.,* and *R. A. Alberty:* J. Amer. chem. Soc. **82**, 1564 (1959).

[43] *Eigen, M.:* Discussions Faraday Soc. **17**, 194 (1954).

[43a] *Eigen, M.,* u. *K. Tamm:* Z. Elektrochem. **66**, 93 (1962).

[44] *Chance, B.,* and *G. R. Williams:* Advanc. Enzymol. **17**, 65 (1956).

[45] *Klingenberg, M.,* u. *P. Schollmeyer:* Biochem. Z. **335**, 243 (1961).

[46] *Chance, B.,* and *B. Hess:* J. biol. Chem. **234**, 2421 (1959).

[47] *Chance, B., W. Holmes* and *J. Higgins:* Nature (Lond.) **182**, 1190 (1958).

[48] *Meyerhof, O.,* and *N. Geliazkowa:* Arch. Biochem. **12**, 405 (1947).

[49] *Lynen, F.,* u. *R. Koenigsberger:* Justus Liebigs Ann. Chem. **573**, 60 (1951).

[50] *Chance, B., D. Garfinkel, J. J. Higgins* and *B. Hess:* J. biol. Chem. **235**, 2426 (1960).

[51] *Garfinkel, G.,* and *B. Hess:* Fed. Proc. **21**, 237 (1962).

[52] *Higgins, J.:* In: Technique of organic Chemistry, hrsg. v. *A. Weissberger,* Bd. VIII, Teil I, S. 327. New York: Interscience Publisher Inc. 1961.

Diskussion

Mit 1 Abbildung

Siebert: Das Zellkernvolumen der von Ihnen gezeigten Asciteszellen ist sehr hoch — normalerweise rechnet man $1/_{10}$ des Zellvolumens — zugleich ist die Mitochondrienzahl der Asciteszelle recht niedrig; resultiert daraus nicht ein Extremwert für die Relation zwischen Zellkern und Mitochondrien, der für die meisten anderen Zellen nicht gilt?

Hess: Der Mitochondriengehalt der einzelnen Zelltypen ist sicher sehr unterschiedlich. Wir berechneten ihn hier, wie in der Tabelle angegeben ist, mit 250 Mitochondrien/Zelle. Für Leberzellen sind Zahlen in der Größenordnung von 2000 angegeben worden; dabei ist noch anzumerken, daß in beiden Fällen die Größe der Mitochondrien etwa gleich ist.

Klingenberg: Das Cytoplasma dieser Asciteszellen besteht also fast zu 40% aus Mitochondrien? Dabei ist allerdings der Anteil des Cytoplasmas am Zellvolumen infolge des großen Kernes nur gering. Ähnliche Verhältnisse haben wir auch bei Hepatomascitesellen, obwohl bei ihnen das Cytoplasma/Kern-Verhältnis wahrscheinlich wesentlich größer ist.

Heckmann: Haben Sie bei diesen Berechnungen das Volumen des endoplasmatischen Reticulums mitberücksichtigt?

Hess: Soweit mir bekannt ist, hat das endoplasmatische Reticulum praktisch kein Volumen.

Heckmann: Das stimmt nicht. Unter bestimmten Funktionszuständen hat es ein beachtliches Volumen.

Vogell: Im Elektronenmikroskop erscheint das endoplasmatische Reticulum kollabiert, es ist fraglich, ob das auch in vivo so ist.

Ris: Im Pankreas macht das endoplasmatische Reticulum einen großen Prozentsatz des Cytoplasmavolumens aus. In Asciteszellen, wo es nur kleine Bläschen bildet, fällt es sicher wenig ins Gewicht.

De Duve: Ich habe eine Frage, die ich mehr an die Morphologen unter uns richte. In den letzten Jahren ist die Bedeutung des Begriffes Cytoplasma etwas dunkel geworden, und ich bezweifle, ob wir in unserem Kreis uns darüber einig sind, was wir darunter verstehen. Ursprünglich hat man als „Cytoplasma" den Teil der Zelle bezeichnet, der nicht Kern ist. Jetzt reden wir von einem cytoplasmatischen Raum und unterscheiden ihn vom mitochondrialen Raum; aber nach der ursprünglichen Definition ist natürlich der mitochondriale Raum ein Teil des cytoplasmatischen Raums. Können wir uns auf andere Bezeichnungen einigen?

Hess: Extramitochondrialer Raum ist eine Bezeichnung, die von *Bücher* eingeführt wurde, außerdem spricht *Bücher* aber auch vom C-Raum. Vielleicht kann Herr *Hohorst* etwas über die Marburger Ansichten sagen.

Hohorst: Nach der Definition von *Bücher* [*Delbrück, A., E. Zebe, Th. Bücher:* Biochem Z. **331**, 273 (1959)] ist der C-Raum dasjenige cytoplasmatische Zellkompartiment, in dem die leicht löslichen Enzyme der Glykolysekette lokalisiert sind. Der C-Raum ist also weniger morphologisch als funktionell definiert und jedenfalls nicht mit dem Cytoplasma im ursprünglichen Sinn identisch. Er entspricht in etwa dem Hyaloplasma.

Estabrook: Ich habe eine Frage zur Bestimmung der Kapazität der Atmung. Wenn man mit isolierten Mitochondrien oder Elementarpartikeln arbeitet, gibt man 10—20 millimolar Succinat hinzu, das ist eine völlig unphysiologische Bedingung.

Green: Dr. *Hess* meint mit den Werten in Tabelle 3 offenbar die maximale Aktivität unter seinen Versuchsbedingungen, d.h. nicht die maximale Kapazität. Der limitierende Faktor kann z.B. die Penetrationsrate von Substrat sein.

Hess: Die Versuche sind unter Bedingungen gemacht worden, unter denen man damit rechnen kann, daß das Substratangebot für die Zelle nicht limitierend ist.

Karlson: Ist es berechtigt, die Wechselzahl in Tabelle 3 als maximale Kapazität zu bezeichnen, wenn sie wesentlich von der Atmungskontrolle bestimmt ist? Sie muß doch dann erheblich von den speziellen Bedingungen abhängig sein.

Hess: Wir haben diese Bezeichnung gewählt, weil die Werte in Tabelle 3 die in vivo bei Sauerstoffsättigung maximal erreichbaren stationären Größen sind. Bei dem sehr kurzen Übergang von Anaerobiose zu Aerobiose operiert Cytochrom a mit einer höheren Konstante (s. Fußnote 1, Tabelle 3).

Klingenberg: Es ist anscheinend sehr schwierig, Mitochondrien in situ im Gewebe zu maximaler Atmung zu bringen. So sind z.B. die Wechselzahlen von Cytochrom a im perfundierten, isolierten Herzmuskel vergleichsweise niedrig, nach den Angaben von *Lochner* sogar auch unter Dinitrophenol.

Hasselbach: Aber da ist immer der Fehler gemacht worden, daß die Wechselzahl auf Minuten bezogen worden ist und nicht auf die Systolendauer. Wenn man das berücksichtigt, erhöhen sich die Werte um einen Faktor 3.

Klingenberg: Auch wenn man das berücksichtigt, ist die Wechselzahl immer noch geringer als in anderen Geweben.

Siebert: Ich möchte fragen, ob die in vitro beobachtbaren Wechselwirkungen zwischen glykolysierenden Systemen und Mitochondrien auch in vivo wirksam sind. Wie steht es mit phosphatatischen Phänomenen, wie z.B. *Hararis* Acylphosphatase, die in der Bilanz eine ATP-Hydrolyse bedeuten und ihrer Auswirkung auf die Glykolyse?

Hess: Die sog. reconstructed systems, von denen Sie hier sprechen, werfen natürlich besondere Probleme auf. Man kann mit ihnen praktisch jeden Effekt erzielen, je nachdem wie man experimentell vorgeht, oder wie Prof. *Martius* gestern abend sagte: „Man kann den Delinquenten so lange quälen, bis er jede Antwort gibt". Im intakten Gewebe findet sich

keine derart starke phosphatatische Wirkung wie in den isolierten Systemen. Die Frage, ob die Glykolyse als Phosphatase in Erscheinung treten
könnte, ist auch auf dem Ciba-Colloquium 1958 diskutiert worden. Wenn
man den unteren Teil der Glykolysekette umkehrt, was man im isolierten System machen kann, kann man natürlich eine Phosphatasewirkung durch die Abspaltung von anorganischem Phosphat aus 1,3-diphosphoglycerat bekommen. Ob das aber in vivo auch so ist, weiß man noch nicht.

Heinz: Sie sagten, daß die Geschwindigkeit der Stoffwechselketten von den irreversiblen Reaktionen bestimmt wird. Im allgemeinen nimmt man ja an, daß die erste irreversible Reaktion die Geschwindigkeit der Gesamtkette entscheidet, was aber nach den ausführlichen Untersuchungen von *Hearon* nicht immer der Fall ist. Auch ist es nicht so, daß die Hexokinase immer die Aufnahme der Glucose in die Zelle kontrolliert. Das ist eine Konzentrationsfrage und nach den Untersuchungen der Parkschen Schule ist oft auch die Permeabilität entscheidend und nicht die Aktivität der Hexokinase.

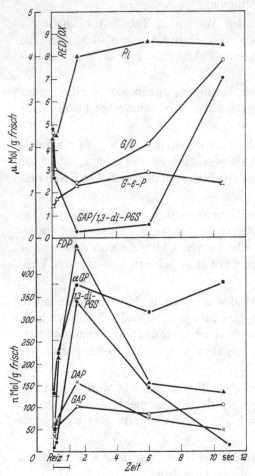

Abb. 1. Metabolitgehalte im Bauchdeckenmuskel der Ratte
während und nach 1 sec Tetanus. Untere Ordinate links:
FDP, DAP und Glyc.-1-P; rechts: GAP, 1,3-Diphospho-
glycerat. Obere Ordinate links: G-6-P und Pi

Hohorst: Eine Bemerkung zu der Frage von Prof. *Heinz* nach dem
geschwindigkeitsbestimmenden Schritt innerhalb der Glykolysekette.
Wir haben die Veränderungen der Metabolitgehalte im Abschnitt zwischen Glucose-6-phosphat und 1,3-diphosphoglycerat nach kurzem tetanischen Reiz im Muskel studiert (Abb. 1).

Als erste Veränderung sieht man einen sehr starken Anstieg von
Fructosediphosphat, Dihydroxyacetonphosphat und 1,3-Diphospho-

glycerat — in geringerem Maße auch von 3-Phosphoglycerinaldehyd — also aller jener Metabolite, die unterhalb der Phosphofructokinase- und oberhalb der Phosphoglyceratkinase-Reaktionen liegen. Diesem Effekt, der schon innerhalb 1 sec nach Beginn des Reizes auftritt, folgt erst deutlich später ein Anstieg von Glucose-6-phosphat. Daran läßt sich ablesen, daß der Reiz zuerst eine Aktivierung der Phosphofructokinase-reaktion auslöst, die sich damit als die geschwindigkeitsbestimmende Reaktion der Glykolysekette im Muskel zu erkennen gibt.

Hess: Wir haben ähnliche Ergebnisse auch in Ascitestumorzellen gefunden und auch mit dem Digitalrechner durchgerechnet (Abb. 7, S. 181).

Wilbrandt: Ich möchte in diesem Zusammenhang noch einmal darauf zurückkommen, was Herr *Heinz* bezüglich des geschwindigkeitsbestim-menden Schrittes gesagt hat. In der Muskelzelle ist ja die Konzentration der freien Glucose praktisch gleich null. Daraus folgt, daß die Geschwin-digkeit der Glucoseaufnahme nicht durch die Hexokinasereaktion, son-dern durch die Penetrationsrate bestimmt wird. Wenn in den Tumor-zellen die Konzentration der Glucose auch gleich Null ist, schließe ich, daß dort ähnliche Verhältnisse wie im Muskel vorliegen.

Heinz: Sind noch neuere Daten über die Wirkung von einwertigen Kationen auf die Geschwindigkeit der Glykolysekette bekannt geworden? Ich möchte an die Untersuchungen der Hastingschen Schule über den Einfluß von Kalium und Natrium auf die Glykogensynthese bzw. Glykogenolyse erinnern.

Hess: Nein, mit einwertigen Kationen haben wir uns nicht be-schäftigt. Herr *Hasselbach* war so freundlich, einige Magnesiumbestim-mungen zu machen, so daß wir über den Magnesiumgehalt orientiert waren und Einflüsse des Magnesiums auf Reaktionen und Komplex-bildungen mitberücksichtigen konnten. Die Magnesiumkonzentration liegt so hoch, daß wir Mechanismen wie die von *Lardy* für die Akti-vierung der Phosphofructokinase beschriebenen nicht für wahrscheinlich halten.

Estabrook: Wir haben zusammen mit Dr. *Ernster* gesehen, daß Hexo-kinase, die an die Oberfläche von Mitochondrien absorbiert ist, zehnmal aktiver ist als in freier Lösung. Das würde natürlich die von Dr. *Hess* berechneten Kapazitäten sehr verändern.

Hess: Unsere Berechnungen beziehen sich auf die Hexokinase im intakten Gewebe.

Ohlenbusch: Sie brauchen für die Aufstellung des Digital-Rechen-programms ja die einzelnen Geschwindigkeitskonstanten. Stammen die aus experimentellen Bestimmungen oder woher?

Hess: Für die LDH und die Fermente, die besser untersucht sind, sind die experimentellen Daten eingesetzt. Im Falle der LDH war z.B. die Konzentration des Lactat-DPN-Komplexes durch die Arbeiten von *Schwert* gut bekannt. Wir wußten auch, daß die Konzentration des freien DPNH in der Größenordnung von 10^{-6} M/l sein muß. In anderen Fällen mußten die Werte herausgerechnet werden.

Klingenberg: Wir haben hier einen Fall, wo wieder angenommen wird, daß ein bestimmter Teil des ATP gewissermaßen inaktiv ist, hier speziell dadurch, daß ein Teil des ATP in den Mitochondrien gebunden ist und damit für die Glykolyse nicht zur Verfügung steht. Sie sagen nun im Manuskript, daß Sie eine hohe ATP-Konzentration in den Mitochondrien direkt gemessen haben, wie haben Sie das gemacht?

Hess: Einmal durch direkte ATP-Bestimmung an isolierten Mitochondrien, das ist aber eine unsichere Methode. Ein anderes Experiment sagt hier vielleicht etwas mehr aus. Wenn man die Synthese von ATP durch Blausäure hemmt — in Konzentrationen von $10-100$ mM/l —, dann wird sowohl die Atmung als auch die Glykolyse gestoppt. Nach Zusatz von Glucose sieht man, daß in wenigen Sekunden ein bestimmter Teil des ATP verbraucht wird. Setzt man jetzt Dicumarol hinzu, dann wird ein weiterer Teil des ATP verbraucht. Wir schließen aus diesem Experiment, daß hier verschiedene ATP in gesonderten Kompartimenten vorhanden sind. Durch Zusatz eines Entkopplers wird ATP aus dem einen Kompartiment, den Mitochondrien, freigesetzt und damit für die Hexokinase-Reaktion verfügbar.

Klingenberg: Wie hoch ist nun die Konzentration von ATP in den Mitochondrien? Sie müßte doch enorm hoch sein.

Hess: Das geschätzte ATP/ADP-Verhältnis beträgt etwa $100:1$, aber der ATP-Gehalt ist natürlich unsicher, kann nach vorläufigen Messungen bis zu 40% des Gesamtbestandes betragen.

Klingenberg: Aber im Zustand des Crabtree-Effektes müßte doch das ganze ATP in den Mitochondrien sein.

Hess: Nein — das ist so zu verstehen, daß ein größerer Teil des ATP in den Mitochondrien ist als in Abwesenheit von Glucose. Ich würde sagen: Unter den Bedingungen des Crabtree-Effekts besteht kein Netto-Austausch von ATP zwischen Mitochondrien und Plasma.

Klingenberg: Und warum wird die Glucose nicht phosphoryliert? Weil im Cytoplasma kein ATP vorhanden ist?

Hess: Die Phosphorylierungsrate ist verlangsamt, und zwar aus dem Grunde, weil ein Teil des ATP im mitochondrialen Raum gebunden ist. Bei Entkopplung und Freisetzung des mitochondrialen ATP läßt sich die Glykolyserate um das 15fache steigern. Ich glaube, es ist also eine vernünftige Annahme, zu sagen, daß dann das mitochondriale ATP für die Glucosephosphorylierung zur Verfügung steht. Auch die Experimente von *Hommes* deuten darauf hin, daß der Ausfluß von ATP aus Mitochondrien limitiert ist.

Estabrook: Eine Frage ist, ob das ATP aus den Mitochondrien in einem gekoppelten System die Reaktionen der Glykolyse kontrolliert oder ob umgekehrt das in die Mitochondrien zurückdiffundierende ADP die mitochondriale Atmung kontrolliert. Man kann sehen, daß unter optimalen Glucose- und Hexokinasekonzentrationen Mitochondrien nur einen kleinen Teil ihres endogenen ATP für die Hexokinasereaktion abgeben, daß also der größere Teil als ATP in den Mitochondrien zurückbleibt.

Klingenberg: Ich würde dieses Experiment als Zeichen für eine Kompartmentierung des ATP in den Mitochondrien ansehen. Wir fanden bei Einbauversuchen mit P^{32}, daß ein großer Teil des mitochondrialen ATP unter Dinitrophenol kaum oder nur sehr langsam dephosphoryliert wird. Es scheint also, als ob die ATP-Speicherung in den Mitochondrien nicht die Permeabilität durch die Mitochondrienmembranen betrifft, als vielmehr eine Kompartmentierung des mitochondrialen ATP darstellt. Natürlich besteht auch eine Permeabilitätsschranke. So kann man zeigen, daß bei der Umkehr der Phosphorylierung die Permeabilität von ATP geschwindigkeitsbestimmend sein kann.

Green: Es ist experimentell nachgewiesen worden, daß die Permeation von ATP und ADP in die Mitochondrien oder umgekehrt aus den Mitochondrien heraus nur sehr gering ist und daß unter physiologischen Bedingungen eine fast vollständige Barriere für einen derartigen Austausch besteht. Ich glaube, daß der Austausch sich auf die Übertragung von Phosphorylgruppen von mitochondrialem ATP auf extramitochondriales ADP und umgekehrt bezieht. Aber darüber bestehen noch verschiedene Ansichten. Meine Annahme gründet sich auf Austauschversuche mit C^{14}-markiertem ATP.

Hess: Jedenfalls sieht man aber doch, daß extramitochondrial gebildetes ADP sehr schnell an die Atmungskette gelangen kann, was natürlich nicht ausschließt, daß dabei ein besonderer Transportmechanismus eine Rolle spielt.

Karlson: Wenn ADP hineingeht in die Mitochondrien, muß ATP natürlich auch hinausgehen, sonst würde man ja eine Anhäufung von Nucleotiden in den Mitochondrien bekommen. Aber die Stimulierung der Atmung durch ADP kann natürlich auch ohne Transfer von Nucleotiden durch Abgabe von energiereichem Phosphat nach außen erklärt werden.

Hess: Für den Crabtree-Effekt nehmen wir an, daß ein Teil der extra-mitochondrialen Adeninnucleotide tatsächlich aus dem Cytoplasma in die Mitochondrien hineinwandert.

Weber: Wie groß ist die Austauschgeschwindigkeit der Adeninnucleo-tide, wenn man einmal nach gezeichnetem C und einmal nach gezeich-netem P fragt? Wenn ein Transfermechanismus zwischengeschaltet ist, dann müßte das gezeichnete Phosphat sehr schnell durchlaufen und der markierte Kohlenstoff sehr langsam und im anderen Fall müßten sie beide gleich schnell austauschen. Ist das Experiment gemacht worden?

Green: Ja. Alle experimentellen Daten zeigen, daß der Phosphor-austausch sehr schnell vor sich geht im Vergleich zum Austausch von Kohlenstoff. Wir schließen daraus, daß unter physiologischen Bedin-gungen Phosphorylreste durch die Mitochondrienmembran transferiert werden, aber nicht ATP und ADP selbst.

Klingenberg: Mir scheint das Problem im wesentlichen eine Frage der experimentellen Methode zu sein, mit der man messen kann, wieviel Nucleotide in den Mitochondrien zu einem bestimmten Zeitpunkt ent-halten sind. Wenn Sie Mitochondrien zentrifugieren, verlieren Sie das bewegliche ATP und ADP.

Green: Man kann Mitochondrien sehr schnell durch Sucrosemedium hindurchschießen. Arbeitet man mit adeninmarkiertem Nucleotid, kann man die Anreicherung von Aktivität in den Mitochondrien bestimmen, da bei dem Durchschießen durch die Sucroseschicht das extramitochon-driale Medium um einen Faktor von 1 : 100 verdünnt wird. Wenn man dann für die geringen Anteile des äußeren Mediums korrigiert, dann findet man nur sehr wenig von dem C-markierten Adenin innerhalb der Mitochondrien, aber einen Transfer von P^{32}.

Klingenberg: Ich glaube, daß unter diesen Bedingungen der Wande-rung von Mitochondrien durch Sucrose das austauschbare ATP schon aus den Mitochondrien eluiert wird und daher in der oberen Schicht ge-funden wird. Eine neu ausgearbeitete Zentrifugations-Filtrationstechnik (*E. Pfaff*) sollte eine Differenzierung gestatten.

Ernster: Wir haben Hinweise dafür, daß der Ansatzpunkt des Crabtree-Effekts weder beim ADP noch beim anorganischen Phosphat, sondern einer höheren Stelle der Atmungskette liegt. Sie sind dreierlei Natur [*A. Ernster*, Exp. Cell Res. **27**, 368 (1962)]:

1. Wenn Vitamin K_3 zu Ascites-Tumorzellen gegeben wird, die den Crabtree-Effekt zeigen, wird dieser Effekt unterbunden. Diese Wirkung des Vitamin K_3 beruht darauf, daß es einen shunt zwischen DPNH und Cytochrom b bildet an einer Stelle der Atmungskette also, wo eine ge-schwindigkeitsbestimmende Phosphorylierung stattfindet.

2. Oligomycin bewirkt in Ascitestumorzellen einen Crabtree-ähnlichen Effekt, gekennzeichnet durch eine Hemmung der Atmungskette im ungefähr gleichen Ausmaß wie mit Glucose beim Crabtree-Effekt und einer Aufhebung dieser Hemmung durch Dinitrophenol und durch Vitamin K_3.

3. Der wichtigste Punkt ist, daß Arsenat den Crabtree-Effekt nicht aufhebt, obgleich es das tun sollte, wenn der Crabtree-Effekt auf einem Mangel an ADP oder anorganischem Phosphat beruhen würde. Das liegt nicht daran, daß Arsenat nicht in die Zellen hineingeht. Bei Kontrollexperimenten, bei denen Arsenat zu normal atmenden Ascitestumorzellen in Gegenwart von kleinen Memgen P^{32} zugegeben wurde, fanden wir, daß Arsenat die Überführung von P^{32} in organische Bindung verhinderte (Arsenat mußte also in die Zelle gelangt sein!). Und weiter, wenn Arsenat zu Tumorzellen mit Crabtree-Effekt hinzugegeben wird, kann es die Atmungshemmung durch Glucose nicht verhindern.

Aus diesen drei Befunden schließen wir, daß der Crabtree-Effekt nicht auf einem Mangel an ADP und anorganischem Phosphat selbst beruht, sondern auf einer Hemmung der Atmungskette auf der Stufe der ersten, nichtphosphorylierten, energiereichen Verbindung.

Hess: Natürlich ist normalerweise kein Oligomycin in Ascitezellen, aber man kann Ascitezellen empfindlich machen gegenüber Oligomycin und dabei bewirkt man, daß der Kontrollpunkt von der Ebene des Phosphats auf eine höhere Stufe verschoben wird.

Einige Bemerkungen über Metabolitgleichgewichte und Strukturen im cytoplasmatischen Lösungsraum

Von

Hans-Jürgen Hohorst

Mit 5 Abbildungen

Die klassisch-morphologische Einteilung gliedert die Zelle in drei Reaktionsräume, den Kernraum, den mitochondrialen und cytoplasmatischen Raum. Diese Einteilung ist sicher eine starke Vereinfachung der morphologischen Gegebenheiten. Sie ist für die erste Orientierung nützlich, wird jedoch bei funktioneller Betrachtung bald problematisch. Wie verhält es sich eigentlich mit dem cytoplasmatischen Lösungsraum? Kann man die dort zu lokalisierenden Stoffwechselsysteme wirklich als in einem einheitlichen Lösungsraum befindlich ansehen, oder gibt es womöglich auch hier Strukturen? Eine Methode, derartige Probleme experimentell anzugehen, besteht in der Analyse von steady state-Gleichgewichten von Metaboliten in der intakten Zelle, wie oben bereits ausgeführt wurde (s. S. 168). So läßt sich für die glykolytischen Reaktionen zeigen, daß die aus den Metabolitgehalten errechneten scheinbaren Gleichgewichte bei den meisten Reaktionen dem thermodynamischen Gleichgewicht nahekommen. Abweichungen der scheinbaren Gleichgewichte vom Massenwirkungsgleichgewicht sind entweder kinetisch bedingt und kennzeichnen geschwindigkeitsbestimmende Reaktionen oder beruhen auf einer Behinderung der Gleichverteilung der Reaktionspartner, sei es durch spezifische Bindungen oder durch strukturbedingte funktionelle Kompartimentierungen (s. oben Beitrag *Hess*, S. 164). Sofern es möglich ist, kinetische Gründe oder Bindungseffekte als Ursache für ein Ungleichgewicht auszuschließen, ist damit ein Weg zum Auffinden von Strukturen in der intakten Zelle gegeben. Auf derartigen Studien beruht unsere Vorstellung über die Struktur des Embden-Meyerhof-Systems im C-Raum der Leberzelle, die Abb. 1 veranschaulichen soll.

Die Mehrzahl der glykolytischen Reaktionen im C-Raum befindet sich nahe am Massenwirkungsgleichgewicht, was in der Abbildung durch das Reversibilitätszeichen angedeutet wird. Ungleichgewichte finden sich bei den ATP- und magnesiumabhängigen Phosphorylierungsschritten, also der Hexokinase-, Phosphofructokinase-, Phosphoglyceratkinase- und Pyruvatkinasereaktion [1]. Sie sind kinetisch bedingt und teilen das Embden-Meyerhof-System in Abschnitte, innerhalb derer angenähert

Gleichgewicht herrscht (s. S. 171). Die DPN-abhängigen Dehydrogenasereaktionen stehen ebenfalls im Gleichgewicht miteinander; in der normalen Leber entspricht ihr Reduktionszustand einem Potential von
-235 mV [2]. Zwischen dem koppelnden DPN und DPNH und den
Red/Ox-Partnern besteht dagegen ein scheinbares Ungleichgewicht, das
auf der Bindung vor allem von DPNH an Proteine des C-Raums beruht,
wie direkt mit isolierten Leberproteinen gezeigt werden kann [1]. Die

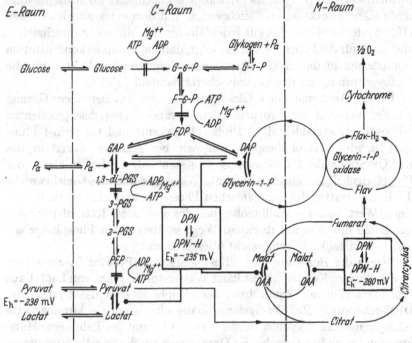

Abb. 1. Struktur des Embden-Meyerhof-Systems und Koordination des DPN-Systems in der Leber (s. Text)

physiologische Bedeutung der straffen Kopplung zwischen DPN-abhängigen Dehydrogenasereaktionen und dem C-Raum liegt darin, daß durch
Veränderung des Red/Ox-Status des DPN-Systems Konzentrationen
von Metaboliten wie beispielsweise Pyruvat und Oxalacetat koordiniert
und gesteuert werden können [2]. Außerdem werden dadurch Red/Ox-
Systeme, die sich in vivo nahe an ihrem Grundpotential ($E_{h\,7}$) befinden,
wie Lactat/Pyruvat und Glycerin-1-P/DAP, mit solchen gekoppelt,
deren Red/Ox-Status weiter vom Grundpotential entfernt ist, wie Malat/
Oxalacetat. Lactat/Pyruvat und Glycerin-1-P/DAP, die in der Zelle in
vergleichsweise hohen Konzentrationen vorliegen, wirken daher als
Red/Ox-Puffer, d. h. sie beschweren den Reduktionszustand des DPN-
Systems im C-Raum (poising action). Dadurch werden auch Metabolit-
konzentrationen stabilisiert, und zwar nicht nur von eigentlichen Red/Ox-

Partnern, wie Pyruvat und Oxalacetat, sondern beispielsweise auch von Aminosäuren, die mit ihnen über Transaminase-Gleichgewichte gekoppelt sind [3]. Es ist möglich, daß die Beschwerung des Red/Ox-Potentials im C-Raum auch für die Stabilisierung des Oxalacetatspiegels im mitochondrialen Kompartiment von Bedeutung ist, da dessen DPN-Potential berechnet aus dem Quotienten β-Hydroxybutyrat/Acetoacetat mit ungefähr −280 mV anscheinend beträchtlich negativer ist als das des cytoplasmatischen DPN-Systems. Erwähnt sei noch, daß auch die oxydierende Gärungsreaktion im Gleichgewicht mit dem extramitochondrialen DPN-System steht — das gilt jedenfalls für den Muskel, wahrscheinlich aber auch für die Leber —, woraus folgt, daß die Phosphatkonzentration zumindesten in diesen Geweben keinen limitierenden Faktor für die Flußgeschwindigkeit der Glykolysekette darstellt [4].

Unsere Annahme eines Gleichgewichts der oxydierenden Gärung gründet sich auf die proportionalen Veränderungen des Quotienten 3-Phosphoglycerinaldehyd/1,3-Diphosphoglycerat und Glycerin-1-Phosphat/Dihydroxyacetonphosphat, die wir bei gezielter Variation des Red/Ox-Status des DPN-Systems gemessen haben. Dabei bleibt der Phosphatgehalt im Gewebe konstant. Wenn man über das Gleichgewicht die Konzentration des anorganischen Phosphats ausrechnet, erhält man einen Wert von 1−2 millimolar bei der normalen Rattenleber, was numerisch mit dem auf direktem Wege bestimmbaren Phosphatgehalt von 1−2 mMol/kg Frischgewicht übereinstimmt.

Wegen der Beziehung des diffusiblen Lactat/Pyruvat-Systems zum extracellulären Kompartiment kann Wasserstoff in Form von Lactat aus dem extracellulären Raum bzw. der Peripherie über das System der DPN-gekoppelten Red/Ox-Systeme an die mitochondriale Atmungskette gelangen und dort oxydiert werden. Damit kommt der Leber eine Hilfsfunktion für andere Gewebe des Organismus zu, die wie die Muskulatur unter bestimmten Bedingungen nicht in der Lage sind, ihren Glykolysewasserstoff selbst ausreichend zu oxydieren. Das von uns früher postulierte Permeationsgleichgewicht zwischen extracellulärem und intracellulärem Lactat/Pyruvat [5], das diesen Vorstellungen zugrunde liegt, ist jetzt von Herrn *Schimassek* in unserem Institut am isolierten und perfundierten Organ direkt nachgewiesen worden.

Zusammenfassend wird man sagen dürfen, daß die in Abb. 1 gezeigte Struktur des Embden-Meyerhof-Systems in der Leberzelle etwa dem entspricht, was man nach den bisherigen Vorstellungen, insbesondere bezüglich der Einheitlichkeit des glykolytischen Systems erwarten konnte. Wir waren daher sehr überrascht, als wir bei Gleichgewichtsuntersuchungen an anderen Geweben Hinweise dafür fanden, daß in anderen Zellen und Geweben kompliziertere Verhältnisse vorliegen. Ein derartiger Hinweis war, daß die DPN-abhängigen Red/Ox-Systeme

Lactat/Pyruvat, Glycerin-1-P/DAP und Malat/Oxalacetat im quergestreiften Muskel und in der grauen Hirnsubstanz der Ratte nicht auf einem einheitlichen Red/Ox-Potential stehen wie bei der Leber (Abb. 2), obwohl auch in diesen Geweben hohe Aktivitäten der entsprechenden Dehydrogenasen vorhanden sind, die eine weitgehende Gleichgewichtseinstellung erwarten lassen. Wir haben versucht, die Ursachen für diese Potentialdifferenzen herauszufinden und haben die Phänomene vor allem im Muskel eingehend studiert [4].

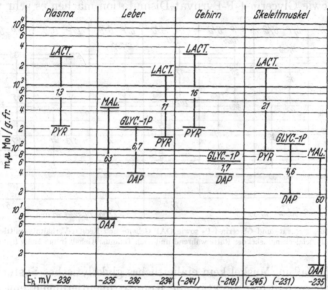

Abb. 2. Red/Ox-Quotienten und scheinbares Red/Ox-Potential DPN-abhängiger Systeme in verschiedenen Geweben der Ratte

Kinetische Gründe für die Potentialdifferenzen können zumindest im Falle des ruhenden Muskels ausgeschlossen werden, da die Flußgeschwindigkeiten um Größenordnungen unterhalb der enzymatischen Kapazität der entsprechenden Dehydrogenasen liegen. Auch spezifische Bindungen der Reaktionspartner kommen nicht in Betracht, wie aus Studien in Muskelhomogenaten hervorgeht. Ich muß auf eine ausführliche Darstellung der einzelnen Experimente an dieser Stelle verzichten, möchte Ihnen aber doch noch einen Versuch zeigen (Abb. 3), aus dem hervorgeht, daß sich die Red/Ox-Quotienten Lactat/Pyruvat und Glycerin-1-P/DAP unter bestimmten Bedingungen unabhängig voneinander bewegen lassen.

Während kurzdauernder tetanischer Kontraktion des Muskels ist das Glycerophosphat/Dihydroxyacetonphosphat-System stärker reduziert als Lactat/Pyruvat, also umgekehrt als im ruhenden Muskel und in der auf den Reiz folgenden Erholungsphase. Außerdem sieht man, daß sich im

tetanischen Reiz Glycerin-1-phosphat und Pyruvat in nahezu stöchio-
metrischem Verhältnis ansammeln im Sinne einer Glycerin-1-phosphat-
Pyruvat-Dismutation. Eine Glycerin-1-phosphat-Pyruvat-Dismutation
in Verbindung mit einem Ungleichgewicht zwischen den Red/Ox-Syste-
men Lactat/Pyruvat und Glycerin-1-phosphat/DAP ist aber nur dann
möglich, wenn ein Ausgleich des Wasserstoffdrucks zwischen den DPN-
gekoppelten Red/Ox-Systemen verhindert ist. Beide Befunde, d. h.
Unabhängigkeit des Red/Ox-Status von Lactat/Pyruvat und Glycerin-1-
P/DAP sowie Glycerin-1-P-Pyruvat-Dismutation machen es sehr wahr-

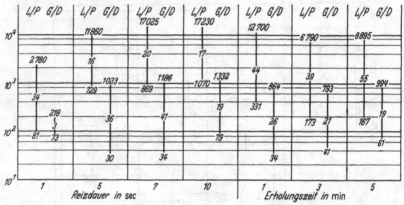

Abb. 3. Lactat-, Pyruvat- und Glycerin-1-P- sowie DAP-Gehalte und Red/Ox-Verhältnis (mittlere Zahl)
im Bauchdeckenmuskel der Ratte während und nach Tetanus. Gehalt in mμ Mol/g fr.

scheinlich, daß im Muskel kein einheitliches glykolytisches System vorliegt, sondern daß hier funktionelle Kompartimentierungen eine Rolle
spielen. Das folgende Schema (Abb. 4) soll zeigen, wie wir uns eine derartige Kompartmentierung vorstellen.

    Auf der einen Seite haben wir ein klassisches Glykolysesystem, das
von Glucose resp. von Glykogen bis zu Lactat führt mit Lactatdehydrogenase als reduzierendem Gärungsenzym und engen funktionellen Beziehungen zum extracellulären Kompartiment. Daneben muß mit der
Existenz eines zweiten Embden-Meyerhof-Systems gerechnet werden
mit Glycerophosphatdehydrogenase als reduzierendem Gärungsenzym,
das wir wegen seiner funktionellen Beziehung zu den Mitochondrien als
perimitochondrial bezeichnen. Es liefert als Endprodukt Pyruvat und
als Reduktionsäquivalent Glycerophosphat. Wie weit sich diese Kompartmentierung der glykolytischen Systeme im C-Raum des Muskels
erstreckt, ob vielleicht nur Teilabschnitte — z. B. unterhalb von Fructosediphosphat — kompartmentiert sind, kann zur Zeit noch nicht gesagt
werden. Der wesentliche Punkt betrifft die aus unseren Gleichgewichtsstudien hergeleitete Forderung nach funktionell getrennten DPN-Kreisläufen im C-Raum und die Schlußfolgerung, daß Lactatdehydrogenase

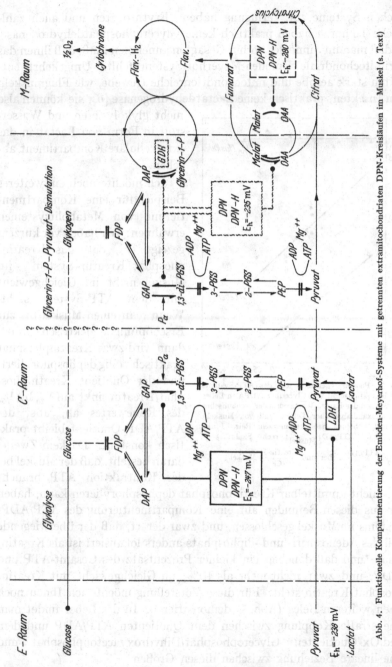

Abb. 4. Funktionelle Kompartmentierung der Embden-Meyerhof-Systeme mit getrennten extramitochondriaten DPN-Kreisläufen im Muskel (s. Text)

und Glycerophosphatdehydrogenase im Muskel nicht einem einheitlichen glykolytischen System zugeordnet werden können. Ich möchte noch erwähnen, daß es Zellen gibt, die nur jeweils das eine der beiden glykolytischen Systeme zur Verfügung haben. Erythrocyten und auch zahlreiche Tumoren haben praktisch keine Glycerophosphatdehydrogenase, so daß man im Sinne des vorhin Gesagten annehmen muß, daß ihnen das perimitochondriale Embden-Meyerhof-System fehlt. Umgekehrt enthalten stark aerobe und mitochondrienreiche Gewebe, wie Flugmuskeln von Insekten, praktisch keine Lactatdehydrogenase [6], sie können also nicht glykolysieren und Wasserstoff in Form von Lactat in das extracelluläre Kompartiment abgeben.

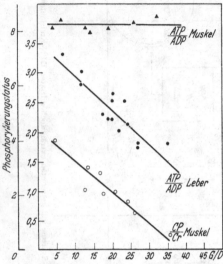

Abb. 5. Phosphorylierungsstatus des ATP-Systems und Reduktionsgrad von Glycerin-1-P/DPA in Leber und Muskel der Ratte. Werte normaler, ischämischer und alloxandiabetischer Lebern und von Muskeln während Erholung nach tetanischem Reiz. Linke Skala: ATP/ADP_{Muskel}; rechte Skala: ATP/ADP_{Leber} und $\dfrac{Creatin-P}{Cr}$ Muskel

Ich möchte noch ein weiteres Beispiel für eine Kompartmentierung von Metabolitsystemen erwähnen: Wir haben vor kurzem gezeigt [7], daß das Kreatinphosphat / Kreatin - System im Muskel nicht im Gleichgewicht mit dem ATP-System steht. Wenn man einen Muskel bis zur Erschöpfung elektrisch reizt, dann wird zwar Kreatinphosphat praktisch völlig dephosphoryliert, und der Quotient Kreatinphosphat/Kreatin sinkt auf $^{1}/_{20}$ bis $^{1}/_{50}$ des Ruhewertes ab, aber der ATP/ADP-Quotient bleibt praktisch konstant. Da kein Zweifel daran besteht, daß der Muskel bei der Kontraktion ATP braucht und nicht unmittelbar Kreatinphosphat dephosphorylieren kann, haben wir aus diesen Befunden auf eine Kompartmentierung des ATP/ADP-Systems im Muskel geschlossen, und zwar derart, daß der überwiegende Teil des Adenosintri- und -diphosphats anders lokalisiert ist als Kreatinkinase und daß daneben ein kleiner Prozentsatz des Gesamt-ATP und -ADP, und zwar nicht mehr als 10%, im Gleichgewicht mit Kreatinphosphat/Kreatin steht. Für diese Vorstellung möchte ich Ihnen noch einen weiteren Beleg (Abb. 5) demonstrieren. In der Leber findet man eine straffe Kopplung zwischen dem Quotienten ATP/ADP und dem Red/Ox-Quotienten Glycerophosphat/Dihydroxyacetonphosphat und eine lineare Beziehung zwischen diesen Größen.

Im Muskel ist dagegen der ATP/ADP-Quotient vom Reduktionszustand des DPN-Systems völlig unabhängig. Andererseits verhält sich der Quotient Kreatinphosphat/Kreatin im Muskel bei Veränderung von

Glycerol-1-P/DAP wie der ATP/ADP-Quotient in der Leber, wie man aus der gleichen Neigung der beiden Regressionsgeraden unmittelbar sieht. Daraus geht hervor, daß im Muskel außer dem Kontraktions-ATP/ADP auch das Stoffwechsel-ATP/ADP mit dem Kreatinphosphat/Kreatin-System im Gleichgewicht steht, daß aber die Gesamtmenge der reaktiven Kontraktions- und Stoffwechsel-Adeninnucleotide (turnover-ATP und -ADP) nur so gering ist, daß sie neben der großen Masse von reaktionsträgem ATP und ADP (Speicher-ATP und -ADP), dessen physiologische Funktion noch unbekannt ist, nicht direkt nachgewiesen werden kann.

Ich glaube, daß diese Beispiele genügend klar gemacht haben, daß auch die Reaktionssysteme und Stoffwechselketten im C-Raum noch über ausgeprägte Strukturen verfügen, die außerdem je nach der Zellart sehr verschieden sein können, so daß man die für einen bestimmten Zelltypus erhobenen Befunde nicht ohne weiteres auf andere Zellen übertragen kann. Sicher sind unsere heutigen Vorstellungen über die Verteilung und Kooperation zwischen Enzymen und Substraten innerhalb einzelner Zellkompartimente noch zu einfach, und ich glaube, daß hier noch wesentlich neue Entwicklungen, die natürlich den ganzen Komplex der cellulären Koordination und Kontrolle mitbeinhalten, erwartet werden dürfen.

Literatur

[1] *Hohorst, H. J.*, u. *H. Bartels:* Biochem. Z. (in Vorbereitung).

[2] *Hohorst, H. J.*, *F. H. Kreutz, M. Reim* and *H. J. Hübener:* Biochem. biophys. Res. Commun. **4**, 163 (1961).

[3] *Kirsten, E.*, *R. Kirsten, H. J. Hohorst* and *Th. Bücher:* Biochem. biophys. Res. Commun. **4**, 169 (1961).

[4] *Hohorst, H. J.:* Habil.-Schr. Marburg 1961.

[5] *Hohorst, H. J.*, *F. H. Kreutz* u. *Th. Bücher:* Biochem. Z. **332**, 18 (1959).

[6] *Delbrück, A.*, *E. Zebe* u. *Th. Bücher:* Biochem. Z. **331**, 273 (1959).

[7] *Hohorst, H. J.*, *M. Reim* and *H. Bartels:* Biochem. biophys. Res. Commun. **7**, 142 (1962).

Diskussion

Mit 1 Abbildung

Hess: Zu den Ausführungen von Herrn *Hohorst* möchte ich bemerken, daß wir es im Falle der Kinase-Ungleichgewichte wahrscheinlich nicht mit Kompartmentierungen zu tun haben, sondern mit kinetischen Ungleichgewichten, das wird schon an der Größe der Abweichung erkennbar.

Hohorst: Sicher sind die Ungleichgewichte bei der Phosphofructokinase- und Pyruvatkinasereaktion kinetisch bedingt, aber die genaue Größe der Abweichung läßt sich natürlich nicht angeben, solange über die Verteilung von ATP und ADP in diesen Zellen nichts bekannt ist.

Borst: Lassen sich die von Herrn *Hohorst* gezeigten Kompartmentierungen der Glykolyse damit erklären, daß ein Teil im Cytoplasma abläuft und ein anderer Teil im Zellkern, der ja, wie Prof. *Siebert* gezeigt hat, auch glykolytische Reaktionen machen kann? Das mag in normalen Zellen keine Rolle spielen, aber im Falle der Asciteszellen von Dr. *Hess*, wo das Cytoplasma nur $1/_{10}$ des Kernvolumens beträgt, könnte es doch für die Berechnung der Konzentrationen und der Metabolitverteilung eine Rolle spielen.

Hess: Die Beziehung der Metabolitwerte auf Gramm Frischgewicht läßt natürlich in keinem Fall einen Schluß auf Konzentrationen zu, bei der Bestimmung der Gleichgewichtslage rechnen wir ja mit Gehaltsquotienten, wobei sich das Volumen heraushebt. Die eigentlichen Konzentrationen der Metabolite können wir heute noch in keinem Fall angeben.

Siebert: Zu Herrn *Borsts* Frage möchte ich bemerken, daß der Zellkern, der selbst kompartmentiert ist, sehr wahrscheinlich mit dem cytoplasmatischen Raum kommuniziert. Allerdings ist auch im Zellkern das Baranowski-Enzym — wenn auch nur schwach — vertreten.

Hohorst: Ich habe noch eine Frage an Herrn *Hess* wegen der Tabelle 9, in der Sie die Unterschiede zwischen den Metabolitgehalten der Glykolyse von Asciteszellen ohne und mit Glucosezusatz zeigen: Wie erklären Sie, daß die Fructosediphosphatgehalte bei Glucosesättigung praktisch um den gleichen Faktor erhöht sind wie die Fructose-6-phosphatgehalte, obwohl doch ein so starkes Ungleichgewicht an der Phosphofructokinase-Reaktion vorhanden ist? Oder glauben Sie, daß unter diesen Bedingungen ein Gleichgewicht eingetreten ist? Das halte ich für sehr unwahrscheinlich.

Hess: Ein Gleichgewicht ist sicher nicht vorhanden, denn man kann das Verhältnis von Fructosediphosphat zu Fructose-6-phosphat noch viel stärker erhöhen, z.B. mit Arsenat. Über die quantitative Beziehung zwischen dem Fluß und dem Quotienten beider Intermediate über große Flußbereiche kann ich noch nichts sagen.

Hohorst: Enthalten Ihre Asciteszellen Glycerophosphatdehydrogenase?

Hess: Ja, etwa $1/_{10}$ der Aktivität von Lactatdehydrogenase.

Klingenberg: Woraus haben Sie die Oxalacetatkonzentration bei Glucosesättigung berechnet in Ihrer Tabelle 9? Der Lactat/Pyruvat-Quotient und auch die Malat-Konzentration ist doch praktisch gleich bei den beiden Zuständen.

Hohorst: Das Problem ist, daß ja offensichtlich auch hier trotz Vorhandenseins von Baranowski-Enzym ein erhebliches Ungleichgewicht zwischen den Red/Ox-Systemen Lactat/Pyruvat und Glycerophosphat/ Dihydroxyacetonphosphat besteht. Welchem Red/Ox-Potential wollen Sie dann Malat/OAA zuordnen?

Klingenberg: Herr *Hohorst* hat gesagt, daß der Oxalacetat-Spiegel im Cytoplasma für die Aufrechterhaltung eines genügend hohen Oxalacetat-Spiegels in den Mitochondrien von Bedeutung ist. Denn bei einem Gleichgewicht zwischen mitochondrialem Malat/OAA und dem DPN-System mit einem Red/Ox-Potential von ungefähr −280 mV kann, wie es aus dem β-Hydroxybutyrat/Aceto-acetat-Quotienten berechnet werden kann, nur eine äußerst geringe Oxalacetat-Konzentrationen im mitochondrialen Kompartiment vorhanden sein und dadurch der Citronen-säurecyclus limitiert werden. Nach Versuchen an isolierten Mitochondrien scheint aber keine feste Kopplung zwischen Malat/OAA und Hydroxy-butyrat/Acetoacetat zu be-stehen, denn es können Werte wie HOB/AcAc = 50 neben Malat/OAA = 3 über längere Zeit bestehen. Das entspricht einer Potentialdifferenz von etwa 100 mV, die sich nicht ausgleicht. Es scheint aber,

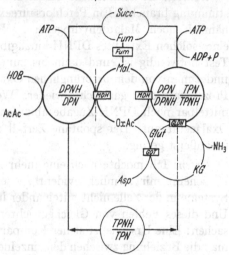

Abb. 1. Die Kompartmentierung der mitochondrialen Pyridinnucleotid-Systeme: Das DPN-System ist in das Kompartiment der Hydroxybutyrat-Dehydrogenase einer-seits und in das Kompartiment der Malat- plus Glutamat-Dehydrogenase andererseits aufgeteilt, zu dem auch die Glutamat - Oxalacetat - Transaminase gehört. Succinat reagiert mit beiden DPN-Kompartimenten. Das TPN er-scheint unter dem Einfluß von ATP dem Hydroxybutyrat-Kompartiment, bei Mangel an ATP dem Malat-Amino-säure-Kompartiment zugeordnet zu sein

daß das Malat/OAA in den Mitochondrien mit dem Red/Ox-Potential von Aminosäuren Glutanat/Ketoglutarat und Aspartat/Oxalacetat fest gekoppelt ist. Dieses wird in Abb. 1 schematisch dargestellt, wo die nur lockere Kopplung zwischen dem Malat-Oxalacetat und dem Hydr-oxybutyrat/Acetoacetat durch einen Trennstrich angedeutet ist.

Hohorst: Vielleicht sollte man besser sagen, daß das Cytoplasma die Oxalacetatkonzentration in den Mitochondrien oder einen definierten Konzentrationsgradienten zwischen C-Raum und M-Raum auf einem bestimmten Niveau stabilisiert, denn zu hohe Oxalacetatkonzentrationen würden die Succinatoxydation hemmen und zu geringe das Condensing-Enzym. Im übrigen haben wir Hinweise dafür, daß eine Erniedrigung von Oxalacetat wie z. B. in der diabetischen Ketosis Konsequenzen hat, die sich gut mit einer Blockierung des Krebscyclus erklären lassen.

Estabrook: Zum Problem des Oxalacetats noch eine technische Bemerkung: Dr. *Sacktor* hat gesehen, daß nur 15% von Oxalacetat, das einem Gewebsextrakt zugesetzt war, analytisch wiedergefunden werden. Hier scheint also eine große Fehlerquelle zu liegen.

Klingenberg: Wir haben bei Zusatz von Oxalacetat in einem weiten Konzentrationsbereich praktisch keine Verluste feststellen können.

Hohorst: Es kommt sehr darauf an, wie lange Zeit man für die Bestimmung braucht. Ein Perchlorsäureextrakt von Lebergewebe enthält nämlich noch Malatdehydrogenase. Wenn man nach Neutralisation eines solchen Extraktes DPNH hinzugibt, wie es für den enzymatischen Test notwendig ist, und dann bis zum Test noch 20—30 min wartet, findet man von dem ursprünglichen Oxalacetat nur noch einen geringen Prozentsatz oder gar nichts wieder. Wenn man den Test dagegen unmittelbar nach DPNH-Zugabe ablaufen läßt, treten keine Verluste an Oxalacetat auf. Der spontane Zerfall im kalten Perchlorsäureextrakt ist äußerst gering.

Green: Ich möchte noch eine mehr allgemeine Bemerkung machen. Es scheint mir ziemlich evident zu sein, daß die einzelnen Red/Ox-Systeme in der Zelle nicht miteinander im Gleichgewicht stehen können. Und dieses Fehlen von Gleichgewichten beruht auf verschiedenen Ursachen: Eine Ursache ist sicher Kompartmentierung. Daraus folgt, daß man die Beziehung zwischen den einzelnen Teilen der Zelle nur verstehen kann, wenn man die Strukturen der einzelnen Systeme kennt, d.h., wo sie lokalisiert sind und wie sie zusammenwirken. Mir scheint, daß alle Ergebnisse, die bisher erhalten wurden, darauf hinweisen, daß die wesentliche Lücke in unserem heutigen Wissen in unserer Unkenntnis über die exakte Anordnung und Struktur nicht nur der Mitochondrien, sondern auch des anscheinend ungeformten Teils der Zelle, nämlich des Cytoplasmas besteht.

Hohorst: Mir scheint, daß Gleichgewichtsuntersuchungen an der intakten Zelle heute die einzige Möglichkeit bieten, zu Aussagen über Strukturen im cytoplasmatischen Raum zu kommen, so schwierig die Interpretation auch oft ist und so mannigfaltig die Fehlerquellen sein mögen.

Borst: Eine Frage an Herrn *Klingenberg:* Sie fordern einen Zusammenhang zwischen dem Red/Ox-Potential des mitochondrialen DPN-Systems in Gegenwart von genügend Substrat und dem ATP/ADP-Quotienten. Wenn Sie aber nun verschiedene Red/Ox-Potentiale in verschiedenen Kompartimenten der Mitochondrien annehmen, müßten Sie auch eine Kompartmentierung von ATP fordern.

Klingenberg: Ja, wir müssen das in Betracht ziehen. Hierfür gibt es neuerdings sogar direkte Hinweise. In Muskelmitochondrien wird der

Phosphorylierungsstatus viel besser durch das Verhältnis Kreatin-phosphat/Kreatin wiedergegeben als durch ATP/ADP, wie Einbauversuche mit P³² ergeben haben (*W. Heldt*, unveröffentlicht).

Hess: Wir haben versucht, das Phosphorylierungspotential der Mitochondrien auf die ganze Zelle zu übertragen, das macht jedoch beträchtliche Schwierigkeiten.

Estabrook: Eine weitere Frage an Herrn *Hohorst:* Wie interpretieren Sie Ihren vorhin gezeigten Befund über den Zusammenhang zwischen dem Phosphorylierungsstatus des ATP-Systems in Leber und Muskel und dem Red/Ox-Status des extramitochondrialen DPN im Hinblick auf die Beobachtungen über den Einfluß des ATP/ADP-Verhältnisses auf die Atmung? Man sollte doch erwarten, daß bei höheren ATP/ADP-Werten, wo die Atmung gehemmt ist, das Red/Ox-Potential negativer würde, also umgekehrt wie von Ihnen gefunden.

Hohorst: Ihre Vorstellung stützt sich auf Experimente mit isolierten Mitochondrien. In der ganzen Zelle ist aber der Reduktionszustand des extramitochondrialen DPN-Systems eine Resultante aus Atmung und Zufuhr von Wasserstoff aus Substratdehydrogenierungen, so daß die Koordination zwischen Zufuhr und Abfluß von Wasserstoff entscheidend ist. Die in Abb. 5 (S. 200) gezeigte Kopplung zwischen dem ATP-Potential und dem Red/Ox-Potential umfaßt das ganze komplexe System der cellulären Koordination. Man muß natürlich fragen, welches ATP-Potential wir dort gemessen haben; ist es das des cytoplasmatischen Raums oder das der Mitochondrien? Ich halte es für ziemlich wahrscheinlich, daß der ATP/ADP-Quotient in den Mitochondrien und im Cytoplasma gleich ist und damit korrekt durch den ATP/ADP-Quotienten im Gesamtgewebe (wenigstens in der Leber) wiedergegeben wird. Dieser Schluß liegt nahe, weil im Muskel der Phosphorylierungsquotient des Kreatinphosphat/Kreatin-Systems, das sowohl mit dem sarkoplasmatischen als auch mit dem mitochondrialen ATP/ADP reagiert, sich ganz analog verhält wie der ATP/ADP-Quotient in der Leber.

Weber: Ich habe eine Frage an Herrn *Hohorst:* Sie sagten, daß die Relation zwischen dem phosphorylierten und dem nichtphosphorylierten Adeninnucleotid, also zwischen ATP und ADP im Muskel nicht stimmt. Habe ich das richtig verstanden, daß Sie auf Ihr Kompartiment-Konzept einfach so kommen, daß Sie sagen: Ich ziehe von dem ATP jetzt so viel ab, bis die ATP/ADP-Proportion mit dem Kreatinkinasegleichgewicht übereinstimmt und alles ATP, was zuviel da ist, das ist in einem anderen Kompartiment? Ich will nur kontrollieren, ob ich Ihren Gedankengang richtig verstanden habe oder ob ich etwas ausgelassen habe.

Hohorst: Ich möchte hinzufügen: Wenn ich das Kreatinphosphat-System ganz — durch einen Reiz von 30 sec — dephosphoryliere, dann muß auch das im Gleichgewicht stehende ATP weg sein, und ich kann aus der Differenz zwischen dem ATP-Gehalt zur Zeit 0 und zum Zeitpunkt der Erschöpfung des Kreatinphosphats berechnen, wieviel von dem Gesamt-ATP dem entspricht, was mit dem Kreatinphosphat im Gleichgewicht steht und was ich als „turnover-ATP" bezeichnet habe. Das ist praktisch innerhalb der Meßgenauigkeit unserer Methoden, d. h. höchstens 10%.

Weber: Also Sie gehen vom Extrem aus und nicht von jeder beliebigen Proportion; das leuchtet mir ein. Wenn Sie aber geeignete Bedingungen wählen, dann können Sie durch Reize auch das ganze übrige ATP wegbringen, dann würde also das Reserve-ATP mit einer gewissen zeitlichen Verzögerung auch in Reaktion treten und aus dem Speicher herauskommen.

Hohorst: Das ist schwer zu erreichen bei unserem Versuchsobjekt. Uns ist nie gelungen, das Gesamt-ATP durch Reiz zum Verschwinden zu bringen. Der Muskel kann sich nach Erschöpfung des Kreatinphosphats ja nicht weiter kontrahieren.

Weber: Richtig, aber Sie können Dinitrofluorbenzol nehmen. Herr *Davies* hat ja kürzlich gezeigt, daß damit die Kreatinkinase blockiert werden kann und dann findet er bei der Kontraktion den Umsatz, der sich sonst im Kreatin widerspiegelt, im ATP. Man könnte bei einem solchen Versuch sehen, mit welcher Geschwindigkeit ein wie großer Prozentsatz des ATP verbraucht wird. Es könnte ja dann so sein, daß zunächst nur ein kleiner Teil des ATP verschwindet und dann tut es der Muskel zunächst nicht mehr, und anschließend erholt er sich unter all diesen schwierigen Bedingungen dadurch, daß aus dem Speicher ATP nachläuft. Das ist vielleicht etwas, um den Schluß, den Sie gezogen haben und der sehr interessant ist, auf eine etwas breitere Grundlage zu stellen.

Hohorst: Ich bin natürlich nicht der Meinung, daß dieses Speicher-ATP in einem Sack sitzt, der völlig zugeschnürt ist und an den der Muskel nicht herankann. Die Unterschiede in der Reaktionsfähigkeit des turnover- und des Speicher-ATP sind sicher vor allem kinetischer Natur. Wir können bei erschöpfender Reizung ja auch einen geringen Abfall des Gesamt-ATP sehen. Dieser Abfall wird sehr schnell, wenn wir irgendwie einen Eingriff in die Struktur des Muskels machen, und ich möchte doch die Frage stellen, ob das nicht auch bei den Daviesschen Versuchen der Fall ist, denn das Fluordinitrobenzol ist ja ein starkes Gift.

Weber: Vor langer Zeit, als diese Fragen alle noch sehr offen waren, hat Herr *Lohmann* versucht herauszufinden, ob zwischen ATP und Muskelkontraktion noch eine andere Substanz geschaltet ist, und er fand, daß ein Muskel bei etwas über 0^0 C Temperatur bereits ermüdet — wenn ich das einmal so nennen soll —, wenn er nur 5—6 Zuckungen gemacht hat, und das ist ja viel weniger als der Gesamt-ATP-Vorrat zulassen würde. Mir kam nun der Gedanke, ob diese 5—6 Zuckungen vielleicht dem ganz schnell zugänglichen ATP entsprechen und der Rest dem weniger zugänglichen Speicher-ATP.

Hohorst: Das wäre denkbar, wenn man annimmt, daß unter diesen Bedingungen bei 0^0 C die Kreatinkinase praktisch inaktiv ist.

Hasselbach: Herr *Siger* kommt mit ähnlichen experimentellen Daten wie Herr *Hohorst* zu ganz anderen Schlüssen und braucht dabei keine Kompartmentierung des Muskel-ATP. Ich glaube, die Schwierigkeit liegt zum großen Teil daran, daß man das ADP nicht richtig bestimmen kann, denn ein Teil des ADP ist ja irgendwo in der Zelle fest gebunden und wie groß das freie ADP ist, wissen wir nicht. Wenn sich nun das freie, nicht meßbare ADP verändert, können Sie natürlich große Variationen des ATP/ADP-Quotienten übersehen.

Hohorst: Die ADP-Bestimmung mag so falsch sein, wie sie will; wenn das Kreatinphosphat dephosphoryliert ist, kann kein ATP mehr vorhanden sein, oder es besteht entweder überhaupt kein Gleichgewicht zwischen Kreatinphosphat und ATP oder aber das ATP/ADP-System ist kompartimentiert.

Weber: Deswegen hat Herr *Hohorst* ja vorhin so ausdrücklich betont, daß er vom Extremfall der totalen Dephosphorylierung ausgeht.

Klingenberg: Man muß berücksichtigen, daß das Kreatinphosphat/ATP-Gleichgewicht stark magnesiumabhängig ist.

Hohorst: Auch hier muß man sagen: Die Gleichgewichtskonstante mag mit beträchtlicher Unsicherheit behaftet sein, es ist aber aus thermodynamischen Gründen nicht möglich, daß ein System wie Kreatinphosphat/Kreatin, das im großen Überschuß über den Reaktionspartner ATP/ADP vorhanden ist, während der Muskelkontraktion allein völlig dephosphoryliert werden kann, ohne daß auch ATP verschwindet, sofern das Kreatinkinasegleichgewicht eingestellt ist.

Weber: Ich würde auch sagen, daß wir auf die genauen quantitativen Verhältnisse gar nicht einzugehen brauchen, Herrn *Hohorsts* Argument ist in jedem Fall einleuchtend, wenn man den Extremfall der totalen Dephosphorylierung von Kreatinphosphat betrachtet.

Hess: Aus den vorangegangenen Diskussionen geht hervor, wie verschieden die Vorstellungen über celluläre Räume sind. Der einfache Versuch, den verschiedenen Stoffwechselprozessen eindeutige Räume zuzuordnen, wie sie durch die histologische und auch präparative Morphologie im Sinne der klassischen Gliederung der Makrostruktur der Zelle definiert sind, stößt auf Schwierigkeiten, sobald die submikroskopische Struktur einbezogen wird und funktionelle Aspekte der Zellphysio-

logie erörtert werden. Die Ausdehnung der Makroräume wird zweifel-
haft, und Berechnungen von Aktivitäten und Spiegeln sind unsicher.
Neben die Frage nach der Größe des Lösungsraumes eines niedermoleku-
laren Metaboliten oder Enzymes (ausgedehnt oder punktförmig fixiert)
tritt die Frage nach dem chemischen Zustand (chemische Kompartimente). So kann ein großer Teil des Gesamtgehaltes an DPNH einer
Zelle an Enzyme gebunden sein (GAPDH von Hefe kann nach *Chance*
nahezu 50% des Gesamt-DPN-Bestandes binden). Thermodynamische
oder kinetische Definitionen (wie Massenwirkungsquotienten, Diffusions-
oder Übergangszeiten) haben sich als nützlich erwiesen, wie am Beispiel
der glykolytischen Quotienten, der Redoxverhältnisse oder der ATP-
Umsatzzeit für Asciteszellen oder Hefe gezeigt werden konnte.

Green: Ein wichtiges Kennzeichen scheint mir darin zu liegen, daß
ein Teil der Substanz mit dem Gesamtsystem zu einem bestimmten
Zeitpunkt nicht im Gleichgewicht ist. Dafür ist es gleichgültig, ob es
sich um eine Bindung oder Kompartimentierung handelt.

Structure and Functions of Lysosomes

By

Christian de Duve

The properties of lysosomes have been surveyed in detail by *de Duve* [1] and by *Novikoff* [2]. A more recent review [3] deals with the role of lysosomes in various types of cell injury. Accordingly, the present paper will be limited to a brief summary of the main experimental facts. Further details and references may be found in the above-mentioned reviews.

Definition of lysosomes

The name "lysosomes" — meaning lytic bodies — was proposed in 1955 to designate a new group of cycloplasmic particles, first identified in rat liver and characterized essentially by a number of acid hydrolases [4]. Since then, particles with similar properties have been detected in numerous cells and tissues and present indications are that lysosomes represent an intracellular component of widespread occurrence, at least in animal cells.

Lysosomes were originally defined on the basis of their biochemical properties. As will be pointed out below, the name may possibly cover several distinct functional and structural entities, and further progress may make it necessary to extend the nomenclature.

Properties of lysosomes
Biochemical properties

1. **Enzymic complement.** All the enzymes which have been recognized so far as belonging to lysosomes are soluble hydrolytic enzymes with an acid p_H optimum and a relatively low degree of specificity. In rat liver, the list (which is probably still incomplete) now includes a ribonuclease, a deoxyribonuclease, a phosphatase, a phosphoprotein phosphatase, one or more proteases (especially the haemoglobin-splitting cathepsin D), a β-glucuronidase, a β-galactosidase, an α-mannosidase, an α-glucosidase, a β-N-acetyl-glucosaminidase and two arylsulphatases (A and B). In carefully prepared homogenates, approximately 80 per cent of the tissue content of these enzymes (with the exception of β-glucuronidase which is also present in microsomes) are associated with lysosomes,

the remainder being in soluble form; the possibility that they are entirely particle-bound in the intact tissue cannot be excluded. At present, no enzyme of non-hydrolytic nature has been found in lysosomes. Uricase and catalase, which were at one time suspected of being associated with lysosomes, have now been shown to belong to another distinct group of particles, also containing D-amino acid oxidase, and corresponding to the so-called "microbodies" of liver tissue.

Studies on other tissues have not been pursued as extensively as those on liver. Whenever they have been investigated, the enzymes identified in hepatic lysosomes have been found also to be at least partly enclosed in lysosome-like particles in homogenates of numerous tissues and cells from mammalian and other organisms. In addition, leucocyte lysosomes have been shown to contain lysozyme [5].

2. **Latency.** When assayed under conditions which preserve the structural integrity of the particles, the lysosome-bound hydrolases show little or no activity towards external substrates. The reason for this is that the lysosomal membrane prevents the access of the substrates to the enzymes. Full activity can be elicited by a number of treatments which damage this membrane; such treatments generally lead to the release of the enzymes in soluble form.

This property, which is considered of cardinal importance with respect to the biological role of lysosomes, has also been observed on other tissues, when investigated under suitable conditions.

Structural properties

In liver, lysosomes have been identified conclusively with the peri-canalicular dense bodies, both by electron microscopic observations on purified fractions and by cytochemical staining for acid phosphatase. In polymorphonuclear leucocytes, the specific neutrophil granules have been isolated and shown to have the main properties of lysosomes [5]. In other tissues, identification is either tentative or lacking and has been made sofar only on the basis of cytochemical staining for acid phosphatase. However, one conclusion seems to emerge from the evidence already gathered to date, namely that the biochemical concept of lysosomes does not apply to a well-defined structural entity with uniform features, comparable for instance to the mitochondria. Rather do lysosomes appear to be characterized by a considerable degree of polymorphism, differing greatly in size, shape and other morphological properties from one cell type to another, and even within the same cells. As will be pointed out below, this heterogeneity probably reflects the existence of different functional stages or forms of lysosomes.

Distribution

Most mammalian tissues have now been found to contain lysosomes. Macrophages, leucocytes and other phagocytic cells appear to be particularly rich in these particles. The occurrence of similar particles in other vertebrates and in lower animals is indicated by scattered observations on birds, amphibia, marine animals and protozoa. So far, no evidence of their presence — or absence — in plants or bacteria has been obtained.

Functions of lysosomes

General considerations

On the basis of their enzymic complement, lysosomes may be defined as tiny droplets of a powerful digestive juice capable of attacking, at a slightly acid p_H, some of the most important biological constituents. It is difficult to visualize any but a digestive or lytic function for such a system.

If unrestricted, a function of this kind would lead to the destruction of the cells by their own lysosomes. In fact, the apparent immunity of most living cells to the action of their own hydrolases — many of which are now known to belong to lysosomes — has long presented a puzzling problem to biologists. The finding that the enzymes are segregated within specific particles and prevented from acting on external substrates by the membrane of these particles provides a satisfactory explanation for this question. It remains to be seen under which physiological or pathological conditions the enzymes are allowed to exert their lytic activity and what then are the substrates of the latter.

Obviously, two possibilities can be envisaged. In the first one, the enzymes remain within a membrane-limited enclosure and act on objects which have been introduced inside the enclosure by means of a specific process. This type of mechanism is believed to be involved in the intracellular digestion of foreign material engulfed by phagocytosis or pinocytosis, possibly also in some forms of localized autolysis. In the other possibility, the enclosure opens up and the enzymes become free to act on other intracellular components, and also on extracellular material if they further diffuse out of the cells. This seems to take place in numerous autolytic phenomena, of both physiological and pathological nature.

Intracellular digestion

There is now direct evidence that lysosomal enzymes play an active part in the digestion of macromolecules and of larger objects engulfed by phagocytic or pinocytic cells. The manner in which this takes place is not entirely elucidated. In leucocytes, where the phenomenon is most easily studied, the enzyme-containing granules appear to coalesce with phagocytic vacuoles and to discharge their content into the latter, thus transforming them into digestive vacuoles. It is not known whether a similar mechanism occurs in other cells.

As digestion proceeds, the vacuoles appear to undergo a transformation into relatively dense residual bodies, containing remnants of undigested material, lipid accumulations and sometimes also, when haemoproteins have been digested, ferritin. Most hepatic lysosomes appear to be bodies of this type.

Autolysis and necrosis

Complete autolysis of cells and even whole tissues takes place as a normal event in many multicellular organisms, especially during development. The metamorphosis of insects and of anure amphibians provides some of the most spectacular instances of such a process, but its occurrence on a more limited scale is widespread throughout the animal kingdom. It may also be induced pathologically by a variety of factors, such as ischaemia, nutritional deficiencies, bacterial or viral infection, inflammation and various toxic injuries.

Experiments designed to bring to light a possible participation of lysosomes in these phenomena have now been performed in a number of cases of both physiological and pathological autolysis and have disclosed a fairly uniform pattern characterized by two main symptoms: a) an *early release,* at least as ascertained on homogenates, of the lysosomal hydrolases from the particles in which they are normally confined; b) a *selective retention* of these enzymes in the autolysing tissue for a prolonged period of time, with a consequent rise in the concentration or specific activity of these enzymes.

Elements of this pattern have been observed in the regressing Müllerian duct of chick embryos, in the tail of metamorphosing tadpoles, in lymphoid tissue involuting as a result of fasting, hydrocortisone treatment or X-irradiation, in senile kidney tissue, in ischaemic liver and kidney, in the liver of animals subjected to various hepatotoxic treatments, in the wasting muscles of vitamin E-deficient animals and of animals afflicted with genetic muscular dystrophy, in cartilage rudiments subjected to toxic doses of vitamin A, etc.

In those cases where all the cells of the tissue suffer massive autolysis and leucocyte invasion is minimal, the data can be interpreted unequivocally as indicating that the lysosomes suffer an early disruption within the cells and that their enzymes then become active agents of autolysis, while being themselves relatively immune against this phenomenon. In other cases, interpretation is more difficult and one has to take into account also the selective retention or secondary invasion or proliferation of phagocytic cells in the affected tissue. As discussed by *de Duve* [*3*], present evidence is that either one or the other or both interpretations have to be considered, depending on the type of tissue and on the circumstances leading to atrophy or necrosis. It is interesting that both types of processes imply an involvement of lysosomes in cytolysis, the former one being truly autolytic, while the latter would be better designated as heterolytic.

Lysosomes may also be involved in a more discrete type of autolysis. In recent years, several workers have described the presence in a number of tissues of small circumscribed areas of cytolysis. As seen in electron-micrographs, these areas appear to be limited by a well-defined membrane and to contain cytoplasmic elements, such as mitochondria, fragments of endoplasmic reticulum and glycogen, in a more or less advanced stage of disintegration. Recently, it has been found that they stain positively for acid phosphatase (personal communications from *A. B. Novikoff* and *F. Miller*) and it is therefore likely that lysosomal enzymes are involved in the cytolytic processes which take place within them.

It is not known how these cytolytic pockets originate, but their presence in apparently normal cells suggests that they may have a physiological significance. Presumably, they are involved in the turnover of cell constituents and may, like the digestive vacuoles, end up as residual bodies containing remnants of undigested material. Dr. *Hers*, in our department, has recently observed that one form of glycogen storage disease (*Pompe's* disease) is associated with the lack of an acid α-glucosidase apparently localized in the lysosomes. He has put forward the hypothesis that this enzyme may play a role in the breakdown of the glycogen screened off within cytolytic pockets and that its absence may result in the progressive accumulation of glycogen within residual bodies.

Control of lysosome activity

As pointed out in the preceding section, there is now fairly conclusive evidence that the lysosomes are ruptured in autolysing cells and that their hydrolases play an important part in the cytolytic process taking place in these cells. An important question is whether the opening of the particles occurs only as a post-mortem phenomenon, in which case their role would be restricted to that of scavengers, or whether under certain conditions the intracellular release of the lysosomal enzymes may actually precede cell death and act as a causal factor of it, in which case lysosomes must be considered as potential killers of their host-cells. It is not possible yet to answer this question with certainty, but a number of recent observations have furnished distinct support to the latter eventuality.

Taking it as a working hypothesis, one is brought to inquire further into the possibility that the intracellular stability of lysosomes may be influenced in one way or the other by various biologically active agents, such as hormones, vitamins, drugs, antibodies, etc. Many physiological cytolytic processes are under hormonal control and could possibly be brought about by direct effects of the hormone on the lysosomal membrane. A similar explanation could account for other cytolytic phenomena induced by toxic agents of various nature. Conversely, compounds acting either as labilizers or as stabilizers of the lysosomal membrane could be used therapeutically either to promote or to inhibit cytolysis, depending on the desired end.

So far, attempts designed to bring to light a physiologically significant hormonal effect on lysosomes have given negative results. However, numerous active compounds have been found to affect the stability of lysosomes "in vitro", and in some cases proof has been obtained that they exert the same effect "in vivo". The best authenticated labilizer is vitamin A, which, from the work of *Fell, Thomas*, and their coworkers, appears to be particularly toxic to the lysosomes of cartilage cells. The widespread lesions of cartilage which follow the administration of excess vitamin A have been conclusively related to this effect. Acting as stabilizers of lysosomes are cholesterol and especially cortisone and hydrocortisone, which may owe part at least of their antiinflammatory action to this property.

Although a great deal more work will be required before the true significance of these findings can be assessed, they open up the interesting possibility that lysosomes may serve as a target for physiological agents or be used as such for therapeutic drugs.

The lysosome concept

In the beginning of this paper, lysosomes were defined as small sac-like particles containing acid hydrolases. It will be clear from the subsequent account that this definition may cover up to four different entities:

a) Zymogen-like granules serving as storage for newly synthesized enzyme molecules. The leucocyte lysosomes are probably particles of this type.

b) Digestive vacuoles containing the hydrolytic enzymes, together with material which has been ingested by phagocytosis or pinocytosis. The protein reabsorption droplets of kidney convoluted tubule cells seem to belong to this category.

c) Autolytic pockets arising in the cytoplasm of injured and possibly also of normal cells by an as yet unelucidated mechanism. Such entities have been clearly recognized in kidney and liver cells by electron microscopy and high resolution staining for acid phosphatase.

d) Residual bodies, representing the final stage in the evolution of digestive vacuoles and of autolytic pockets. The peribiliary dense bodies of liver appear to be mostly residual bodies awaiting their final excretion in bile.

The true significance of these four entities as well as their relationship with each other remains to be established. It is also of great importance to find out whether all four can be found in all lysosome-containing cells or whether some are specific of given cell types. Until these questions are answered, we see no reason to abandon the generic name "lysosomes", especially since all members of the family may be expected to participate in massive autolytic phenomena.

References

[1] Duve, C. de: Lysosomes, a new group of cytoplasmic particles. In: Subcellular Particles (T. Hayashi, ed.), pp. 128—159. New York: Ronald Press 1959.

[2] Novikoff, A. B.: Lysosomes and related particles. In: The Cell (J. Brachet and A. E. Mirsky, ed.), vol. II, pp. 423—488. New York: Academic Press 1961.

[3] Duve, C. de: Lysosomes and cell injury. In: Injury, Inflammation and Immunity (L. Thomas, J. Uhr and L. Grant, ed.). Baltimore: Williams & Wilkins Company (In press) 1963.

[4] Duve, C. de, B. C. Pressman, R. Gianetto, R. Wattiaux and F. Appelmans: Tissue Fractionation Studies. 6. Intracellular distribution patterns of enzymes in rat liver tissue. Biochem. J. 60, 604—617 (1955).

[5] Cohn. Z, A., and J. G. Hirsch: The isolation and properties of the specific cytoplasmic granules of rabbit polymorphonuclear leucocytes. J. exp. Med. 112, 983—1004 (1960).

Discussion

Duspiva: Ich möchte fragen, ob es heute schon gesichert ist, daß die hydrolytischen Enzyme, die in den Nahrungsvacuolen der Ciliaten auftreten, von Lysosomen geliefert werden?

De Duve: Darüber sind Versuche von Holter an Amöben bekannt. Er hat gefunden, daß einige hydrolytische Enzyme, wie z.B. saure Phosphatase, an Partikel gebunden sind, die nicht Mitochondrien sind.

Ris: Kann man die Lysosomen als Zellorganellen betrachten?

De Duve: Warum sollen wir ein Gebilde, das in der Zelle produziert wird und in der Zelle eine Funktion ausübt, nicht als Zellorganelle bezeichnen?

Ris: Würden Sie ein Stärkekorn auch als Organelle bezeichnen?

De Duve: Das würden wir als einen Einschluß bezeichnen, aber bei den Lysosomen haben wir es mit Enzymen zu tun, die doch eine mehr aktive Funktion ausüben.

Estabrook: Gibt es einen Hinweis dafür, daß die Mikrokörper in der Leber von tumortragenden Tieren verändert werden? Soviel ich weiß, sinkt in der Leber solcher Tiere die Katalase ganz beträchtlich ab.

De Duve: Die Katalase der Leber ist zu 60—70% an Partikeln gebunden, die von Mitochondrien und Lysosomen verschieden sind; sie enthalten auch Uricase und D-Aminosäure-Oxydase. Durch Zentrifugation im Dichtegradienten konnten diese Teilchen abgetrennt und mit den „microbodies" identifiziert werden.

Green: Sind die Lysosomen homogen?

De Duve: Nicht so homogen wie die Mitochondrien.

Hess: Ich wundere mich, daß sich unter den hydrolisierenden Enzymen der Lysosomen keine Esterasen befinden, die auch im sauren p_H-Bereich spalten!

De Duve: Die Lokalisierung der Esterase ist nicht geklärt. Bei Zentrifugierungen erscheint sie fast ausschließlich in der Mikrosomenfraktion, während histochemische Färbungen auf eine Lokalisierung in den Lysosomen hindeuten. Wenn die Esterase tatsächlich mit den Lysosomen verbunden ist, dann müßte sie an die Oberfläche locker adsorbiert sein; sie kann nicht zusammen mit den anderen sauren Hydrolasen in den Lysosomen enthalten sein.

Hess: Sie haben gezeigt, daß Mitochondrien durch Lysosomen abgebaut werden können. Sehen Sie irgendeinen Zusammenhang zwischen der Halbwertszeit der Mitochondrien — ich glaube sie beträgt etwa 7 Tage — und der Zahl von Lysosomen in der Zelle? Anders gesagt, halten Sie es für möglich, daß die Auflösung der Mitochondrien durch Lysosomen den physiologischen Abbauprozeß darstellt?

De Duve: Das halte ich durchaus für möglich.

Hasselbach: Warum verdaut das Kathepsin innerhalb der Lysosomen nicht die anderen Enzyme in den Lysosomen?

De Duve: Man kann auch fragen, warum die Verdauungsfermente innerhalb des Darmtrakts sich nicht gegenseitig verdauen. Man kann aber zeigen, daß man die Hydrolasen von den Lysosomen über 24 Std lang gegenseitig aufeinander einwirken lassen kann, ohne daß sie im größeren Maße an Aktivität verlieren.

Weber: Sie haben gezeigt, daß man mit den Lysosomen sehr viele sonst unverständliche Phänomene erklären kann. Verdauung durch hydrolytische Enzyme tritt nicht ein, solange die Fermente sich in dem geschlossenen Raum der Lysosomen befinden. Dagegen tritt Verdauung dann ein, wenn sie aus dem Lysosomensack heraustreten. Nun habe ich aber noch eine Schwierigkeit: Sie haben gezeigt, daß bei der durch Thyroxin ausgelösten Metamorphose von Kaulquappen die Aktivität der lysosomalen Enzyme im Schwanzstummel ansteigt. Das ist eigentlich nur so zu verstehen, daß die aus den zugrunde gegangenen Zellen frei gewordenen Enzyme in die übriggebliebenen Zellen des Schwanzstummels einwandern und sich dort anhäufen.

De Duve: Es gibt manche Versuche, die nachweisen, daß die Verkürzung des Kaulquappenschwanzes bei der Metamorphose tatsächlich ein autolytischer Vorgang ist, der alle Zellen betrifft.

Siebert: Autolyse geht mit einem Abfall des p_H-Wertes einher; bestehen Zusammenhänge zwischen der Säuerung autolysierender Zellen und dem sauren p_H-Optimum lysosomaler Enzyme, und was ist die Rolle der alkalischen Hydrolasen?

De Duve: Da die Autolyse mit einem Abfall des p_H-Wertes einhergeht und außerdem die Enzyme gegen die Eigenverdauung durch Kathepsin geschützt sind, glaube ich, daß dies ein zusätzlicher Hinweis auf die physiologische Bedeutung der Lysosomen für den Prozeß der Autolyse ist.

Siebert: Können Sie etwas zu der Frage der Beziehungen zwischen Lipofuscin und Lysosomen sagen?

De Duve: Ich glaube, darüber wissen Sie mehr als ich. Soviel ich weiß, hat *Novikoff* nachgewiesen, daß die Verteilung von Lipofuscin in der Leberzelle der der sauren Phosphatase entspricht.

Zachau: Sie haben gesagt, daß es nicht möglich ist, einzelne Lysosomen zu untersuchen. Ich möchte gerne fragen, ob Sie zumindest einen vorläufigen Hinweis dafür haben, daß die Lysosomen nicht einheitlich sind und daß es vielleicht verschiedene Sorten mit spezifischer Funktion und spezifischer Enzymausstattung gibt.

De Duve: Das kann ich nicht ganz sicher ausschließen, aber es erscheint mir sehr unwahrscheinlich aus folgendem Grund: Fast alle identifizierbaren Lysosomen in der Leberzelle sind positiv bezüglich saurer Phosphatase. Es scheint mir sehr unwahrscheinlich, daß diese große Zahl ausschließlich Phosphatase enthält, während der geringe übrige Rest für die übrigen 10—15 hydrolytischen Enzyme verantwortlich ist.

Martius: Wissen Sie etwas darüber, ob die Enzyme in den Lysosomen, ich meine hier vor allem das Kathepsin, in ihrer maximalen Aktivität vorliegen oder ob sie nach ihrem Austritt noch aktiviert werden müssen?

De Duve: Nein, für eine zusätzliche Aktivierung haben wir weder beim Kathepsin noch bei der sauren Phosphatase irgendwelche Anhaltspunkte.

Duspiva: Dazu möchte ich noch etwas bemerken: Es ist seit langer Zeit bekannt, daß in der neugebildeten Nahrungsvacuole beim *Paramäcium* zunächst eine p_H-Verschiebung nach der sauren Seite stattfindet. Im Anschluß daran erfolgt die Auflösung der Nahrungspartikel als Folge einer Aktivierung der hydrolytischen Enzyme.

De Duve: Ich glaube, daß die Enzyme in den Lysosomen in ihrer maximalen Aktivität vorliegen.

Estabrook: Ist Dr. *Porter* der Meinung, daß die Partikel, die er gesehen hat und die Sie isoliert haben, von der Struktur der Zelle abstammen? Wenn das der Fall ist, erhebt sich die berühmte Frage, was kommt eher, das Küken oder das Ei?

Haberland: Wie hoch ist die verwendete Dosis an Cortison, mit der Sie die Schutzwirkung gegenüber Strahlen erzielt haben?

De Duve: Wir haben keine Experimente über den Schutz vor Bestrahlungsfolgen durchgeführt. Die Schutzwirkung des Hydrocortisons gegen Schädigungen verschiedenster Art ist von mehreren Autoren, unter anderen von *Weißmann* und *Thomas*, beschrieben worden. Die verwendeten Dosen lagen zwischen 50 und 100 mg Hydrocortison pro kg pro Tag.

Haberland: Haben Sie andere entzündungshemmende Substanzen, wie Salicylate und Phenylbutazon, untersucht?

De Duve: Nein.

Green: Haben Sie Versuche gemacht, ob Lysosomen in vitro Mitochondrien auflösen?

De Duve: Nein, das ist nicht möglich, da wir bislang noch nie genügend reines Lysosomenmaterial zur Verfügung gehabt haben.

Ris: Ich habe den Eindruck, daß man nicht ein und denselben Namen benutzen sollte für ganz verschiedene Dinge. Wir haben 1. die Enzyme, die aus den Ribosomen gebildet werden und dann zu einem juvenilen Lysosom zusammentreten, das nennen Sie ein Lysosom. Dann wird gelegentlich der Inhalt der Lysosomen in das Cytoplasma gegeben, und wir bekommen eine völlig neue Struktur, Inklusionen mit Mitochondrien darin; außerdem haben Sie noch Lysosomen, die bei der Phagocytose Fremdkörper verdauen. Alle diese verschiedenen Dinge nennen Sie Lysosomen.

De Duve: Sie haben eine sehr interessante Geschichte erzählt, und ich hoffe nur, daß sie zutrifft. Sie dürfen nicht übersehen, daß wir zu der Zeit, als wir die Namen gegeben haben, von allen diesen Einzelheiten noch nichts wußten. Wir hatten Partikel isoliert, die die Verdauungsenzyme enthielten und haben sie Lysosomen genannt, weil es umständlich ist von Ribonucleasepartikeln oder sauren Phosphatasepartikeln usw. zu sprechen. Wenn man einmal sicher weiß, daß die Lysosomen die von Ihnen angedeutete Entwicklung durchmachen, kann man das auch in der Nomenklatur berücksichtigen. Aber dafür ist es noch zu früh.

Aktiver Transport organischer Moleküle

Von

Walter Wilbrandt

Mit 7 Abbildungen

I. Definition des aktiven Transports

Was ist „aktiver Transport"?

Leider gibt es heute keine einheitlich angenommene Definition für diesen Begriff. Bedauerlicherweise, weil durch den Mangel an Definition Mißverständnisse entstehen können, und andererseits verständlicherweise, weil es häufig so ist, daß Definition nicht am Anfang, sondern am Ende einer längeren Entwicklung stehen.

Die gebräuchlichste Definition des „aktiven Transports" ist die eines Transports von niedrigerem zu höherem chemischen oder elektrisch-chemischen Potential, d.h. eines *„bergauf"* erfolgenden Transports [19, 27]. Sie hat den Vorteil, ein experimentell im allgemeinen anwendbares Kriterium zur Verfügung zu stellen, und sie erfaßt Transporte, die nicht nur im Mechanismus, sondern auch in der notwendigen Energielieferung eine Beteiligung der Zelle erfordern.

Eine andere Definition möchte alle Transporte als „aktiv" bezeichnen, bei denen *irgendeine Beteiligung der Zelle* notwendig ist [13], z.B. auch Trägertransporte, die nicht bergauf führen. Ihr Nachteil ist, daß weniger klare Kriterien zur Erkennung solcher Transporte verfügbar sind. Dagegen wäre das Prinzip, nach dem Mechanismus zu definieren, meiner Meinung nach vorzuziehen. Ein Trägertransport beispielsweise, der an sich aufwärts führen kann, wird unter anderen experimentellen Bedingungen bergab führen, so daß er nach der obigen Definition je nach Versuchsbedingungen als aktiver oder als passiver Transport zu bezeichnen wäre. Außerdem wird die Auffassung, daß der Trägermechanismus eine zentrale Eigenschaft biologischer Transporte ist und für den Bergauftransport mindestens besondere Vorteile besitzt, die Hauptthese der folgenden Ausführungen sein.

Ussing [26] hat schließlich ein *Kriterium* eingeführt, das er ursprünglich zur Unterscheidung zwischen passiver Diffusion und aktivem Transport empfohlen hat und das infolgedessen nicht selten im Sinne einer Definition benützt wird. Er hat gezeigt, daß bei freier Diffusion die gerichteten Fluxe durch eine Membran (d.h. die Teilströme in den beiden Richtungen) sich quantitativ zueinander verhalten wie die Aktivitäten des Substrats auf den beiden Membranseiten (im Fall von Ionen wurde statt der chemischen Aktivität eine entsprechend definierte elektrochemische Affinität eingeführt). Für „aktive" Transporte gilt diese Gleichheit nicht, sondern es ist das Fluxverhältnis größer als das Aktivitätsverhältnis, wenn im Zähler des Verhältnisbruchs die Cis-Aktivität, im Nenner die Trans-Aktivität steht (Nettotransportrichtung von Cis nach Trans).

Die Bedeutung des Ussingschen Kriteriums ist leider in letzter Zeit nicht mehr eingehend diskutiert worden, obwohl sie sich im Laufe der Jahre zweifellos verschoben hat. *Ussing* selbst hat in seiner Einführungsarbeit die Ungleichheit der Verhältniszahlen als Zeichen dafür gewertet, daß die gerichteten Fluxe nicht wie bei einer passiven Diffusion voneinander unabhängig sind. Diese allgemeine Definition trifft das Wesentliche wohl am besten. Sie umfaßt auch Fälle wie die Diffusion durch eine zweite Phase in dimerer oder polymerer Form, beispielsweise Benzoesäure in Benzol, sowie den von der Hodgkinschen Schule beschriebenen und mit Modellversuchen belegten „Single File"-Mechanismus [8], bei denen das Fluxverhältnis vom Aktivitätsverhältnis in der gleichen Richtung abweicht, wie bei einem Trägertransport bergauf (s. unten).

Die Abweichung beim Ausgleichs-Trägertransport (der nur zum Konzentrationsausgleich führt) geht in der umgekehrten Richtung. Die dieser Abweichung zugrunde liegende Tatsache, daß bei einem solchen Mechanismus ein Teil der Trägermoleküle die Membran in beiden Richtungen mit Substrat beladen durchquert, was also nicht zu einer Netto-Verschiebung, sondern nur zu Substrataustausch führt, ist von *Ussing* als „*Austauschdiffusion*" bezeichnet worden [25]. Auch hier ist bedauerlich, daß die allgemeine Bedeutung des Phänomens später nicht mehr mit der ihr zukommenden Ausführlichkeit diskutiert worden ist, so daß vielfach die Meinung besteht, die Austauschdiffusion sei ein Mechanismus für sich, der das Vorhandensein eines besonderen (bei bestehendem Nettotransport *zusätzlichen*) Systems erfordere. In Wirklichkeit ist die Austauschdiffusion eine Konsequenz aus dem Prinzip des Trägertransports allgemein, d.h. jeder Trägertransport enthält eine Komponente, die der Definition der Austauschdiffusion entspricht und deren quantitative Bedeutung vom Sättigungsgrad des Trägers abhängt.

II. Das Problem des Transportmechanismus

In keinem Fall ist der Transportmechanismus bisher in den Einzelheiten geklärt worden. Daß es einen einheitlichen Mechanismus für alle beobachteten Transporte gibt, ist unwahrscheinlich. Dagegen spricht einiges dafür, daß bestimmte Funktionselemente mindestens eine recht weite Verbreitung besitzen. Es soll im folgenden die These verfochten werden, daß ein solches Funktionselement das *Trägerprinzip* ist [37].

In allgemeiner Form ist das Wesentliche des Trägerprinzips die vorübergehende Bindung des Transportsubstrats an eine als Träger bezeich-
nete Molekülart, die Translokalisation über einen bestimmten Teil der
Transportstrecke in Form eines Träger-Substratkomplexes und die
Freisetzung des Substrats am Ende dieser Teilstrecke. Die Reaktion
zwischen Substrat und Träger muß demnach reversibel sein. Die Transportstrecke für den Komplex kann in Form von Diffusion zurückgelegt
werden, aber auch andere Formen der Bewegung sind möglich, wie
Molekülrotation, Schwenkung eines Molekülarmes oder dergleichen. Ist
an den Enden dieser Strecke die Reaktion zwischen Träger und Substrat
symmetrisch (gleiche Affinität, d.h. gleiche Dissoziationskonstante), so
bewirkt der Trägertransport nur Konzentrationsausgleich. Ist sie asym-
metrisch (indem durch Beteiligung weiterer Reaktionspartner die Gleichgewichte an den beiden Enden der Strecke sich unterscheiden), so kann
ein Bergauftransport resultieren.

Die erste Frage, die sich stellt, ist die nach der *Transportstrecke des
Komplexes*. Bewegt sich das Substrat in Form des Komplexes durch
einen Teil des Zellinneren oder durch die Zellmembran?

Eines der ersten Beispiele einer Trägervorstellung für organische
Moleküle war die *Phosphorylierungstheorie der Zuckerresorption [35]* im
Darm und in der Niere. Sie nahm an, daß der Zucker nach der Passage
der ersten Zellmembran phosphoryliert wird, als Zuckerphosphat das
Innere der Zelle passiert, am anderen Pol der Zelle dephosphoryliert wird
und die Zelle durch die dortige Zellmembran wieder als freier Zucker
verläßt. Diese Vorstellung, die vor allem von *Verzar [28]* verfochten
wurde, erfreute sich längere Zeit größerer Beliebtheit, muß aber heute
durch den Nachweis *(Crane)*, daß sowohl 1-Deoxyglucose als 6-Deoxy-
glucose gut bergauf transportiert werden, als widerlegt gelten [3]. Die
erwähnte Asymmetrie war in ihr durch die von *Drabkin [4]* einge-
führte Annahme begründet, das phosphorylierende Enzym sei Hexokinase, das dephosphorylierende Phosphatase.

Die *Transportstrecke* für den Komplex war bei dieser Annahme das
Cytoplasma der Epithelzelle. Für die Passage der Membranen wurde
Diffusion des freien Zucker durch Poren angenommen. Mehrere Gründe
sprechen für die Bevorzugung der Annahme, daß die Verschiebung in
Komplexform durch die Membran erfolgt und daß die Komplexbildung
die Passage der Membran, die für das Substrat allein nicht oder nur sehr
langsam erfolgen könnte, ermöglicht. Einmal spricht dafür die Unwirt-
schaftlichkeit des Cytoplasmaträgersystems (große Diffusionsverluste),
dann die Tatsache, daß vielfach Hemmung des Transportsystems den
Transport nicht nur verzögert (wie es beim Cytoplasmaträger zu fordern
wäre), sondern mehr oder weniger vollständig blockiert. Vor allem aber
sprechen viele Parallelen zwischen transcellulären und cellulären Trans-

porten für einen gemeinsamen Mechanismus, der nur in der Membran lokalisiert sein kann.

Akzeptiert man die Vorstellung des Membranträgers, so gibt es je nach der Symmetrie in den Substrat-Trägerreaktionen auf den beiden Seiten die Möglichkeit eines Ausgleichstransports oder eines Bergauftransports.

1. Ausgleichstransporte

Abb. 1 zeigt das Schema eines Ausgleichs-Trägertransports. Ausgleichssysteme sind vor allem in den Zuckertransporten an verschiedenen

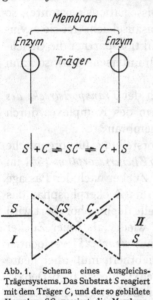

Abb. 1.   Schema eines Ausgleichs-Trägersystems. Das Substrat *S* reagiert mit dem Träger *C*, und der so gebildete Komplex *SC* passiert die Membran, beispielsweise durch Diffusion. Die Reaktion zwischen *S* und *C* kann durch Enzyme katalysiert sein. In der Membran stellen sich zwei gegenläufige und gleich steile Gradienten für *CS* und für *C* ein. Der Transport läuft so lange, als diese Gradienten bestehen bleiben, d. h. solange die Konzentrationen von *S* auf den beiden Membranseiten verschieden sind

Zellen, in erster Linie an roten Blutkörperchen, eingehend studiert worden. Sie besitzen eine Reihe von Eigentümlichkeiten, deren Beobachtung zunächst zur Trägervorstellung geführt hat. Weiterhin sind dann andere aus der Trägervorstellung deduktiv entwickelt und an der Zelle experimentell nachgewiesen worden. So gibt es heute eine Anzahl von Charakteristika, die mit verschieden weitgehender Spezifität, Trägersystemen zugeschrieben werden können. Da es nun andererseits ähnliche Beobachtungen auch bei einer Anzahl von Bergauftransporten gibt, kann darin ein Hinweis gesehen werden, daß diese Bergauftransporte ebenfalls das Trägerprinzip benützen. Der Versuch, quantitative Vorstellungen über bergauftransportierende Trägersysteme zu entwickeln und mit experimentellen Beobachtungen zu vergleichen, erscheint daher lohnend.

Ausgleichs-Trägersysteme. Zu ihnen gehören vor allem die Zuckersysteme an Erythrocyten [13, 14, 15, 29, 30. 33], weiterhin aber auch an Muskelzellen [16], Lymphocyten [7] und anderen Zellarten [1, 18].

Bei allen diesen Zellen erfolgt der Konzentrationsausgleich für verschiedene Zuckerarten durch die Zellmembran mit Besonderheiten, die zum Teil darauf hinweisen, daß der Zucker bei der Membranpassage eine Bindung eingeht (was noch nicht notwendigerweise einen beweglichen Träger erfordert), zum Teil aber auch Hinweise dafür liefern, daß der Bindungspartner beweglich sein muß, d. h. daß es sich tatsächlich um einen Träger handelt.

Auf das *Eingehen einer Bindung* weisen vor allem die vielfach gemachten Beobachtungen der Sättigungskinetik [*32, 34*], der Konkurrenz zwischen verschiedenen Zuckerarten mit abgestufter Affinität [*32*] und die bei einfachen Diffusionsvorgängen nicht zu erwartende Strukturspezifität, insbesondere Stereospezifität [*32*] hin. In vielen Fällen zeigte die Transportkinetik nicht nur ein Maximum der Geschwindigkeit bei hohen Konzentrationen, sondern eine weitergehende Übereinstimmung mit Enzymkinetik in Form der Gültigkeit der Michaelis-Menten-Gleichung, insbesondere bei Prüfung mit der viel gebrauchten graphischen Darstellung nach *Lineweaver* und *Burk* [*16*].

Während diese Eigenheiten zunächst mit einem einzelnen Bindungsort auf dem Transportweg in Einklang stehen könnten, gibt es weitere Eigentümlichkeiten der Kinetik, die von der einfachen Enzymkinetik abweichen und sich aus der Annahme ableiten lassen, daß die *Bewegung des Substrat-Trägerkomplexes* sich *zwischen zwei Bindungsstellen vollzieht* und daß ihre Geschwindigkeit proportional ist der Differenz der Sättigungsgrade an den beiden Orten, daß also mit anderen Worten nicht ein einzelner Sättigungsgrad, sondern die Differenz zwischen zwei Sättigungsgraden in die Gleichungen eingeht. Zu diesen Eigentümlichkeiten gehört die sog. E-Kinetik [*20, 34*], d.h. eine Kinetikform, bei der die Transportgeschwindigkeit proportional ist der Differenz der reziproken Substratkonzentrationen auf beiden Seiten. Ferner gehört hierher die Tatsache, daß die absolute Transportgeschwindigkeit mit steigender Substratkonzentration (bei konstantem Konzentrationsverhältnis des Substrats auf den beiden Seiten der Membran) nicht im ganzen Konzentrationsbereich zunimmt, sondern durch ein Maximum geht [*36*]. Das Maximum wird erreicht, wenn das Produkt der beiden relativen Substratkonzentrationen (bezogen auf die Halbsättigungskonzentration $= 1$) gleich dem Quadrat der Dissoziationskonstate ist. Im engen Zusammenhang mit dieser Erscheinung steht ferner die Tatsache, daß die Beziehung zwischen Transportgeschwindigkeit und Affinität in verschiedenen Konzentrationsgebieten verschieden ist: Bei niedrigen Konzentrationen ist die Geschwindigkeit der Affinität proportional (der Dissoziationskonstante umgekehrt proportional), bei hohen Konzentrationen dagegen steigt die Transportgeschwindigkeit mit der reziproken Affinität, d.h. mit der Dissoziationskonstante. Beim Vergleich zwischen verschiedenen Zuckerarten wird also die Reihenfolge der Transportgeschwindigkeit sich umkehren [*31*], wenn niedrigere Konzentration (unterhalb der Halbsättigungskonzentration) mit hoher Konzentration vertauscht wird (s. Abb. 2). Alle diese Eigentümlichkeiten der Trägertransporte sind am Erythrocyten experimentell nachgewiesen worden.

Die dritte Gruppe von Erscheinungen schließlich, die bei Bindung an einem fixen Bindungsort nicht, wohl aber beim *Trägerprinzip* zu erwarten wären, sind die Erscheinungen des *Gegentransportes* und der *kompetitiven Beschleunigung*.

Der *Gegentransport* ist ein Bergauftransport eines Substrats, der ausgelöst wird, wenn für ein zweites Substrat des gleichen Systems ein Gradient eingestellt wird. Werden z.B. Zellen mit einem Substrat R äquilibriert (Konzentrationsausgleich) und wird zur Außenlösung ein zweites Substrat S zugesetzt, so wandert das erste Substrat R entgegen seinem Konzentrationsgradienten vorübergehend aus der Zelle in die Außenlösung, und zwar so lange, als für das zweite zugesetzte Substrat S noch ein Gradient besteht. Diese Eigentümlichkeit läßt sich quantitativ

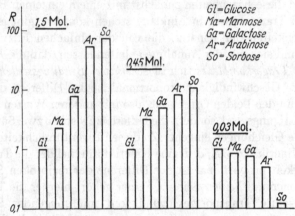

Abb. 2. Relative Penetrationsgeschwindigkeit (diejenige von Glucose = 1 gesetzt) von fünf Zuckerarten durch die Membran von Menschenerythrocyten bei drei verschiedenen Zuckerkonzentrationen. Die Reihenfolge der Geschwindigkeiten ist bei der hohen Konzentration 1,5 M, umgekehrt wie bei der niedrigen Konzentration 0,03 M. Bei dieser Konzentration entspricht sie nach Hemmungsversuchen [14] der Reihenfolge der Affinitäten (*Wilbrandt* 1957)

aus den transportkinetischen Gleichungen ableiten oder qualitativ anschaulich machen durch folgende Überlegung. Äquilibrierung eines Substrats R bedeutet Verschwinden sowohl des Gradienten des Träger-Substratkomplexes CR als auch des freien Trägers C in der Membran. Ist dieser Zustand für R erreicht und wird nun S zugesetzt, so entsteht ein Gradient für SC, der zu einem Gegengradienten von freiem C führt. Das erste Substrat R findet dann, obwohl seine eigene Konzentration auf beiden Membranseiten gleich ist, auf der Seite des S-Zusatzes weniger freien Träger als auf der anderen Seite, so daß ein Gradient für CR entsteht, obwohl die Konzentrationen von R auf beiden Seiten gleich sind. Dieser Gradient führt zu einer Bewegung, die in bezug auf R einen Bergauftransport bedeutet.

Es handelt sich hier um einen Bergauftransport, dessen Energie nicht aus chemischen Reaktionen stammt, sondern vom gleichzeitigen Ausgleichstransport des zweiten Substrats geliefert wird.

Experimentell sind solche Gegentransporte mehrfach gezeigt worden, sowohl an Erythrocyten [*112, 1*] als an anderen Zellen, z. B. Hefezellen [*1*] und L-Zellen [*18*]. Abb. 3 zeigt einen Versuch an Erythrocyten [*33*]. Die *Bedeutung des Nachweises eines Gegentransportes* liegt zunächst darin, daß er einen beweglichen Träger beweist. Ein Transportsystem mit fixen Bindungsorten führt nicht zu Gegentransport [*21*], wie sich sowohl thermodynamisch als kinetisch ableiten läßt. Weiter zeigt der Gegentransport, daß bei zwei Substraten, von denen gemeinsame Affinität zu einem Transportsystem aus Konkurrenz-

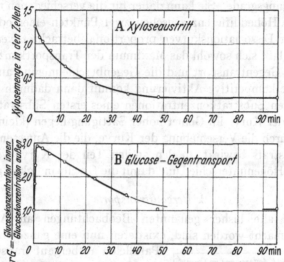

Abb. 3. Gegentransport von Glucose an Menschenerythrocyten. Xylosehaltige Zellen werden in Gegenwart von Glucose (sowohl innen als außen) in eine xylosefreie Lösung gebracht, so daß die Xylose in das Medium austritt. Der Austritt induziert einen raschen Gegentransport von Glucose, und die Glucosekonzentration bleibt innen so lange höher als außen, als der Xyloseaustritt andauert. (*Wilbrandt* 1961)

beobachtungen bekannt ist, diese gemeinsame Affinität sich auf den Träger und nicht etwa auf ein Reaktionsenzym bezieht. Während die Schlüssigkeit eines positiven Nachweises in dieser Richtung keine Einschränkungen besitzt, kann ein negatives Resultat bei einer entsprechenden Untersuchung täuschen, weil der Gegentransport an recht komplexe Voraussetzungen in bezug auf die Substratkonzentrationen und ihre Beziehungen zu den Halbsättigungskonzentrationen gebunden ist. Bei Variation der „relativen" Konzentrationen (s. oben) beider Substrate ergeben sich für die Geschwindigkeit des Gegentransportes Maximalkurven, d.h. bei sehr hohen und bei sehr niedrigen Sättigungen des einen oder des anderen Substrates sinkt die Geschwindigkeit des Gegentransportes unter die Grenze der Nachweisbarkeit. Ferner kommt er zum Stillstand, wenn mit den Symbolen des hier angenommenen Falles die Gleichung gilt:

$$\frac{R_1}{R_2} = \frac{S_1 + K}{S_2 + K}. \tag{1}$$

Eine weitere überraschende Konsequenz aus dem Trägerprinzip ist die „*kompetitive Beschleunigung*". Sie besteht darin, daß ein äquilibriertes Substrat R den Ausgleichstransport eines zweiten Substrats S nicht nur kompetitiv hemmen kann, sondern in einem beschränkten Konzentrationsbereich beschleunigt. Auch diese Schlußfolgerung ist experimentell verifiziert worden. Sie läßt sich ebenfalls aus den kinetischen Gleichungen ableiten. Außerdem ist sie gut anschaulich zu machen mit Hilfe einer Darstellung, bei der folgendes Prinzip benützt wird. Wie erwähnt, ist die Transportgeschwindigkeit die Differenz zweier Sättigungsgrade. Sie kann daher für die verschiedenen möglichen Fälle als der Höhendifferenz zwischen zwei Punkten einer oder zweier verschiedener Dissoziationskurven proportional betrachtet werden. Auf diese Weise läßt sich sowohl das Maximum der Transportkonzentration als auch der Gegentransport und die Gegenbeschleunigung anschaulich machen. Die kompetitive Aktivierung kommt dann dadurch zustande, daß die beiden Substratkonzentrationen eines ersten Substrats, die im flachen Teil der Kurve im Gebiet hoher Sättigung liegen (kleine Höhendifferenz), durch die Verschiebung der Kurve, die die Anwesenheit eines zweiten Substrats bewirkt, in den steilen Teil der Kurve verschoben wird, wo der Höhenunterschied und damit die Geschwindigkeit größer ist.

2. Bergauftransporte

Während alle bisher genannten Beobachtungen an Ausgleichssystemen gemacht worden sind, existieren nun eine ganze Anzahl von Parallelen an bergauf transportierenden Systemen. Sie beschränken sich nicht auf die relativ unspezifischen Kriterien, die auf eine Bindung des Substrats an nicht mehr als einem Bindungsort hinweisen, sondern erstrecken sich auch auf diejenigen Kriterien, die sich von der Differenz zweier Sättigungsgrade als geschwindigkeitsbestimmender Größe ableiten und vor allem auch auf solche, die nur an Systemen mit beweglichen Trägern zu erwarten sind.

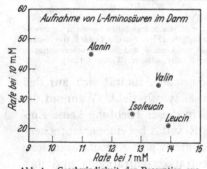

Abb. 4. Geschwindigkeit der Resorption aus dem Darm für vier Aminosäuren bei niedriger Konzentration (1 mM) und bei hoher Konzentration (10 mM). Bei niedriger Konzentration stufen sich die Geschwindigkeiten etwa in der Reihenfolge der Affinitäten ab, bei der hohen Konzentration in umgekehrter Reihenfolge. Ordinate: Geschwindigkeit bei 10 mM. Abszisse: Geschwindigkeit bei 1 mM. (Nach Daten von *Finch* und *Hird* 1961)

Daß Substrate, die nach den Ergebnissen von Konkurrenzversuchen hohe Affinität besitzen, relativ langsam transportiert werden und umgekehrt, ist mehrfach beobachtet worden. An der Farbstoffakkumulation in Nierentubuluszellen bei mikroskopischer Beobachtung sind entsprechende Resultate von *Forster u. Mitarb.* [6] mitgeteilt worden, für die Darmresorption [38] ergeben sich entsprechende Gesetzmäßigkeiten aus Beobachtungen von *Wiseman* (Abb. 7), sowie [3] von *Finch* und *Hird*

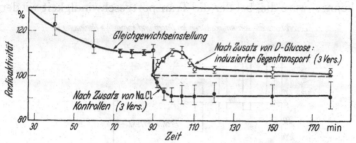

Abb. 5. Gegentransport von Xylose induziert durch einen Gradienten von Glucose am Darm. Nachdem radioaktive Xylose Verteilungsgleichgewicht erreicht hat, wird einseitig Glucose zugesetzt, worauf die Xylose sich vorübergehend entgegen ihrem Konzentrationsgradienten bewegt und einen dem Glucosegradienten gleichgerichteten Gradienten einstellt. (*Salomon et al.* 1961)

(Abb. 4). Auch Gegentransport ist in akkumulierenden Systemen erkennbar geworden, so in Versuchen von *Horecker et al.* [9, 17] an Permeasesystemen in Bakterien und in Beobachtungen von *Salomon et al.* [23] über Darmresorption von Zuckern (Abb. 5).

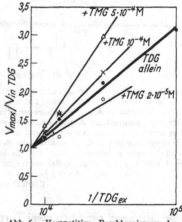

Schließlich ist kompetitive Beschleunigung von *Kepes* [10] an der Galaktosidpermease von E. coli gezeigt worden (Abb. 6) sowie an der Darmresorption von Aminosäuren [38] durch *Wiseman* (Abb. 7).

Aus diesen mannigfachen Parallelen, für die noch weitere Beispiele existieren, scheint der Schluß einige Wahrscheinlichkeit zu besitzen, daß im Prinzip die in Frage kommenden Bergauftransporte ebenfalls mit beweglichen Trägern arbeiten, die eine vorübergehende Bindung des Substrats bewerkstelligen.

Abb. 6. Kompetitive Beschleunigung des Eintritts von Thio-Di-Galaktosid (TDG) durch Thio-Methyl-Galaktosid (TMG). Ordinate: Reziproke relative Eintrittsgeschwindigkeit. Abszisse: Reziproke Außenkonzentration von TDG. Die beiden höheren Konzentrationen 10^{-4} M und 5×10^{-4} M von TMG hemmen den Eintritt von TDG, während die niedrigste Konzentration von 2×10^{-5} M beschleunigt. (*Kepes* 1961)

Eine quantitative, für kinetische Ableitungen brauchbare Formulierung läßt sich aus der Vorstellung ableiten, daß die Verbindung mit dem Stoffwechsel der Zelle, die die Verwertung von Stoffwechselenergie für einen Bergauftransport ermöglicht, durch *Reaktionen des Trägers mit Metaboliten auf mindestens einer Membranseite (im allgemeinen Fall auf beiden Seiten der Membran)* zustande kommt, wobei der Träger in asymmetrischer Weise (verschieden auf den beiden Seiten der Membran) seine Affinität zum Substrat verändert. Die einfachste Gleichung, die einen Bergauftransport eines Trägersystems auf dieser Basis veranschaulichen könnte, wäre die, bei der die Transportgeschwindigkeit wiederum

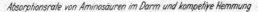

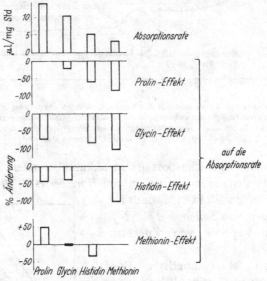

Abb. 7. Kompetitive Hemmung und Beschleunigung der Darmresorption von Aminosäuren. Die Resorptionsgeschwindigkeit der vier Aminosäuren Prolin, Glykokoll, Histidin und Methionin (oberstes Diagramm) stuft sich nach der umgekehrten Reihenfolge der Affinitäten ab (Methionin hat die höchste, Prolin die niedrigste Affinität), entsprechend dem für ein Trägersystem bei hoher Sättigung zu erwartenden Verhalten. Bei Gegenwart einer zweiten Aminosäure wird die Reaktion der verschiedenen Aminosäuren (untere Diagramme) im allgemeinen gehemmt, mit Ausnahme der Methioninresorption in Gegenwart von Prolin, die beschleunigt wird (kompetitive Beschleunigung). Daß die kompetitive Beschleunigung nur in diesem Falle beobachtet wird, wird daraus verständlich, daß nur für das hochaffine Methionin die relative Konzentration genügend hoch wird, um der Bedingung für die kompetitive Beschleunigung ($I' + 1 < S_1' S_2'$) zu genügen.
(Nach Daten von *Wisemann* 1954)

der Differenz zwischen zwei Termen proportional wird, die formal Sättigungsgraden entsprechen, wobei aber im ersten Sättigungsterm eine andere Konstante figurieren würde als im zweiten:

$$V = V_{max} \left(\frac{S_1}{S_1 + K_1} - \frac{S_2}{S_2 + K_2} \right). \tag{2}$$

In dieser Gleichung können allerdings die Konstanten K_1 und K_2 nicht Konstanten in thermodynamischem Sinne darstellen, sondern es handelt sich bei ihnen um komplexe Größen, in denen neben Geschwindigkeitskonstanten, bzw. ihren Verhältnissen (Gleichgewichtskonstante) auch Konzentrationen enthalten sind. K_1 und K_2 sind daher nur insoweit konstant, als unter den Versuchsbedingungen die entsprechenden Konzentrationen ebenfalls konstant sind. Daß die Gleichung (2) einen

Bergauftransport darstellt, ergibt sich daraus, daß für $v = $ Null nicht wie bei symmetrischen Transporten $S_1 = S_2$ wird, sondern

$$\frac{S_1}{S_2} = \frac{K_1}{K_2}. \tag{3}$$

Die Kinetik eines solchen Systems, in dem ein Träger Z mit niedriger Affinität auf der einen Membranseite in eine Form C mit hoher Affinität und auf der anderen Seite in C rücktransformiert wird, ist berechnet worden [6]. Es kann eine Anzahl von Beobachtungen deutbar machen, z. B. die Fähigkeit eines Systems, verschiedene Substrate (oder das gleiche Substrat unter verschiedenen Bedingungen) in entgegengesetzte Richtung zu transportieren — Hinweise dafür bestehen an der Niere [24] und am Erythrocyten [12] — sowie die im folgenden Abschnitt behandelten Beobachtungen an DNP gehemmten Systemen.

III. Das Prinzip von „Leck und Pumpe"

Bei der Interpretation einer Reihe verschiedenartiger biologischer Akkumulationssysteme ist wiederholt die Annahme gemacht worden, daß zwei nicht nur gedanklich zu trennende, sondern räumlich separate Stoffströme sich durch die Membran bewegen: ein Einwärtsstrom, der durch die Pumpe getrieben wird und ein Auswärtsstrom, der als passive Verschiebung durch ein „Leck" gedeutet wurde. Für die Beschreibung der letzteren Verschiebung wird häufig der Ausdruck „Diffusion" benützt (wobei nicht präzisiert wird, ob es sich dabei um eine Diffusion in porösen Kanälen oder um eine Diffusion durch eine nicht wäßrige Lipoidschicht auf Grund des Löslichkeitsprinzipes handelt).

Eine Stütze für diese Vorstellung von „Leck und Pumpe" ist die Abhängigkeit des Akkumulationsverhältnisses von der Außenkonzentration. Während Gleichung (3) ein konstantes Akkumulationsverhältnis fordern würde, nimmt in der Regel (und zwar bei recht verschiedenartigen Systemen) das Akkumulationsverhältnis mit steigender Außenkonzentration ab. Diese Abnahme würde in quantitativ guter Übereinstimmung stehen mit dem „Leck und Pumpe"-System, wenn die Pumpe mit Michaelis-Menten-Kinetik arbeitet, das Leck mit einer Kinetik erster Ordnung. Für das letztere ist vielfach freie Diffusion angenommen worden, so in der Interpretation der Permeasesysteme durch *Cohen* und *Monod* [2].

Neuere Untersuchungen, vor allem von *Horecker et al.* [9, 17], auch von *Rotman* [22] sowie von *Kepes* [10], machen diese einfache Vorstellung für Permeasesysteme unwahrscheinlich. Zu diesen Befunden gehört der von *Horecker* geführte Nachweis, daß der Auswärtsstrom einen Gegentransport erzeugen kann, was darauf hindeutet, daß auch das Auswärtssystem ein Trägersystem ist. In der gleichen Richtung

weist die von *Kepes* mitgeteilte Beobachtung, daß er durch Stoffwechsel-
inhibitoren hemmbar ist, ferner die Beobachtung, daß im Falle der
Galaktose der Austritt durch Induktion mit Galaktose erheblich beschleunigt werden kann, daß also das Austrittssystem ein induzierbares
Element enthält. Schließlich ist auch offenbar die Folgerung aus der
„Leck und Pumpe"-Hypothese, daß nur der Eintritt mit dem Stoffwechsel verknüpft ist, nicht haltbar. Wie sowohl *Rotman* als auch
Horecker gezeigt haben, ist die Akkumulation von Galaktosiden und von
Galaktose bei Escherichia coli durch Dinitrophenol hemmbar. Die Hem-
mung beruht aber nicht, wie man erwartet hätte, auf einer Reduktion
des Einwärtsstroms, sondern auf einer Erhöhung des Auswärtsstroms.
Die Autoren nehmen an, daß auch das Austrittssystem ein Trägersystem
ist. Sie behalten aber doch die Annahme einer Koexistenz zweier Systeme
bei. Die Beobachtungen über DNP-Hemmung der Akkumulation durch
Beschleunigung des Auswärtsfluxes bleiben auf diese Weise unerklärt.
Die Annahme nur *eines* Systems vom $C—Z$-Typ macht sie verständlich,
wenn die metabolische Reaktion $C \rightarrow Z$ im Innern der Zelle durch DNP
gehemmt wird, so daß der Träger überwiegend oder ausschließlich die
C-Form annimmt. Das akkumulierte Substrat S läuft dann als CS aus
der Zelle aus, was wegen der hohen Affinität zu C mit hoher Geschwindigkeit erfolgt.

Literatur

[1] *Cirillo, V. P.:* In *A. Kleinzeller* and *A. Kotyk* (editors), Membrane transport
and Metabolism Symposium Prag, 1961. Publ. House of the Czechoslovak
Acad. Sci.

[2] *Cohen, G. N.,* and *J. Monod:* Bact. Rev. **21,** 169 (1957).

[3] *Crane, R. K.,* and *S. M. Krane:* Biochim. biophys. Acta (Amst.) **20,** 568 (1956).

[4] *Drabkin, D. L.:* Proc. Amer. Diab. Ass. **8,** 173 (1948).

[5] *Finch, L. R.,* and *F. R. J. Hird:* Biochim. biophys. Acta (Amst.) **43,** 278 (1960).

[6] *Forster, R. P., I. Sperber* and *J. V. Taggart:* J. cell. comp. Physiol. **44,** 315
(1954).

[7] *Helmreich, E.,* and *H. N. Eisen:* J. biol. Chem. **234,** 1958 (1959).

[8] *Hodgkin, A. L.,* and *R. D. Keynes:* J. Physiol. (Lond.) **128,** 61 (1955).

[9] *Horecker, B. L., J. Thomas* and *J. Monod:* J. biol. Chem. **235,** 1586 (1960).

[10] *Kepes, A.:* Biochim. biophys. Acta (Amst.) **40,** 70 (1960).

[11] *Lacko, L.,* and *M. Burger:* Nature (Lond.) **191,** 881 (1961).

[12] *Lassen, Ulrik, V.,* and *K. Obergaard-Hansen:* Biochim. biophys. Acta (Amst.)
57, 111 (1962).

[13] *LeFèvre, P. G.:* Active transport through animal cell membranes. Protoplas-
mologia (Wien) **8,**1 (1955).

[14] *LeFèvre, P. G.,* and *R. I. Davies:* J. gen. Physiol. **34,** 515 (1951).

[15] *LeFèvre, P. G.,* and *M. E. LeFèvre:* J. gen. Physiol. **35,** 891 (1952).

[16] *Morgan, H. E., M. J. Henderson, D. M. Regen* and *C. R. Park:* J. biol. Chem.
236, 253 (1961).

[17] *Osborn, M. J., W. L. McLellan Jr.* and *B. I. Horecker:* J. biol. Chem. **236,**
2585 (1961).

[18] Rickenberg, H. V., and J. J. Maio: In A. Kleinzeller and A. Kotyk (editors), Membrane transport and Metabolism Symposium Prag 1961. Publ. House of the Czechoslovak Acad. Sci.
[19] Rosenberg, Th.: Acta chem. scand. 2, 14 (1948).
[20] Rosenberg, T., and W. Wilbrandt: Exp. Cell Res. 9, 49 (1955).
[21] Rosenberg, T., and W. Wilbrandt: J. gen. Physiol. 41, 289 (1957).
[22] Rotman, B., and R. Guzman: Pathologie-Biologie 9, 806 (1961).
[23] Salomon, L. L., J. A. Allums and D. E. Smith: Biochem. biophys. Res. Commun. 4, 123 (1961).
[24] Sperber, I.: Pharmacol. Rev. 11, 109 (1959).
[25] Ussing, H. H.: Nature (Lond.) 160, 262 (1947).
[26] Ussing, H. H.: Acta physiol. scand. 19, 43 (1949).
[27] Ussing, H. H.: Physiol. Rev. 29, 127 (1949).
[28] Verzàr, F., and E. J. McDougall: Absorption from the Intestine. London: Longmans 1936.
[29] Widdas, W. F.: J. Physiol. (Lond.) 125, 163 (1954).
[30] Wilbrandt, W.: Helv. physiol. Acta 5, C 64 (1947).
[31] Wilbrandt, W.: J. cell. comp. Physiol. 47, 137 (1956).
[32] Wilbrandt, W.: Dtsch. med. Wschr. 82, 1153 (1957).
[33] Wilbrandt, W.: 12. Coll. Ges. physiol. Chemie, Mosbach (Baden) 1961, S. 111.
[34] Wilbrandt, W., S. Frei and T. Rosenberg: Exp. Cell Res. 11, 59 (1956).
[35] Wilbrandt, W., u. L. Laszt: Biochem. Z. 259, 398 (1933).
[36] Wilbrandt, W., u. T. Rosenberg: (Unveröffentlicht.)
[37] Wilbrandt, W., and T. Rosenberg: Pharmacol. Rev. 13, 109 (1961).
[38] Wiseman, G.: J. Physiol. (London) 127, 414 (1954).

Diskussion
Mit 1 Abbildung

Hoffmann-Berling: Eine Frage zu dem Schema, nach dem ein Carrier *C* auf der Innenseite durch Umwandlung in *Z* inaktiviert wird und in dieser Form zurückdiffundiert. Wie ordnen sich in dieses Bild die Permeasen ein? Sind Permeasen Fermente, die durch Energielieferung diesen Kreisprozeß aufrechterhalten, oder haben sie etwas zu tun mit der Reaktion zwischen Carrier und Substrat? Sitzen sie in diesem Fall auf der Außenseite und katalysieren die Bindung des Substrates oder aber auf der Innenseite und zerlegen den Carrier-Substrat-Komplex?

Wilbrandt: Der Begriff Permeasen hat zu vielen Schwierigkeiten geführt. So wird z.B. der Eindruck erweckt, es handele sich ausschließlich um ein Enzym. Es muß aber betont werden, daß es sich vermutlich nicht um ein einzelnes Molekül, sondern um recht komplexe Systeme handelt, die höchstwahrscheinlich neben dem eigentlichen Träger auch Enzyme umfassen. Solche Permeasen-Systeme sind mit den oben entwickelten Vorstellungen nicht im Widerspruch.

Hoffmann-Berling: Wenn der Ausdruck Permeasen demnach funktionell noch etwas Unbestimmtes hat, muß andererseits darauf hingewiesen werden, daß die Permease einen bestimmten genetischen Locus hat, daß also offenbar Proteine an diesem System beteiligt sein müssen. Dieser Locus ist klein genug, um sagen zu können, daß es nicht sehr viele Proteine sein können. In den Arbeiten von *Kepes* mit permeasenlosen Mutanten hat sich ergeben, daß der Carrier für Galaktoside in diesen Mutanten vorhanden ist, daß aber offenbar ein bestimmtes Enzym fehlt. Demnach wäre nicht der Carrier die Permease, sondern ein zu seiner Funktion notwendiges Enzym.

Wilbrandt: Dies bestätigt, daß eine Permease aus mehr als einem Bestandteil besteht. Wenn einer dieser Bestandteile fehlt, kann das System nicht mehr funktionieren.

Heinz: Gegen den von Dr. *Green* vorgeschlagenen Transportmechanismus möchte ich einige Bedenken anmelden. Wenn ich recht verstanden habe, handelt es sich dabei um zwei Schritte: Zunächst werden Magnesium- und Phosphationen gleichzeitig in die Mitochondrien hineintransportiert. Dann fällt dort tertiäres Magnesiumphosphat aus und setzt H^+-Ionen frei. Was den ersten Schritt betrifft, so sehe ich in der Ausfällung und Anreicherung von Magnesiumphosphat keinen Transportmechanismus, sondern lediglich das Resultat eines solchen. Denn Voraussetzung für die Ausfällung des Magnesiumphosphats ist zweifellos die Überschreitung des Löslichkeitsproduktes dieses Salzes, und diese Überschreitung setzt die Anreicherung der genannten Ionen voraus. Diese Anreicherung kann durch einen aktiven Transportmechanismus zustande kommen, der jedoch noch nicht erklärt ist. Zweifellos kann die Reaktion zwischen Magnesiumchlorid und primärem oder sekundärem Phosphat H^+-Ionen freisetzen. Ähnliche Reaktionen liegen auch Theorien der Knochenbildungsreaktionen zugrunde, nämlich die Ausfällung von tertiärem Calciumphosphat aus Lösungen mit Calcium- und primären oder tertiären Phosphat-Ionen. Eine derartige Freisetzung von H^+-Ionen dürfte aber kaum zu einem H^+-Ionentransport führen, denn sie würde mit einer fortgesetzten Ablagerung von Magnesiumphosphat einhergehen. Eine solche Ablagerung kann aber nicht unbeschränkt weitergehen: Das Magnesiumphosphat müßte durch irgendeine Reaktion wieder beseitigt und in seine ursprünglichen Bestandteile aufgelöst werden. Diese Auflösung würde aber die gleiche Menge von H^+-Ionen verbrauchen, die vorher freigegeben worden war. Es kann also auf diese Weise keine Netto-Erzeugung von H^+-Ionen stattfinden.

Green: Dr. *Heinz* has correctly surmised that the active transport of Mg^{++} and phosphate ions takes place first whereas the deposition of $Mg_3(PO_4)_2$ is a secondary consequence of the primary transport phenomenon. The active transport is dependent upon electron flow and the formation of a high energy intermediate. When this high energy intermediate interacts with a specific enzyme of the class of translocases in presence of Mg^{++} and phosphate ions, the enzyme catalyzes the break-down of the high energy compound and concomitantly undergoes a major conformational change. This conformational change has a vectorial character. If at time zero Mg^{++} and phosphate are located on the left side of the translocase (assuming that the translocase is fixed in position), after the conformational change these are now at the right side of the translocase. If left is equated with the outside of the mitochondrial membrane and right with the inside of the mitochondrial membrane then a movement of Mg^{++} and phosphate ions across the membrane is thereby achieved. This movement ist at the expense of one high energy bond.

Dr. *Heinz* has rightly pointed out that the formation of acid that accompanies the deposition of $Mg_3(PO_4)_2$ must be counterbalanced with the uptake of H^+ that accompanies the redissolving of $Mg_3(PO_4)_2$. Because the net result of deposition and resolution is zero production of H^+, Dr. *Heinz* finds it difficult to accept this mechanism as a possible basis for HCl formation in the gastric mucosa. However, suppose that the deposition and resolution are separated both in time and direction. During deposition of $Mg_3(PO_4)_2$ acid is formed and H^+ moves to the lumen side of the cell; later $Mg_3(PO_4)_2$ is redissolved leading to an alkaline tide and these ions (Mg^{++}, phosphate and OH^-) move to the opposite side of the cell where the efferent blood vessels are located. This separation in time and direction copes with the mechanistic difficulties pointed out by Dr. *Heinz*.

Karlson: Mg^{++} and phosphate must come from outside the mitochondrion. That seems to me to mean that ADP must be phosphorylated to ATP also outside.

Green: The high energy compound that energizes or drives the Mg^{++} and phosphate ions from outside to inside the mitochondrion is also an intermediate in ATP synthesis. However, there are several steps between the high energy compound we are considering and the high energy compound which contains an active phosphoryl group. This latter compound that reacts with ADP is probably already inside the mitochondrion. It is to be noted that internal ADP (not external ADP) is phosphorylated by the phosphoryl-containing high energy intermediate. The movement of phosphoryl groups from internal ATP to external ADP requires a separate and special mechanism.

Hess: Is this mechanism only found in beef heart mitochondria, or also in other mitochondria?

Green: We have found it in all mitochondria we have tested.

De Duve: Is there a difference between your observation and that of Davies and others, who have found, that actively respiring and phosphorylating mitochondria accumulated ions present in their medium, like as Na^+, Ca^{++} or Mn^{++}.

Green: These are other systems. Our system is specific for Mg^{++} or Mn^{++} and phosphate. Another system binds Ca^{++} and phosphate. There are other systems that bind Na^+ or K^+.

Estabrook: When there is active phosphorylation you have no ion uptake?

Green: When you have an external acceptor, e.g. the hexokinase system, you have a preference for ATP-formation and very little phosphate binding. It is only in the absence of a phosphate acceptor system that extensive ion binding proceeds.

Karlson: Then this transport system is quite independent from the ATP generated in the mitochondrion?

Green: The ion transport system involves the utilization of a high energy bond whereas ATP synthesis involves the rearrangement and preservation of a high energy bond. In ion transport the high energy bond is used up whereas in ATP synthesis the high energy bond is retained. In a real sense these are competitive processes. They have in common their requirement for the same high energy intermediate.

Wilbrandt: Ich sehe in dem, was Herr Dr. *Green* uns vorlegt, keinen Mechanismus. Aus dem Ablauf einer energieliefernden Reaktion und einem beobachteten Transport leitet sich noch kein Mechanismus ab. Ein Mechanismus erfordert eine stöchiometrische Beziehung zwischen diesen beiden Dingen. Dagegen scheint mir, daß es an der Mitochondrien-Membran Redoxpumpen geben könnte oder sogar geben muß. Die Ausfällung von Magnesium-Phosphat im Innern des Mitochondrium ist offenbar die Konsequenz einer dort stattfindenden Alkalisierung. Die gefundene HCl-Bildung ist dann das Äquivalent dafür auf der Außenseite.

Karlson: I think that Dr. *Green* has presented evidence that there is a stoichiometric relation between phosphate uptake and the high energy bond, which is first created. On the other hand, the transport mechanism is highly hypothetical.

Green: Dr. *Wilbrandt* is not happy that my presentation has centered on the facts of the mitochondrial ion transport mechanism and that these facts do not suggest an obvious mechanism. I am inclined to think that the facts do point clearly to the mechanism. For each two electrons that pass through the electron transfer chain three high energy intermediates are formed. These high energy intermediates in presence of Mg and P_i react with a translocase centered in the mitochondrial membrane and this interaction leads to a net movement of Mg and P_i from outside to inside the mitochondrion. The translocase is like myosin in two respects: (1) it undergoes a conformational change induced by a high energy compound; (2) this change has a vectorial character. The particular translocase we are discussing does not react with ATP as does myosin but reacts with an earlier high energy intermediate. Another point of difference is that in the conformational change induced in myosin a molecular contraction takes place whereas in the conformational change induced in a translocase there is a twisting of the molecule around its axis rather than a contraction. At present I am discussing concepts at the limits of our knowledge. Whether these concepts come close to satisfying Dr. *Wilbrandt's* quest for a mechanism is another matter.

The deposition of $Mg_3(PO_4)_2$ is a secondary process in the process of ion transport. This deposition is a powerful device for limiting or eliminating any back flow of Mg^{++} or P_i. But otherwise it is not relevant to the mechanism of ion transport.

Hess: Can we say, that if ADP is limiting, this mechanism comes into action?

Green: That is right.

Hess: This touches the conception of respiratory control. That acid production should be energy linked. The oxygen uptake is very small, if ADP is limiting. If there is a shift to acid production, the oxygen uptake should increase again.

Green: That is a very good question, but the answer is, that it is a process that requires relatively high concentrations of Mg^{++} and phosphate (about 10 mM). These levels are not used in routine studies of mitochondrial respiration.

Klingenberg: Wir beobachten seit einiger Zeit ein Phänomen, das wir auch als aktiven Transport von Mg^{++} interpretieren. Wenn wir zu Mitochondrien im kontrollierten Status Mg^{++} geben, wird die Atmung für eine begrenzte Zeit wieder aktiviert (Abb. 1 auf S. 236). Dieser Effekt läßt sich nicht ein zweites Mal wiederholen. Wir sehen ihn nur in Gegenwart von ATP.

Green: Our mechanism does not require ATP.

Weber: Alle aktiven Transportvorgänge, die in den letzten Jahren untersucht wurden, benötigen ATP. Dabei scheint sich als Regel zu ergeben, daß ATP immer auf der Seite der Membran gebraucht wird, von der aus der Transport erfolgt, wo also die geringere Konzentration des zu transportierenden Substrates vorliegt. Diese Erfahrungen schließen jedoch nicht aus, daß es insbesondere an der Mitochondrienmembran reine Redoxpumpen gibt, die kein ATP benötigen.

Green: We have in mitochondria another system, which is much faster than our Mg^{++} system, which is specific for Ca^{++} and which leads to an uptake of Ca^{++} and phosphate and a production of acid. But this phosphate comes from ATP only. This system does not depend on the electron transport chain.

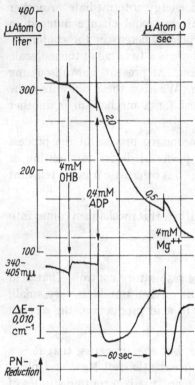

Weber: In den Experimenten von Herrn *Hasselbach* hat sich gleichfalls ergeben, daß der Ca^{++}-Transport in den von ihm untersuchten Grana nicht durch Dinitrophenol beeinflußt wird.

Green: I am grateful to Dr. *Weber* for raising the question of ATP-requiring ion transport systems versus redox pumps. I consider these as two sides of the same coin. The redox chain generates a high energy complex. ATP is also a high energy complex. Some translocases are specific for one type of high energy intermediate; other translocases are specific for another type. The distinction between translocases on the basis of the nature of the energizing high energy complex may not be fundamental.

Abb. 1. Zum atmungsgebundenen Transport von Mg^{++} in Lebermitochondrien. (2,5 mg Prot./ml Mitochondrien inkubiert im Saccharose-1 mM EDTA-Medium 25⁰C.) Gleichzeitige Registrierung der Atmung und Pyridinnucleotid-(PN-)Absorption. Zunächst nach Zusatz von ADP Übergang in den „aktiven Status": Stimulierung der Atmung und partielle Oxydation der Pyridinnucleotide. Zusatz von Mg^{++} stellt wieder vorübergehend den „aktiven Status" ein

Klingenberg: Ich möchte auf eine Analogie hinweisen zu einer Vorstellung, die wir in letzter Zeit viel vertreten haben, daß nämlich in Abhängigkeit von ATP eine Differenz der Redoxquotienten aufrechterhalten wird, so wie beim aktiven Transport durch eine chemische Potentialdifferenz ein Ungleichgewicht aufrechterhalten wird. Solche Prozesse könnten möglicherweise gekoppelt sein. Wir haben da ein Experiment, das wir nicht verstehen. Wir haben in einer Mitochondriensuspension den Aspartat-Gehalt innerhalb und außerhalb der Mitochondrien getrennt bestimmt und gefunden, daß bei Abwesenheit von ATP die Konzentrationsdifferenz für Aspartat zwischen innen und außen sehr viel größer ist als in Gegenwart von ATP. ATP ermöglicht offenbar erst den Austritt von Aspartat. Interessant ist nun, daß diese ATP-

Wirkung nur auftritt, wenn die oxydative Phosphorylierung umgekehrt werden kann. Dinitrophenol und Oligomycin heben nämlich die ATP-Wirkung auf. Vielleicht ist dies ein erster Hinweis dafür, daß die Umkehrung der oxydativen Phosphorylierung direkt am aktiven Transport beteiligt ist.

Heinz: Professor *Wilbrandt,* Sie hoben hervor, daß in verschiedenen cellulären Transportsystemen durch Stoffwechselgifte nicht der Influx erniedrigt, sondern der Efflux erhöht wird, woraus auf einen energetischen Kupplungsmechanismus geschlossen wird, den Sie als „pulling"-Mechanismus bezeichnet haben. Wie Sie ferner erwähnten, stehen dazu im Gegensatz unsere Befunde mit dem Aminosäurentransport in Ehrlich-Ascites-Zellen. Hier unterdrücken Stoffwechselgifte (Dinitrophenol, Azid usw.) den Influx stark und beeinflussen den Efflux nicht oder nur wenig. Ähnliche Verhältnisse werden m. W. auch noch bei anderen Systemen gefunden. So erniedrigte Dinitrophenol in unseren Versuchen auch den Influx des Kaliums drastisch. Wir haben aus diesem Effekt auf einen Kupplungsmechanismus geschlossen, den Sie in Ihrem Vortrag als „pushing"-Mechanismus bezeichnet haben. Wir sind uns dabei der Schwierigkeit bewußt, daß dieser Mechanismus die energetische Kopplung zwischen dem Transportmechanismus und der energieliefernden Stoffwechselreaktion außerhalb der osmotischen Schranke verlegt. Da nun nach unseren Befunden die Aufnahme des Glykokolls in die Ehrlich-Ascites-Zellen von der Anwesenheit extracellulären Natriums abhängt, werfen Sie die Frage auf, ob die Glykokoll-Aufnahme mit dem Einstrom des Natriums und nicht direkt mit dem Stoffwechsel verknüpft sein könnte. Wir haben inzwischen die Wirkung des Natriums auf den Glykokolltransport weiter untersucht, sind aber noch nicht in der Lage, diese Frage endgültig zu beantworten. Gegen eine direkte Kopplung des Natrium-Einstroms mit dem Glykokolltransport sprechen energetische Gründe, da der Verteilungsquotient des Natriums zwischen Medium und Zelle etwa drei beträgt und demnach viel zu klein ist, um die osmotische Energie für eine bis zu zwanzigfache Anreicherung des Glykokolls aufzubringen. Eine andere Erklärung des Natrium-Effekts wäre die, daß die Natrium-Ionen eine in der Nähe der Zelloberfläche stattfindende enzymatische Reaktion aktivieren, die für den Transport des Glykokolls essentiell ist. Ähnlich versuchten wir unseren Befund zu erklären, nach dem der Einstrom des Kaliums in Ehrlich-Ascites-Zellen durch intracelluläres Natrium stark gefördert wird.

Sie haben in Ihrem Vortrag kritisiert, daß man sehr häufig die Anreicherung von Substanzen in einer Zelle durch einen Pump-Leck-Mechanismus erkäre. Da freie Diffusion durch die Zellmembran bei den meisten Substraten sehr unwahrscheinlich sei, erfolge der Efflux derselben auch über einen Carrier-Mechanismus. Dies trifft sicher für viele, vor allen

Dingen größere Substrate zu. Dennoch möchte ich den Pump-Leck-Mechanismus für besondere Fälle verteidigen, denn es gibt zweifellos aktiv transportierte Teilchen, die die Zellmembran einwandfrei passiv durchzulassen scheint wie z.B. die Natrium- und Kalium-Ionen. In solchen Fällen muß ein Herauslecken des in die Zelle hineintransportierten Substrats berücksichtigt werden, und die Annahme, daß im *steady state* Transportgeschwindigkeit und Diffusionsgeschwindigkeit einander entgegengesetzt gleich sind, steht mit den Befunden im Einklang. Auch für das Glykokoll liegen Anhaltspunkte dafür vor, daß die Ehrlich-Ascites-Zelle für dieses Molekül passiv durchlässig ist. Leider weiß man bisher zu wenig über die passive Durchlässigkeit von Zellmembranen, d.h. die Durchlässigkeit per diffusionem. Sie müßte mit Substraten untersucht werden, die garantiert ohne Vermittlung eines Trägermechanismus in die Zelle gelangen.

Bei vermeintlichen Pump- und Leck-Mechanismen wird häufig der unidirektionale Influx gleich Pumpgeschwindigkeit und der Efflux gleich Leckgeschwindigkeit gesetzt. Das ist zweifellos nicht zulässig. Beide Transportwege besitzen notwendigerweise zwei Komponenten — eine Influx- und eine Effluxkomponente —, obwohl gelegentlich bei dem Transportmechanismus die Reaktion praktisch irreversibel verlaufen mag, so daß die Effluxkomponente vernachlässigt werden kann. Die unidirektionalen Fluxe lassen nämlich nicht zwischen den verschiedenen Transportwegen unterscheiden, sondern nur zwischen den Herkünften der betreffenden Ionen.

In vielen Fällen wird bei derartigen Pump-Leck-Mechanismen die passive Permeabilität als eine konstante und von zumindest kurzfristigen Stoffwechselhemmungen unabhängige Größe eingesetzt. Auch wir haben das früher so gehandhabt. Neuere Befunde weisen aber darauf hin, daß z.B. Dinitrophenol auch die passive Durchlässigkeit der Zellmembran für verschiedene Substanzen (Sulfat-Ionen, Glykokoll, Kalium-Ionen) erhöhen kann. Dr. *Képès* hat aus Paris über ähnliche Beobachtungen an Bakterien geschrieben. Auch diese Frage sollte mit garantiert passiv penetrierenden Substraten untersucht werden.

Zu Ihren interessanten Ausführungen über den Gegentransport möchte ich noch einiges ergänzen. Auch wir haben schon viele Jahre ähnliches beim Transport der Aminosäuren in Ehrlich-Ascites-Zellen beobachtet. Allerdings haben wir das Phänomen nicht als „Gegen"-Transport, sondern als „preloading"-Effekt bezeichnet. Wir stellten seinerzeit fest, daß Vorbeladung von Asciteszellen mit kaltem Glykokoll den mit C[14] gemessenen Influx des Glykokolls erheblich steigert. Die Interpretation, die wir seinerzeit dafür vorgeschlagen haben, weicht von der Ihrigen in einigen Punkten ab, worauf ich nicht eingehen möchte. Die Abweichungen hängen vielleicht damit zusammen, daß wir es mit einem aktiven Transportsystem, Sie jedoch mit einem System der „facilitated diffusion" zu tun hatten. Wir haben später festgestellt, daß dieser „preloading"-Effekt etwa die gleiche Spezifität hat wie der Transport selbst; d. h. diejenigen Aminosäuren, die außerhalb der Zelle den Glykokolltransport kompetitiv hemmen, sind umgekehrt in der Lage, von innen her den Influx des Glykokolls zu steigern. Daraus haben auch wir auf einen beweglichen Carrier geschlossen, dessen Affinität für Aminosäuren auf der Innenseite der Zellmembran gleich derjenigen auf der Außenseite ist. Sie hoben hervor, daß nach Ihren Berechnungen die Aminosäuren mit den stärksten Affinitäten auch den stärksten Gegentransport-Effekt haben müßten. Hiermit scheinen jedoch einige unserer Befunde nicht übereinzustimmen. Zwei Aminosäuren machen nämlich in dem eben erwähnten Affinitätsschema eine Ausnahme: das L-Methionin und das L-Alanin. Vorbeladung der Zellen mit einer dieser beiden Aminosäuren steigert den Glykokoll-Influx nicht. Dagegen ist der „preloading"-Effekt in der umgekehrten Richtung positiv: Vorbeladung der Zelle mit kaltem Glykokoll steigert sowohl den Influx von L-Methionin als auch den von L-Alanin. Diese beiden Aminosäuren haben von allen bisher untersuchten die stärkste Affinität zu dem Glykokoll-Transportmechanismus. Als vorläufige Erklärung haben wir herangezogen, daß es in allen diesen Versuchen unvermeidbar ist, daß geringe Mengen von Methionin oder L-Alanin auch in der Außenflüssigkeit auftreten und durch ihre starke Hemmung des Glykokoll-Influx den „preloading"-Effekt überlagern. Ganz befriedigt uns diese Erklärung nicht, und wir halten es auch für möglich, daß das Transportmodell, das unserer Erklärung zugrunde liegt, unzureichend ist. Es würde mich interessieren, was Sie zu diesem Befund sagen.

Wilbrandt: Es hat mich überrascht, daß Dinitrophenol den Kalium-*Influx* bei Tumorzellen herabsetzt. Am Herzmuskel liegen die Verhältnisse anders, dort wird der *Efflux* des Kaliums gesteigert wie bei den bakteriellen Permeasen der Efflux der Galaktose. Bei der Deutung des Natrium-Effektes könnte man an etwas Ähnliches denken, wie *Crane* es für den Zuckertransport annimmt, nämlich an eine Bindung von Substrat und Natrium an einen gemeinsamen Träger. Hemmversuche mit Herzglykosiden müßten die Frage entscheiden können, ob es einfach auf die externe Konzentration an Natrium ankommt oder ob der *Transport* des Natrium wesentlich ist.

Man schließt aus den eingehenden Untersuchungen von *Solomon,* daß die Poren in der Zellmembran etwa einen Durchmesser von 3,5 Å haben. Demnach könnte der Pump-Leck-Mechanismus für kleinere Ionen in Betracht kommen, für größere organische Moleküle wohl sicherlich nicht.

Was die Frage des Gegentransports von Aminosäuren an Tumorzellen („preloading"-Effekt) betrifft, so glaube ich nicht, daß es zweckmäßig ist, zwischen einem Ausgleichsträgersystem, wie es als „facilitated
diffusion" bezeichnet worden ist, und einem bergauf transportierenden
Trägersystem vom Typus des C-Z-Systems einen grundlegenden Unterschied in kinetischer Hinsicht zu sehen. Die kinetischen Konsequenzen
aus dem Trägerprinzip sind beiden gemeinsam, und die sie beschreiben-
den Gleichungen können in fast identische Form gebracht werden. Die
Beobachtung, daß Methionin und Alanin den Eintritt von Glykokoll
nicht beschleunigen, obwohl beide Aminosäuren hohe Affinität zum
Transportsystem haben, während umgekehrt preloading mit Glykokoll
den Eintritt von Methionin und Alanin beschleunigt, ist mit dem
Trägerprinzip nicht unvereinbar. Ist das preloading-Substrat R, das
später eindringende Substrat S, und sind R' und S' ihre „relativen"
Konzentrationen (bezogen auf ihre Michaelis-Konstanten $= 1$, Index
$a = $ außen, $i = $ innen), so ergibt sich für $S'_a \neq S'_i$ und $R'_a = R'_i = 1$
der „Beschleunigungsfaktor" Q (der die Änderung der Eintrittsgeschwindigkeit von S durch die Anwesenheit von R angibt) zu

$$Q = \frac{(R'_1 + 1)\,(S'_1 + 1)\,(S'_2 + 1)}{(S'_1 + R' + 1)\,(S'_2 + R' + 1)}.$$

Wenn $S'_1 S'_2 > 1$, ergibt sich bei steigendem R' zunächst $Q > 1$, später
aber $Q < 1$, d.h. die Beschleunigung geht bei hohem R' in Hemmung
über. Ist R Methionin oder Alanin, so ist offenbar (da die Affinität
dieser Aminosäure hoch ist) R' hoch. Es wäre daher von Interesse, ob
preloading mit niedrigeren Konzentrationen diese Aminosäuren ebenfalls nicht beschleunigt.

Einige Bemerkungen über ein spezielles Modell des Austauschtransports

Von

Klaus Heckmann

Mit 3 Abbildungen

Ich möchte hier kurz auf einen speziellen Diffusionsmechanismus eingehen, den Herr Prof. *Wilbrandt* in seinem einführenden Vortrag gestreift hat, nämlich die „single file"-Diffusion, und ich möchte weiter zeigen, daß man durch eine formal sehr geringfügige Änderung im mathematischen Ansatz für die „single file"-Diffusion andere Flußgleichungen erhält, die den von Prof. *Wilbrandt* diskutierten Flußgleichungen bei Trägertransport sehr ähnlich sehen.

Das Konzept der „single file"-Diffusion stammt von *Hodgkin* und *Keynes* [1], wurde seinerzeit zur Erklärung einiger merkwürdiger experimenteller Befunde am Riesenaxon des *Loligo* entworfen und seither häufig als Kuriosum erwähnt; es wurde u. a. zur physikochemischen Deutung von Aktions- und Ruhepotential erregbarer Zellen herangezogen [2].

Bei der „single file"-Diffusion handelt es sich um einen Transportmechanismus, bei dem die Teilchen sich entlang einer Reihe von Bindungsstellen oder — im hier betrachteten Fall — durch Poren einer Membran hindurch bewegen. Dabei, und dies ist das Charakteristikum der „single file"-Diffusion, soll es den Teilchen nicht gestattet sein, ihre Plätze miteinander zu vertauschen. Ein solches Vertauschungsverbot würde man bei Porendiffusion z. B. dann finden, wenn die Radien der Poren kleiner als die Durchmesser der Teilchen sind: Die Teilchen haben dann die Pore „in einer Reihe", im „single file", zu durchwandern. Der mathematische Ansatz von *Hodgkin* und *Keynes* geht von der Hypothese aus, daß sich die Teilchen nach einem „knock on"-Mechanismus durch die Poren bewegen, d. h., daß ein Teilchen bei seinem Eintritt in die Pore den gesamten Poreninhalt vor sich herschiebt und dabei ein anderes Teilchen aus der jenseitigen Öffnung der Pore herausstößt (Abb. 1 a und b)

Für den Fall, daß sich auf der linken Seite der Pore nur schwarze und auf der rechten Seite der Pore nur weiße Teilchen befinden, läßt sich das Resultat der Hodgkin-Keynesschen Überlegungen in Form von Gleichung (1) zusammenfassen:

$$\frac{\Phi_1}{\Phi_2} = \left(\frac{C_1}{C_2}\right)^{n+1}, \tag{1}$$

16

wobei Φ_1 den Fluß der schwarzen Teilchen auf die rechte Membranseite und Φ_2 den Fluß der weißen Teilchen auf die linke Membranseite bedeutet. C_1 und C_2 sind die Konzentrationen der schwarzen bzw. der weißen Teilchen. Der Exponent $(n+1)$ gibt die Zahl von „knock on"-Schritten an, die zur Überführung eines Teilchens von der einen auf die andere Seite der Membran erforderlich sind. Bei vollständig gefüllter Pore ist n gleich der Zahl von Plätzen pro Pore oder gleich der Anzahl von Teilchen, die die Pore maximal aufnehmen kann. Gleichung (1) gilt nur für elektrisch ungeladene Teilchen und wurde von *Hodgkin* und *Keynes* mit Hilfe eines mechanischen Modelles für ein Wertepaar von C_1 und C_2 bestätigt.

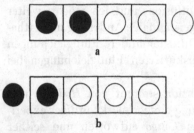

a

b

Abb. 1 a u. b. Übergang zwischen zwei Besetzungszuständen einer Pore bei „single file"-Diffusion und Annahme eines „knock on"-Mechanismus

Der mathematische Ansatz, dessen *Hodgkin* und *Keynes* sich bedienen, ist, wie die Autoren richtig erkannten, in zweierlei Hinsicht physikalisch unrealistisch: Einmal ist nicht anzunehmen, daß ein „knock on"-Mechanismus in biologischen Systemen verwirklicht ist. Sodann ist es unwahrscheinlich, daß die Poren der Membran vollständig mit Teilchen gefüllt sind. *Hodgkin* und *Keynes* geben an, daß bei gefüllten Poren der Ersatz des „knock on"-Mechanismus durch einen Leerstellenmechanismus sich darin äußert, daß an Stelle des Exponenten $(n + 1)$ der Exponent n tritt. Sie sagen ferner, Überschlagsrechnungen hätten ergeben, daß bei nur teilweise gefüllten Poren der Exponent etwa gleich der Anzahl von Teilchen pro Pore ist. Die zu den beiden letzteren Angaben führenden Rechnungen sind von den Autoren nicht veröffentlicht worden.

Das Interesse an diesem eigenartigen Transportmechanismus und die Möglichkeit, daß eine „single file"-Diffusion am Erregungsvorgang beteiligt sein könnte, ließen es Dr. *Klinger* und mir lohnend erscheinen, die Überlegungen von *Hodgkin* und *Keynes* noch einmal zu überprüfen. Unser mathematischer Ansatz unterscheidet sich von ihrem Ansatz insofern, als von vornherein beliebige Besetzungszustände der Poren berücksichtigt werden und die Diffusion nach einem Leerstellenmechanismus verläuft, bei dem die einzelnen Teilchensprünge als monomolekulare Reaktionen aufgefaßt werden können. (Die Tatsache, daß im Hodgkin-Keynesschen Flußquotienten der Exponent auch bei teilweise unbesetzten Plätzen immer noch etwa gleich der Zahl von Teilchen pro Pore ist, spricht dafür, daß die Autoren auch im Falle des Leerstellenmechanismus mit simultanen Sprüngen mehrerer Teilchen rechneten, die als chemische Reaktionen höherer Molekularität aufzufassen und in der Natur nur selten realisiert sind.)

Im Folgenden sollen die stationären Flußgleichungen zweier ungeladener, chemisch gleicher, aber voneinander unterscheidbarer Teilchensorten (1 und 2) für den einfachsten Fall, in dem „single file"-Diffusion beobachtet werden kann, nämlich für Poren mit nur zwei Plätzen, diskutiert werden. Die Ableitung der Gleichungen und die Begründung unserer Prämissen können hier unterbleiben und sollen demnächst an anderer Stelle veröffentlicht werden. Unsere Voraussetzungen sind:

a) Die Poren enthalten Plätze, auf denen jeweils nur ein Teilchen sitzen kann.

b) Die Teilchen können nur auf benachbarte leere Plätze springen.

c) Pro Pore springt stets nur ein Teilchen zur Zeit.

d) Die Teilchen dürfen ihre Plätze nicht vertauschen („single file"-Kriterium).

Die Gleichung für den stationären Nettofluß der Teilchensorte 1 in Gegenwart der Teilchensorte 2 lautet:

$$\Phi_1 = \frac{B\,C^2\alpha(\alpha+\gamma+2\,B)}{N_1\,N_2\,\overline{N}_2}\left[(\beta+\delta+2\,B)\,\frac{\delta}{4}+\overline{N}_2\right] - $$
$$\left. - \frac{B\,C^2\beta(\beta+\delta+2\,B)}{N_1\,N_2\,\overline{N}_2}\left[(\alpha+\gamma+2\,B)\,\frac{\gamma}{4}+\overline{N}_2\right] \right\} \qquad (2)$$

wobei

$$N_1 = C\,(\alpha+\beta+\gamma+\delta+2\,B)$$
$$N_2 = C\,(\alpha+\beta+\gamma+\delta+2\,B) + (\alpha+\gamma+B)\,(\beta+\delta+B)$$
$$\overline{N}_2 = C\left(\frac{\alpha}{2}+\frac{\beta}{2}+\frac{\gamma}{2}+\frac{\delta}{2}+2\,B\right) + \left(\frac{\alpha}{2}+\frac{\gamma}{2}+B\right)\left(\frac{\beta}{2}+\frac{\delta}{2}+B\right).$$

Hierin sind alle Buchstaben Übergangshäufigkeiten von Teilchen über Energiebarrieren zwischen benachbarten Plätzen bzw. zwischen Plätzen und Außenräumen. Die Dimensionen der Übergangshäufigkeiten sind gleich denen des Flusses (Teilchensprünge pro Zeiteinheit über eine Barriere, wobei der Querschnitt einer Barriere als Flächeneinheit definiert ist). Die Größen B und C sind membran- und teilchenspezifische Konstanten, die Größen α, β, γ, δ sind den Außenkonzentrationen der Teilchen proportional, aber zeitlich konstant. Abb. 2 ordnet die einzelnen Übergangshäufigkeiten den jeweiligen Plätzen und Außenräumen zu.

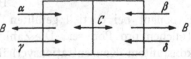

Abb. 2. Zur Einführung der Übergangshäufigkeiten

Die Übergangshäufigkeiten α und β gehören zur Teilchensorte 1, γ und δ zur Teilchensorte 2. Die Konstanten B und C sind im Falle chemisch gleicher Teilchensorten beiden Sorten gemeinsam. Die Fluß-

16*

gleichung der zweiten Teilchensorte ergibt sich aus Gleichung (2) durch Ersatz von α durch γ und von β durch δ.

Gleichung (2) soll hier nur für zwei Spezialfälle diskutiert werden, die im Rahmen dieses Kolloquiums von Interesse sind. Zunächst muß, zum Vergleich unserer Rechnungen mit den Vorstellungen von *Hodgkin* und *Keynes*, der Quotient der beiden Flüsse Φ_1 und Φ_2 gebildet werden für den Fall, daß die erste Teilchensorte sich nur links der Membran und die zweite Teilchensorte sich nur rechts der Membran befindet (β und $\gamma = 0$):

$$\left|\frac{\Phi_1}{\Phi_2}\right| = \frac{\alpha(\alpha + 2B)\left[(\delta + 2B)\dfrac{\delta}{4} + \overline{N}_2\right]}{\delta(\delta + 2B)\left[(\alpha + 2B)\dfrac{\alpha}{4} + \overline{N}_2\right]}, \tag{3}$$

wobei

$$\overline{N}_2 = \left(\frac{\alpha}{2} + B\right)\left(\frac{\delta}{2} + B\right) + C\left(\frac{\alpha}{2} + \frac{\delta}{2} + 2B\right).$$

Führt man nun ein konstantes Konzentrationsverhältnis $\dfrac{\alpha}{\delta} = m$ ein und läßt α (und damit δ) gegen große Werte laufen ($\alpha, \delta \gg B, C$), so sieht man daß

$$\left|\frac{\Phi_1}{\Phi_2}\right| = m. \tag{4}$$

Die Bedingung ($\alpha, \delta \gg B, C$) repräsentiert aber den Fall vollständig gefüllter Poren. In die Hodgkin-Keynessche Schreibweise übertragen bedeutet dies, daß der Exponent des Konzentrationsverhältnisses bei gefüllten Poren gleich Eins wird und nicht, wie von der Hodgkin-Keynesschen Rechnung gefordert, gleich n. Aus Gleichung (3) folgt ferner, daß der Exponent bei mittleren Konzentrationen, also in allen Fällen außer bei $\alpha, \delta \gg B, C$ und selbstverständlich auch bei $\alpha, \delta \ll B, C$ stets größer als Eins ist und infolgedessen ein Maximum durchläuft (Abb. 3). Auch dies widerspricht der Hodgkin-Keynesschen Ansicht, daß der Exponent bei partiell gefüllten Poren ungefähr gleich der Zahl von Teilchen pro Pore sei. Die Zahl von Teilchen pro Pore ist nämlich bei konstantem Konzentrationsverhältnis in den Außenräumen offenbar eine monotone Funktion der Konzentrationen und darf infolgedessen keine Extrema aufweisen.

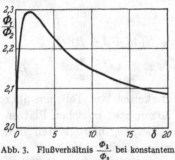

Abb. 3. Flußverhältnis $\dfrac{\Phi_1}{\Phi_2}$ bei konstantem Konzentrationsverhältnis $\dfrac{\alpha}{\delta} = m$ als Funktion einer Außenkonzentration (δ)

Zusammenfassend läßt sich sagen, daß die Hodgkin-Keynesschen Gleichungen die „single file"-Diffusion — so wie sie in natürlichen Systemen mit sehr großer Wahrscheinlichkeit ablaufen muß — nicht zu beschreiben vermögen. Der Grund dafür liegt, wie schon angedeutet, darin, daß in die Hodgkin-Keynesschen Ansätze vermutlich stets simultane Sprünge mehrerer Teilchen eingebaut sind.

Anschließend will ich kurz auf die Kopplung der beiden Teilchenflüsse in „single file"-Systemen eingehen. Diese Kopplung läßt sich am deutlichsten demonstrieren, wenn man die Konzentrationsdifferenz $(\alpha - \beta)$ der ersten Teilchensorte gleich Null setzt $(\alpha = \beta = \varepsilon)$ und dann den Fluß der ersten Teilchensorte als Funktion der Konzentrationen der zweiten Teilchensorte untersucht. Dieser Spezialfall wird durch Gleichung (5) beschrieben:

$$\Phi_1 = \frac{B\,C^3}{N_1\,N_2\,\overline{N_2}} \cdot \varepsilon\,(\gamma - \delta)\left(\frac{\gamma}{2} + \frac{\delta}{2} + \varepsilon + 2\,B\right). \tag{5}$$

Hierbei sind natürlich die $N_1, N_2, \overline{N_2}$ gegenüber Gleichung (2) sinngemäß modifiziert.

Der Fluß der ersten Teilchensorte wird also bei verschwindendem Eigengradienten nicht gleich Null, sondern proportional der Konzentrationsdifferenz der zweiten Teilchensorte. Beide Flüsse (Φ_1 und Φ_2) laufen in *derselben* Richtung. Eine genaue Analyse von Gleichung (5) zeigt, daß Φ_1 bei konstantem δ und wachsendem γ ein Maximum durchläuft und bei sehr großem γ schließlich gleich Null wird.

Soviel über „single file"-Diffusion. —

Als nächstes möchte ich zeigen, daß aus der Aufhebung des „single file"-Kriteriums (Voraussetzung d) und der partiellen Aufhebung der Voraussetzung c Flußgleichungen resultieren, deren Eigenschaften denen der Wilbrandtschen Gleichungen für trägervermittelte Diffusion stark ähneln. Das „single file"-Kriterium ist — um es noch einmal zu wiederholen — das Übergangsverbot zwischen bestimmten Besetzungszuständen einer Pore: Befinden sich links der Pore nur Teilchen der Sorte 1 und rechts der Pore nur Teilchen der Sorte 2, so sind Übergänge vom Zustand $\boxed{1\,2}$ in den Zustand $\boxed{2\,1}$ verboten[1]. Besetzungszustände $\boxed{2\,1}$ sind also unter diesen Bedingungen überhaupt nicht vorhanden. Sind dagegen zu beiden Seiten der Pore beide Teilchensorten vorhanden, so existieren zwar Besetzungszustände $\boxed{2\,1}$, aber direkte Übergänge $\boxed{1\,2} \longleftrightarrow \boxed{2\,1}$ bleiben trotzdem verboten. Der Übergang hat vielmehr über Zwischenzustände zu erfolgen, also in mehreren Schritten, beispielsweise $\boxed{1\,2} \longleftrightarrow \boxed{\,2} \longleftrightarrow \boxed{} \longleftrightarrow \boxed{2\,} \longleftrightarrow \boxed{2\,1}$.

Wird nun das direkte Übergangsverbot $\boxed{1\,2} \longleftrightarrow \boxed{2\,1}$ aufgehoben (und zwar nur das Übergangsverbot über die mittlere Barriere der zwei-

---

[1] Platzwechsel zwischen Teilchen derselben Species dürfen zwar unter „single file"-Bedingungen ebenfalls nicht stattfinden, könnten aber, selbst wenn sie stattfänden, nicht nachgewiesen werden. Zum Nachweis der „single file"-Diffusion benötigt man also mindestens zwei voneinander unterscheidbare Teilchensorten.

plätzigen Pore), so lautet die Flußgleichung für die erste Teilchensorte:

$$\Phi_1 = \frac{BC}{N_2}\left[(\alpha - \beta) + \frac{\alpha\,\delta - \beta\,\gamma}{B + 2\,C}\right], \tag{6}$$

für N_2 siehe Gleichung (2).

Die beiden hier interessierenden Sonderfälle der Gleichung (6) erhält man mit $(\alpha = \beta = \varepsilon)$ und $(\gamma = \delta = \eta)$:

$(\alpha = \beta = \varepsilon)$:

$$\Phi_1 = \frac{BC}{N_2}\cdot\varepsilon\,\frac{\delta - \gamma}{B + 2\,C}, \tag{7}$$

$$N_2 = (\varepsilon + \gamma + B)(\varepsilon + \delta + B) + C(2\,\varepsilon + \gamma + \delta + 2\,B).$$

Bei fehlendem Eigengradienten ist Φ_1 wiederum, wie im Falle der „single file"-Diffusion, proportional der Konzentrationsdifferenz der zweiten Teilchensorte, aber beide Flüsse laufen jetzt *gegeneinander*. Es liegt hier also der von Prof. *Wilbrandt* diskutierte Fall eines „Gegentransportes" vor. Der induzierte Fluß Φ_1 wird bei wachsendem δ und konstanten $\gamma, \varepsilon, B, C$ oder wachsendem γ und konstanten $\delta, \varepsilon, B, C$ nicht gleich Null, sondern konstant und endlich, unterscheidet sich also auch in diesem Punkt vom induzierten Fluß bei „single file"-Diffusion.

$(\gamma = \delta = \eta)$:

$$\Phi_1 = \frac{BC}{N_2}(\alpha - \beta)\left[1 + \frac{\eta}{B + 2\,C}\right], \tag{8}$$

$$N_2 = (\alpha + \eta + B)(\beta + \eta + B) + C(\alpha + \beta + 2\,\eta + 2\,B).$$

Vereinfacht man Gleichung (8) noch mit $(\alpha, \beta \gg \eta, B, C)$, so erhält man

$$\Phi_1 = \frac{BC}{\alpha\,\beta}(\alpha - \beta)\left[1 + \frac{\eta}{B + 2\,C}\right]. \tag{8a}$$

Hier erkennt man schnell, daß Φ_1 mit wachsendem η unter sonst konstanten Bedingungen zunimmt, obwohl die zweite Teilchensorte keinen eigenen Gradienten besitzt. In diesem Falle hat man es vermutlich mit der von Prof. *Wilbrandt* ebenfalls erwähnten „Gegenbeschleunigung" zu tun.

Das Merkwürdige an Gleichung (6) ist also, daß sie die Fälle „Gegentransport" und „Gegenbeschleunigung" enthält, also Phänomene, die nach Prof. *Wilbrandt* charakteristisch für Diffusionsmechanismen sind, an denen sich Träger irgendwelcher Art beteiligen. Gleichung (6) enthält diese Fälle, obwohl im Ansatz, der zu (6) führte, ein Träger nicht explizit enthalten ist, sondern nur das Verbot für den direkten Übergang $\boxed{1|2} \longleftrightarrow \boxed{2|1}$ über die mittlere Barriere aufgehoben wurde (was jedoch eventuell die formale Einführung eines Trägers bedeutet). Es wäre nun interessant, zu wissen, ob der direkte Übergang $\boxed{1|2} \longleftrightarrow \boxed{2|1}$ lediglich mit Hilfe eines Trägers, etwa einer „Drehtür", zu erreichen ist oder nicht. Diesen Punkt haben wir aber noch nicht genauer untersucht.

Literatur

[1] *Hodgkin, A. L.*, and *R. D. Keynes:* J. Physiol. **128**, 61 (1955).
[2] *Kuhn, W.*, and *A. Ramel:* Helv. chim. acta **42**, 293 (1959).

Diskussion

Wilbrandt: Was wird aus der von Ihnen gezeigten Kurve, wenn Sie den Logarithmus des Flux-Verhältnisses bei konstantem Konzentrationsverhältnis gegen den Logarithmus der Konzentration auftragen? Diese Kurven haben bei unseren Gleichungen für jedes Konzentrationsverhältnis die gleiche Form, denn sie beruhen alle auf dem gleichen Prinzip, nämlich auf dem Entlanggleiten auf einer Dissoziationskurve.

Heckmann: Wir haben eine entsprechende Auftragung noch nicht vorgenommen.

Wilbrandt: Es hat mich überrascht, daß Sie offenbar ohne die Annahme eines beweglichen Trägers ähnliche Erscheinungen bekommen, wie wir sie beim Gegentransport und bei der kompetitiven Aktivierung sehen. Als *T. Rosenberg* und ich unsere Gleichungen entwickelten, haben wir uns überlegt, daß ein Bergauftransport aus thermodynamischen Gründen ein Trägertransport sein muß (*Rosenberg* 1948), denn er bedeutet die Bewegung einer thermodynamischen Quantität von einem niedrigeren chemischen Potential auf ein höheres. Dies muß kompensiert werden durch die Bewegung einer anderen thermodynamischen Quantität von höherem Potential zu niederem Potential.

Wir haben ein ähnliches System, wie das von Herrn *Heckmann* entwickelte, einmal berechnet, nämlich eine Adsorptionsbewegung von einem Platz zum anderen. In diesem Falle erhält man zwar formal die gleiche Beziehung wie für den Trägertransport

$$V = V_{max} \cdot K \frac{S_1 - S_2}{(S_1 + K)(S_2 + K)},$$

trotzdem haben die beiden Mechanismen tiefgreifende Unterschiede. Im Falle des Adsorptionsaustausches sehen wir keinen Gegentransport.

Heckmann: Wir haben genau die gleiche Beziehung abgeleitet in der Hoffnung, auf diese Weise das „single file"-Problem nach Einführung einer zweiten Teilchensorte lösen zu können. Der Ansatz hat sich aber als falsch herausgestellt. Er gilt lediglich für solche Fälle, in denen Teilchen in benachbarte Poren ausweichen können.

Weber: Wie Herr *Wilbrandt* gezeigt hat, kann die ganze Fülle der sehr differenten experimentellen Befunde durch die einfache Annahme eines Carriers einheitlich gedeutet werden. Hierin wird der Beweis für die Existenz eines Carriers gesehen. Ich möchte deshalb Herrn *Heckmann* fragen: Haben Sie bereits versucht, außer dem hier vorgetragenen Beispiel auch andere Phänomene auf der Basis Ihrer Konzeption abzuleiten?

Heckmann: Für den zuletzt erwähnten Fall, bei dem das Übergangsverbot $\boxed{1|2} \longleftrightarrow \boxed{2|1}$ aufgehoben wird, haben wir die Gleichung für beliebig lange Poren und zwei unterscheidbare, aber chemisch gleiche Teilchensorten entwickelt. Diese Gleichung kann ohne großen Aufwand auf chemisch verschiedene Teilchensorten erweitert werden und würde dann auch die entsprechenden Voraussagen erlauben. Wir haben diese Erweiterung aber noch nicht durchgeführt.

Im übrigen möchte ich ein Mißverständnis ausräumen: Unsere Überlegungen enthalten nicht a priori die Voraussetzung, daß beim Übergang $\boxed{1|2} \longleftrightarrow \boxed{2|1}$ sich nichts dreht oder bewegt. Die einzige Erklärung für solch einen Mechanismus scheint ein gekoppelter Sprung der beiden Teilchen zu sein. Es ist noch zu prüfen, ob eine solche Kopplung ohne Annahme eines drehbaren (Drehtür) oder beweglichen Trägers möglich ist. Nur in diesem Fall würden diese Ableitungen etwas wirklich Neues gegenüber den bisherigen Annahmen darstellen.

Weber: Wenn man den Begriff der Konzentrationsarbeit heranzieht, d. h. wenn man berücksichtigt, daß auf Grund chemischer Arbeit Pumparbeit geleistet wird, kommt man bei der Vorstellung eines Carriers mit entsprechenden Hilfsannahmen sofort weiter. Wie verhält es sich nun bei dem Porensystem? Kann man auch dort einen Übergang finden zu einer chemischen Betrachtung der Konzentrationsarbeit?

Heckmann: Die Einführung einer chemischen Umsetzung in das Carrier-Modell erfolgt formal durch die Annahme der Ungleichheit der Dissoziationskonstanten des Carriers auf beiden Seiten der Membran. Dem würde in meinem Modell beispielsweise die Annahme verschiedener Austrittshäufigkeiten entsprechen.

Weber: Können Sie Ihrem zunächst formalen Ansatz einen realen physiko-chemischen oder chemischen Sinn unterlegen, so wie es im Fall des Carriers leicht möglich ist?

Heckmann: Die eben erwähnte Veränderung der Austrittshäufigkeiten könnte durchaus auf einem Stoffwechselvorgang beruhen. Wie dieser allerdings beschaffen sein könnte, haben wir uns noch nicht überlegt.

Wilbrandt: Ein aktiver Transport setzt eine energetische Asymmetrie voraus. Deshalb halte ich aus thermodynamischen Gründen die Annahme, daß sich ein Träger bewegen muß, für sehr zwingend. In einer Arbeit von *Jardetzky* ist eine andere einleuchtende Formulierung benutzt worden, nämlich, daß chemische Reaktionen als skalare Größen keine vektoriellen Größen schaffen können.

Allgemeine Diskussion

Karlson: Weiß jemand etwas Genaues über den Zusammenhang zwischen der Schwellung der Mitochondrien und dem Funktionszustand?

Hess: Man kann zwei entgegengesetzte Phänomene beobachten. Das eine voll reversible Phänomen sieht man nach *Chance* und *Packer*, wenn man ADP zu gut gekoppelten Mitochondrien zusetzt und durch Trübungsmessung ihren Zustand verfolgt. Innert Sekunden nimmt die Trübung synchron mit den Veränderungen der Atmungskette zu.

Die Trübung entspricht einer Mitochondrienkontraktion mit einer Volumenänderung von etwa 1—2% und ist reversibel. *Raaflaub*, *Lehninger* und andere Autoren beobachteten dagegen Langzeitphänomene, die unter verschiedenen Bedingungen nach einer Latenzzeit von 1—2 min als zunehmende Schwellung (Volumenzunahme um 200%) imponieren und erst nach 20—30 min stationär sind. Charakteristisch ist die spezifisch durch ATP auslösbare Kontraktion der geschwollenen Mitochondrien.

Sie führt zur Extrusion von Wasser und irreversiblen Schädigung der Atmungskette [s. Zusammenfassung bei *A. L. Lehninger*, Physiol. Rev. **42**, 467 (1962)].

Karlson: Wieweit sind diese Befunde durch elektronenmikroskopische Bilder belegt? Ich habe mich vor allem im Zusammenhang mit der Thyroxinschwellung dafür interessiert, aber in der Literatur nichts gefunden.

Hess: Wir haben in Tübingen Aufnahmen von thyroxingeschwollenen Mitochondrien gemacht, die aber nicht publiziert worden sind.

Karlson: Wir haben mit Thyroxin keinen Effekt gesehen, weder in der Rattenleber noch mit Flugmuskeln. Elektronenoptisch zeigte sich keine Schwellung, obwohl Atmung und Phosphorylierung vollständig entkoppelt waren (*P. Karlson* und *A. Schulz-Enders*: Gen. compar. Endocrinology, im Druck).

Klingenberg: Man muß beachten, daß es sich bei den unterschiedlichen Befunden über die Schwellungen auch um verschiedene Größenordnungen handelt. Die kurzfristigen und reversiblen Veränderungen betragen nur wenige Prozente, während die Lehninger-Effekte Trübungsänderungen von 50—80% ausmachen und gewöhnlich irreversibel sind.

Vogell: Eine kurze Bemerkung zu den Ausführungen von Herrn *Hohorst.* Wenn man nicht die isolierte Zelle betrachtet, sondern die

Zellen im intakten Verband, dann fällt einem als Elektronenmikroskopiker der starke Unterschied in der Abgrenzung des extracellulären gegenüber dem cellulären Kompartiment bei verschiedenen Geweben auf. Wenn wir uns einmal auf die Beziehung des Blutplasmas zur Zelle beschränken und die interstitielle Flüssigkeit einmal außer acht lassen, dann fällt auf, daß im Muskel eine viel stärkere und dichtere Barriere existiert als in der Leber. In den Lebercapillaren fehlt eine Grundmembran, es ist nur ein Endothel vorhanden, das relativ leicht von Substanzen passiert werden kann, während wir im Muskelsyncytium — man kann ja nicht von einer Muskelzelle sprechen — eine sehr ausgeprägte Capillarstruktur haben, bestehend aus einer dicken Basalmembran und auch einem relativ dicken Endothel. In der Leber kann das Blutplasma also mehr oder minder ungehindert durch das Zellparenchym hindurch, während das Blutplasma im Muskel in einem strukturell definierten Röhrensystem fließt. Dadurch können irgendwelche Einstellvorgänge gar nicht miteinander verglichen werden.

Ein weiterer Punkt ist der, daß in den Leberzellen — was besonders gut an Gewebekulturen zu studieren ist — die Mitochondrien sich schnell von einem Ort zum anderen bewegen und damit die Verhältnisse in der Zelle bezüglich der Mitochondrien gewissermaßen homogenisieren, während in dem anderen Gewebe, das Herr *Hohorst* untersucht hat, der Bauchdeckenmuskulatur der Ratte, die Mitochondrien an bestimmte Stellen fixiert sind und alle Substrate der Mitochondrien dorthin diffundieren müssen.

Hohorst: Wenn ich Sie recht verstanden habe, sind Sie der Meinung, daß unsere Anschauung über Kompartmentierungen nicht intracelluläre, sondern intercelluläre Austauschvorgänge betrifft. Die Potentialdifferenzen im DPN-System des Muskels könnten tatsächlich auch darauf beruhen. Das Phänomen der Glycerin-1-P-Pyruvat-Dismutation läßt sich aber damit nicht erklären und deutet daher auf eine intracelluläre Kompartmentierung hin. Wir haben aber auch Hinweise dafür, daß intercelluläre Kompartmentierungen bei unseren Gleichgewichtsstudien am gesamten Gewebe eine Rolle spielen können. Sie kennen die Befunde über die verschiedene Verteilung von Succinoxydase innerhalb eines Leberläppchens[1]. Wenn man bei Ratten eine Thyreotoxikose durch Füttern mit Thyreoidpulver erzeugt, ändert sich die Verteilung. Dabei treten auch Unterschiede im Red/Ox-Status von Lactat/Pyruvat und Glycerin-1-P/Dihydroxyacetonphosphat in der Leber auf, während sonst unter allen Bedingungen ein Gleichgewicht besteht. Die unterschiedliche Verteilung der Oxydase deutet darauf hin, daß die Potentialdifferenzen zwischen den Systemen möglicherweise nicht intracellulärer Natur sind,

---

[1] *Schumacher, H.:* Science **125**, 501 (1957). — *Brandau, H.:* Persönl. Mitteilung.

sondern auf dem verschiedenen Reduktionszustand der Systeme in verschiedenen Zellen beruhen. Diese Untersuchungen befinden sich zwar noch im Anfangsstadium, aber man muß jedenfalls auch derartige Möglichkeiten berücksichtigen, wenn man nach den Ursachen für Ungleichgewichte in Geweben sucht.

Weber: Ich möchte Sie an die Arbeiten von *Pappenheimer* und *Renkin* in den „Ergebnissen der Physiologie" erinnern, die ein sehr großes Material über Diffusionseigenschaften und Diffusionskonstanten von Substanzen enthalten, was vielleicht eine gute Basis für Berechnungen abgeben könnte.

Hess: Vielleicht sollte man auch noch darauf hinweisen, daß die ersten Arbeiten über Kompartmentierungen von *Meyerhof* aus den Jahren 1945—1947 stammen. Dort findet man schon Hinweise über die Verteilung von ATP im Gehirn.

Karlson: Am Schluß dieser Konferenz möchte ich schließlich allen Vortragenden und allen Diskussionsrednern für ihre rege Beteiligung sehr herzlich danken. Ich glaube, daß wir allerlei gelernt haben, sowohl von den Morphologen und Elektronenmikroskopikern als auch von denen, die die Strukturen radikal aufbrechen und dann ihre Messungen machen. Ich glaube, daß man durch Zusammenfügen der Daten, die hier von Morphologen und Biochemikern vorgelegt worden sind, manche Erkenntnis gewinnen kann und daß unsere Idee, Vertreter verschiedener Richtungen zur Diskussion der Grenzgebiete zusammenzubringen, fruchtbar gewesen ist.

Teilnehmerverzeichnis

Professor Dr. *H. J. Antweiler*,
Chemisches Institut der Universität Bonn a. Rh.

Dr. *P. Borst*,
Universiteit van Amsterdam, Laboratorium voor Fysiologische Chemie,
Amsterdam.

Dr. *U. Clever*,
Max Planck-Institut für Biologie, Abt. Beermann, Tübingen.

Professor Dr. *F. Duspiva*,
Zoologisches Institut der Universität, Heidelberg.

Professor Dr. *C. de Duve*,
Université de Louvain, Laboratoire de Chimie physiologique,
Louvain/Belgien.

Dr. *R. Estabrook*,
Johnston Foundation, Philadelphia, Pennsylvania/USA.

Professor Dr. *L. Ernster*,
University of Stockholm, Wenner-Gren-Institute, Stockholm/Schweden.

Professor Dr. *D. E. Green*,
Institute of Enzyme Research, University of Wisconsin, Madison,
Wisc./USA.

Professor Dr. *W. Hasselbach*,
Institut für Physiologie im Max Planck-Institut für Medizinische For-
schung, Heidelberg.

Dr. *K. Heckmann*,
Institut für vegetative Physiologie der Universität, Frankfurt a. M.

Professor Dr. *E. Heinz*,
Institut für vegetative Physiologie der Universität, Frankfurt a. M.

Dr. *B. Hess*,
Medizinische Universitätsklinik (Ludolf-Krehl-Klinik), Heidelberg.

Dr. Dr. *H. Hoffmann-Berling*,
Institut für Physiologie im Max Planck-Institut für Medizinische For-
schung, Heidelberg.

Dr. *H. J. Hohorst*,
Physiologisch-Chemisches Institut der Universität, Marburg a. d. Lahn.

Professor Dr. *P. Karlson*,
Physiologisch-Chemisches Institut der Universität, München.

Dr. *M. Klingenberg*,
Physiologisch-Chemisches Institut der Universität, Marburg a. d. Lahn.

Professor Dr. *C. Martius*,
Eidgenöss. Technische Hochschule, Laboratorium für Biochemie,
Zürich/Schweiz.

Dr. *K. Matthes*,
Medizinische Klinik der Universität, Münster/Westfalen.

Dr. *F. Mechelke*,
Max Planck-Institut für Züchtungsforschung, Köln-Vogelsang.

Dr. *H. D. Ohlenbusch*,
Physiologisch-Chemisches Institut der Universität, Kiel.

Professor Dr. *H. Ris*,
Department of Zoology, University of Wisconsin, Madison, Wisc./USA.

Professor Dr. *G. Siebert*,
Physiologisch-Chemisches Institut der Universität, Mainz a. Rh.

Dr. *W. Vogell*,
Laboratorium für Elektronenmikroskopie der Universität,
Marburg a. d. Lahn.

Professor Dr. *H. H. Weber*,
Institut für Physiologie im Max Planck-Institut für Medizinische For-
schung, Heidelberg.

Professor Dr. *W. Wilbrandt*,
Pharmakologisches Institut der Universität, Bern/Schweiz.

Dr. *G. Wittmann*,
Max Planck-Institut für Biologie, Abteilung Melchers, Tübingen.

Dr. *H. G. Zachau*,
Institut für Genetik der Universität, Köln-Lindenthal.

Dr. *E. Zebe*,
Zoologisches Institut der Universität, Heidelberg.